C-Level auf Zukunftskurs

Nicole Kremer, Christiane Wolff (Hrsg.)

C-Level auf Zukunftskurs

Wie Sie Ihr Profil schärfen und Ihre Positionierung stärken

1. Auflage

Haufe Group
Freiburg · München · Stuttgart

Bibliografische Information der Deutschen Nationalbibliothek

Die Deutsche Nationalbibliothek verzeichnet diese Publikation in der Deutschen Nationalbibliografie; detaillierte bibliografische Daten sind im Internet über http://dnb.dnb.de/ abrufbar.

Print:	ISBN 978-3-648-15030-6	Bestell-Nr. 10651-0001
ePub:	ISBN 978-3-648-15032-0	Bestell-Nr. 10651-0100
ePDF:	ISBN 978-3-648-15031-3	Bestell-Nr. 10651-0150

Nicole Kremer, Christiane Wolff (Hrsg.)
C-Level auf Zukunftskurs
1. Auflage, März 2022

www.haufe.de
info@haufe.de

Bildnachweis (Cover): Tobias Grewe

Produktmanagement: Anne Rathgeber
Lektorat: Peter Böke

Inhaltsverzeichnis

Unsere Mission

Clevere Strategien für Karriere und Kommunikation
Wie gelangen Sie in digitalen Zeiten als Top-Manager auf den C-Level und halten sich auch dort? Was machen erfolgreiche CxOs anders als andere? Was lässt sich von diesen lernen? Was sind die Kenntnisse und Fähigkeiten, die es in der Zukunft braucht, um als CxO langfristig erfolgreich zu sein? Was müssen Sie tun: um als potenzieller oder auch aktueller CxO überhaupt wahrgenommen zu werden, um mehr Visibilität in Ihrem Unternehmen oder auch nach außen zu erlangen, um für relevante C-Level-Positionen angesprochen zu werden? Was sind die essenziellen Kommunikationstools und -medien, um Ihre Botschaften wirkungsvoll an die richtigen Zielgruppen zu bringen?

Fragen über Fragen, die Sie immer mal wieder oder ganz aktuell beschäftigen? Um erfolgreich zu sein, gehört heute mehr dazu, als seine Karriere nur dem Zufall zu überlassen oder darauf zu hoffen, zum richtigen Zeitpunkt am richtigen Ort zu sein oder von den Richtigen gefragt zu werden. Vorbei ist die Zeit der im Olymp »einsamen« Unternehmenslenker. Vielmehr braucht es die kollektive Intelligenz und vor allem Vertrauen in den Vorstandsetagen. Wer sich sein eigenes **Mission-Control-Team** aus relevanten Expertinnen und Experten aufbaut, hat in jedem Fall höhere Chancen, seine Visionen und seine Mission in die Realität umzusetzen und langfristig erfolgreich zu sein.

Abb. 1: Mission-Control-Team (Illustration: Tobias Grewe)

Die Welt hat sich in den letzten 24 Monaten für alle Unternehmen regelrecht upside-down gedreht. Zwei Themen waren sicherlich bestimmend:

1. Die **Digitalisierung** hat extrem an Fahrt aufgenommen, und dies in allen Branchen und Funktionsbereichen. Schwachstellen im Unternehmen wurden wie unter einem Brennglas aufgedeckt und schnelles, zugleich reflektiertes Handeln der Unternehmenslenker war und ist vonnöten.
2. Das Thema **Purpose** ist ganz oben in das Bewusstsein der Unternehmenslenker gerückt, getriggert von der Nachhaltigkeitsdiskussion durch Konsumentinnen und Konsumenten oder Investoren. Ohne eine klar formulierte und von entsprechenden Maßnahmen begleitete Mission werden die Unternehmen und ihre Produkte ganz schnell an Relevanz verlieren.

Wenn nicht jetzt, wann dann:

- Können Sie als Unternehmenslenker einen echten Unterschied machen?
- Können Sie wichtige Veränderungen in der Art, wie wir Wirtschaft betreiben und miteinander umgehen, initiieren und umsetzen?
- Geht es nicht mehr nur um Wachstum, Wachstum, Wachstum, den schnellen Erfolg, sondern um ein auf Nachhaltigkeit ausgerichtetes Handeln?
- Können Sie – im Einklang mit Ihren persönlichen Werten und Ihrer Haltung – einen für Sie passenden Kommunikationsplan strategisch aufsetzen, um Ihre Botschaften nach innen und außen zu transportieren und sich zu positionieren?

Die aktuellen Chancen, Ihre Führungsaufgabe aus einer Haltung, gar aus einer Mission heraus, wahrzunehmen, sind grandios. Es gibt heute viel mehr Bühnen, auch darüber zu sprechen, wie Sie denken, was Sie tun und auch was Sie erreichen. Soziale Medien, Kongresse und Events, für alle zugänglich per Video, geben heute jeder Führungskraft die Möglichkeit, eigene Botschaften, Vorgehensweisen und Ergebnisse ins Unternehmen, in die Welt zu tragen und damit auch von der Außenwelt wahrgenommen zu werden. Es geht beim Thema Personal Branding schon längst nicht mehr nur um die »Ich-Marke«. Es geht auch darum, für das Unternehmen, für das Sie tätig sind, eine echte Leitfunktion zu übernehmen, die Mitarbeiterinnen und Kunden oder auch Investoren anzieht. Wir wollen Ihnen aufzeigen, was es heißt und wie es geht, diesen Schritt nach vorne in die Zukunft zu machen. Und damit letztlich auch einen Unterschied zu machen!

Wenn Sie also in dieser Liga mitspielen, einen Footprint hinterlassen wollen und wissbegierig sind, wie Sie in diesen Zeiten Ihre Karriere in Richtung C-Level proaktiv lenken können, um dann auch dort zu bleiben, dann lernen Sie mehr über die CxO-Formula. Denn ein klarer Purpose, eine klare Haltung, dazu eine fokussierte Karriere- plus Kommunikationsstrategie erhöht die Wahrscheinlichkeit, auch dort zu landen und schließlich zu bleiben.

Haben Sie sich selbst überhaupt schon bewusst gemacht, welche Fähigkeiten und Kompetenzen Sie brauchen, um auf Top-Level am Arbeitsmarkt auch zukünftig relevant zu bleiben, wie Sie Ihr eigenes Narrativ nachvollziehbar und relevant aufstellen, wie Sie Ihr Personal Branding zum Nutzen des Unternehmens und Ihrer Abnehmer positionieren? Sie wollen an die relevanten Jobs auf C-Level? Mit diesem Buch gewinnen Sie eine klare Orientierung, wie Sie Ihre Karriere inhaltlich aufladen und über Ihre Kommunikationsstrategie Ihre Haltung, Ihre Denkweisen, Ihre Maßnahmen, Ihre Ergebnisse sichtbar machen und schließlich Ihr Karriereziel auch erreichen.

Wir, die Autorinnen **Nicole Kremer** – Personalberaterin im Executive Search – und **Christiane Wolff** – Positionierungs- und Kommunikationsexpertin für CxOs – sehen uns ebenfalls auf einer Mission, nämlich Sie als Führungskraft mit Ideen und Impulsen zu inspirieren, damit Sie Ihrer Karriere regelrecht zu einem **Raketenstart** verhelfen.

Über die Jahre haben wir zahlreiche CxOs und Familienunternehmer auf ihrem Weg begleitet und glauben, decodiert zu haben, worauf es bei einer erfolgreichen CxO-Karriere ankommt. Dazu gibt es aktuell ein wichtiges Stichwort: **Zukunftsfähigkeit**, sowohl in den Führungsqualitäten als auch in der Kommunikation. Was es dafür aus unserer Sicht braucht:

Eine clevere Karrierestrategie

- **Purpose als Navigationshilfe** – als Führungskraft und für Ihr Unternehmen
- **Relevanz der eigenen Expertise** – Aktualität der Themen, die Sie bedienen
- **Personal Branding** – Ihre Ich-Marke mit Ihren USPs zu kennen, für den eigenen »Purpose« ein eigenes Narrativ zu entwickeln, dieses glaubhaft und beharrlich zu vertreten
- **Future-Proof-Management-Skills** – das Unternehmen zukunftsfähig machen und auch die Bedürfnisse der Generation Y und Z in Sachen Führung bedienen

Eine ebenso clevere und kanalspezifische Kommunikationsstrategie

- **Visibilität durch Kommunikation** – als Corporate Influencer agieren und durch Haltung, Leistung, Expertise und nachhaltige Ergebnisse diese Erfolge für andere sichtbar zu machen, sich ins Gespräch zu bringen, Aufmerksamkeit zu erzeugen
- **Channel Strategy** – ein gezieltes Bespielen der verschiedenen internen und externen Kanäle unter Nutzung der sozialen Medien, virtuellen Tools oder auch als Key Note Speaker
- **Kompetenzteam** – Zusammenstellen Ihrer vertrauten Runde aus Sparringspartnern und Expertinnen, die Sie herausfordern, kritische Fragen stellen und dazu beitragen, Ihre Karriere aktiv zu steuern
- **Strategisches Netzwerken** – Mit dem passenden Kompetenzteam und einem erweiterten und inspirierenden Netzwerk nicht nur Inspirationen erhalten, sondern auch die Visibilität erhöhen

Wir sind große Fans der Konnektivität und Kollaboration. Da war es keine Frage, für dieses Buch unser Kompetenzteam mit an Bord zu holen, langjährige Weggefährtinnen und -gefährten, die durch ihre Expertise in ihren Fachbereichen andere und auch uns selbst erfolgreich begleitet haben. Viele spannende Beiträge und Interviews, mit Beispielen aus der Praxis, machen Lust auf Führungspositionen auf C-Level, geben Inspiration und sehr persönliche Ansichten und Einsichten. Ein herzliches Dankeschön an alle teilnehmenden Co-Autorinnen und -Autoren sowie unseren Interviewpartnerinnen und -partnern für ihre wertvollen Beiträge, Ideen und Impulse!

Wer in seiner beruflichen Karriere einen deutlichen Unterschied machen will, für den oder die gilt: Die Chancen waren schon lange nicht mehr so zahlreich wie heute!

Nicole Kremer und Christiane Wolff

Die Herausgeberinnen

Nicole Kremer ist seit über zehn Jahren begeisterte Matchmakerin für internationale Personalberatungen im Executive Search, wie Hofmann Consultants, Boyden International oder Odgers Berndtson. Heute, mit ihrem eigenen Unternehmen, der ZOOM-Consult, sieht sie das Thema Personalberatung ganzheitlich und kombiniert Executive Search, Career Consulting und Executive Sparring. Ihr Fokus liegt auf Besetzungen von C-Level-Positionen in Digital, Marketing, Sales, HR und Finance.

Nicole Kremer kommt aus der Praxis mit 20 Jahren Führungserfahrung im Konsumgüterumfeld. Sie war schon immer Pionierin: ob in der Entwicklung neuer Produkte, neuer Marken, neuer Unternehmen oder neuer Märkte, ob in Konzernen oder auch in Familienunternehmen. Über die Jahre, im Executive Search, hat sie eine Vielzahl von Interviewprozessen begleitet und decodiert, worauf es bei der Auswahl von CxOs ankommt. Sie ist eine erfahrene Sparringspartnerin in der Karriereberatung oder auch im Executive-Coaching und bereitet viele Top-Führungskräfte auf ihren nächsten Schritt vor – mit strategischem Blick, Feingespür für ihre Kandidatinnen und Kandidaten und einer Prise Kreativität und Enthusiasmus. Führungskräfte zukunftsfähig zu machen ist für Nicole Kremer eine wichtige Mission.

Christiane Wolff ist seit über 20 Jahren Kommunikationsexpertin und positioniert mit viel Fingerspitzengefühl CxOs in den richtigen Kanälen. So hat sie manchem Unternehmenslenker Visibilität verschafft. Sie war viele Jahre in leitenden Positionen in Agenturen tätig – zuletzt als CMO DACH bei dentsu und als globale Chief Corporate Communications Officer bei der Serviceplan Gruppe. 2018 hat sie ein eigenes Handwerker-Start-up mitgegründet, aufgebaut und dabei gelernt, wie es auch ein Start-up mit dem richtigen Storytelling in die Wirtschaftsmedien schafft.

So bespielt sie die komplette Klaviatur, von der strategischen Marken- und Unternehmenskommunikation für Start-ups bis zur CxO-Positionierung, und unterstützt Marken und Menschen auf ihrem Weg in die Öffentlichkeit – auf allen Kanälen und Plattformen. Aktuell ist sie Sprecherin für die Marke Clouberry, einer Handelsplattform für nachhaltige Corporate Gifts, und baut eine Boutique-Agentur für das Thema CxO-Positionierung unter dem Dach der PMMG Group auf.

Ihr weiteres Herzensthema ist das Thema Netzwerken. Mit viel Leidenschaft und persönlichem Engagement leitet sie seit 2001 das *Nettwerk*, ein Netzwerk mit über 800 Mitgliedern für Frauen aus der Kommunikationsbranche. Mit ihrem Gespür für Menschen und Themen und dafür, wer zu wem passt, vernetzt sie immer inspirierende Menschen mit den passenden Businessideen.

Christiane Wolff und Nicole Kremer hatten 2021 ihre erste gemeinsame Veröffentlichung im Verlag Werben & Verkaufen mit dem W&V Report »Marketeers in Transformation« zur erfolgreichen Positionierung von Marketeers.

Teil 1: Karrierestrategie

1 Einführung: Take the Driver's Seat – Entwickeln Sie Ihre (digitale) Karrierestrategie

Nicole Kremer, Zoom Consult GmbH

In ihrem Beitrag vermittelt Nicole Kremer, wie essenziell es ist, eine Karrierestrategie zu entwickeln, um überhaupt auf C-Level zu landen. Command & Control war einmal. Wie noch nie zuvor kommt es dabei auf den eigenen »Purpose« als Managerin oder Manager an und darauf, stärker als Gestalter des Unternehmens zu agieren, denn es wartet eine gesellschaftliche Verantwortung auf sie.

Ohne Fleiß kein Preis? Oder werden Karrieren heutzutage etwa mithilfe digitaler Medien »gemacht«? Geht ohne Karriere-Roadmap gar nichts mehr? Kann man Karriere wirklich steuern oder gar befeuern?

Wer im Chefsessel landen will, muss jedenfalls immer noch Erfolge erzielen, heute und auch zukünftig. Sie sind nur anders geartet, haben vor allem durch die Sustainability-Bewegung neue, sinnstiftende KPIs. Und – Authentizität in der Führung bekommt dadurch wesentlich mehr Raum. Der potenzielle CxO muss sich sogar seiner eigenen Haltung bewusst werden, »darf« sie endlich auch ausleben und wird nicht mehr nur auf ein »Höher-Schneller-Weiter« reduziert. Und er kann, viel mehr als je zuvor, auch in eigener Sache etwas tun, um sich Gehör und Visibilität zu verschaffen, eigene Botschaften zu platzieren und sich dabei auch für den nächsten Karriereschritt zu positionieren. Mit einer cleveren **Karrierestrategie** und einer ebenso cleveren und **kanalspezifischen Kommunikationsstrategie** geht dann auch mehr.

Früher war man als Line-Manager eher im Verborgenen tätig, ohne dass die Öffentlichkeit, ob intern oder extern, davon groß Notiz genommen hat. Man hat sich Schritt für Schritt hochgearbeitet und immer war auch ein bisschen Glück im Spiel, dass man zur rechten Zeit am rechten Ort war, oder es gab Vorgesetzte, die einen gepusht haben, um die nächste Beförderung einzuleiten. Heutzutage gibt es unzählige Möglichkeiten, etwas für sich und seine Visibilität zu tun. Die digitalen Medien machen es so viel einfacher und effizienter: Ob mittels sozialer Medien oder moderner Kommunikationstools wie Podcasts oder Blogs, ob mittels Key Notes auf relevanten Bühnen wie Kongressen oder Netzwerk-Events. Sie können sich »bekannt« machen und relevanten Entscheidern Einblick ins eigene Denken und Tun geben. Sicher wird Ihnen jetzt schon schwindelig beim Gedanken, dies alles in Ihre ohnehin schon prall gefüllte Agenda aufnehmen zu müssen. Können Sie als potenzielle Kandidatin oder Kandidat für die C-Suite das alles alleine bewältigen? Wir glauben nicht. Daher gehört zu unserer CxO-

Formula auch, sich im Sinne eines **Mission-Control-Teams** ein entsprechend starkes Kompetenzteam aus Sparringspartnern und Expertinnen aufzubauen, die Sie auf dem Weg dorthin kritisch herausfordernd und kompetent begleiten. Gemeinsam mit unseren Co-Autorinnen und -Autoren geben wir Ihnen wichtige Einblicke in diese Welt der Möglichkeiten, denn wir wollen Sie dabei unterstützen, eine möglichst nachhaltige Karriere auf C-Level zu durchlaufen.

Als Personalberaterin beobachte ich seit Jahren: Während zu Beginn einer Karriere die Managerinnen und Manager noch wie im Panoramabus durch blühende Landschaften gefahren werden, von Station zu Station weitergereicht, mal mit mehr oder weniger Tempo die nächsthöheren Positionen erreichen, kann es in vielen Karrieren ab der zweiten Hälfte schon ganz anders aussehen. Da gerät der Karrierebus auch schon mal ins Stocken und stößt gegen die berühmte gläserne Wand. In den letzten Jahren wurden in den Unternehmen viele Restrukturierungsprozesse vorgenommen. Der Fokus lag fast ausschließlich auf Kosteneinsparungen, von denen auch einige Managerinnen und Manager in der C-Level-Liga betroffen waren. Vor allem die über 50 Jahre alten Manager klopfen bei uns Personalberatern an die Tür, weil sie aus ihren Organisationen herausgespült wurden, weil Paycheck und Passport suggerierten: Das kann auch ein Jüngerer für zwei Drittel des Geldes oder es heißt, ihre Denke sei einfach zu »old school«, ihr Wissensspektrum in Sachen digitaler Transformation zu dünn. Es ist also längst nicht mehr selbstverständlich, dass Ihre Karriere bis Mitte 60 glatt auf Top-Niveau durchläuft.

Fazit: Wir empfehlen, das Steuer des Karrierebusses selbst in die Hand zu nehmen. Werfen Sie spätestens ab Anfang/Mitte 40 einen strategischen Blick auf Ihre Karriere – sowohl in Sachen Ich-Marke, Meilensteinplanung als auch in Sachen Visibilität – und stellen Sie sich ein paar wegbereitende Fragen.

Abb. 1: Take the Driver's Seat! (Illustration: Tobias Grewe)

Nicht jeder will gleich CxO werden. Der eine hat es fest geplant, weil das schon immer sein ultimatives Karriereziel war. Der andere ist noch unsicher oder ist sich nicht klar, wie er am besten dorthin gelangt. Die »CxO-Formula«, die wir in diesem Buch aufstellen, soll Sie ermutigen und Ihnen aufzeigen, wie eine zielgerichtete Karriere- und Kommunikationsstrategie Sie dabei unterstützt, in die Entscheidungsetagen vorzudringen und auch dort zu bleiben.

Halten Sie also mit uns gemeinsam einmal kurz inne und gehen Sie mittels eines Realitychecks in die Selbstanalyse: Wo stehe ich aktuell im Lebenszyklus meiner **Ich-Marke**, wo will ich überhaupt hin? Bin ich für die Zukunft richtig gewappnet, um auch langfristig in der immer schneller und digitaler werdenden Welt der Wirtschaft zu »überleben«?

Das verlangt definitiv nach neuen Führungseigenschaften und -fähigkeiten, die wir in diesem Buch in ihren verschiedenen Facetten darstellen wollen, als eine Anregung, auch mal über sich selbst und die eigenen Fähigkeiten nachzudenken, die eigenen blinden Flecken aufzudecken und um zu schauen, wo Sie noch »Nachhilfe« benötigen.

Immer wieder überraschend: Es gibt gar nicht allzu viele Unternehmenslenker, die die Voraussetzungen dafür mitbringen, Zukunft zu gestalten, Führungskräfte, die sich nicht nur an KPIs festklammern, sondern visionär genug sind, die das Zusammenspiel von Wachstum und Erfolg neu definieren, die das langfristige Bestehen von Unternehmen durch neue Geschäftsmodelle sichern, die mutig neue Wege gehen. Gleichzeitig wird auch der Anspruch topausgebildeter Mitarbeiterinnen und Mitarbeiter aus der Generation X, Y und Z an die Unternehmenslenker immer größer. Sie sind sehr viel fordernder und haben große Erwartungen an Weiterentwicklungsmöglichkeiten und Freiheiten, um echte Verantwortung übernehmen zu können. Auch der Anspruch der Investoren, der Konsumentinnen und Kunden hat sich stark in Richtung Nachhaltigkeit verändert. Auf all das gilt es, Antworten zu finden und sich als Teamleader richtig aufzustellen.

Die CxOs von heute müssen definitiv mehr mitbringen als Macht durch Autorität. Das Spektrum einer abgerundeten Führungspersönlichkeit ist wesentlich breiter. Wir haben in diesem Buch für Sie viele Impulse und Ideen, im Sinne einer CxO-Formula, die zum nachhaltigen Erfolg beiträgt, aufgeführt. Tun Sie also etwas für sich: Take the Driver's Seat und erfahren Sie mehr über:

- **Purpose**: Wie definieren Sie Ihren eigene Purpose?
- **Lebenszyklus Ihrer Ich-Marke**: Wo stehen Sie selbst, wie verlängern Sie diesen Lebenszyklus, wo wollen Sie hin?
- **Karriere-Roadmap:** Mithilfe der Retroplanung von der Zukunft zurück in die Gegenwart.
- **Future-Proof-Management-Skills**: Welche Führungseigenschaften braucht es, um Ihr Unternehmen, Ihre Teams in die Zukunft zu führen?

1.1 Purpose – Katalysator, Stabilisator, Navigator – für sich und Ihr Unternehmen

Jede Dekade hat so ihre Buzzwords. Manchmal klingen sie nur anders, meinen aber das Gleiche, so auch aktuell das Buzzword »Purpose«. Viele sind auf dem Weg, die Welt zu retten. Sie sind auf Nachhaltigkeit ausgerichtet und haben die ESG-Kriterien installiert.[1] Das ist auch gut so. Denn am Ende zählt das Ergebnis und es geht um den Erhalt unseres Lebensraums auch für nachfolgende Generationen.

Dennoch scheinen viele Unternehmenslenker nicht verstanden zu haben, was das auch für sie persönlich bedeutet, was sie selbst in ihrer Haltung und damit Führung verändern oder wie sie Haltung auch für sich nutzen können. Vielleicht haben sich viele auch einfach noch nicht getraut, aus der Konformität des Schneller-Höher-Weiter herauszutreten. Die Frage ist nur: Wie soll sich ein Unternehmen in Richtung Sinnhaftigkeit ausrichten, wenn die Unternehmenslenker nicht selbst Haltung und Werte mitbringen, die mit der Unternehmensmission in Einklang stehen bzw. sie sogar befeuern?

Werden jetzt alle Manager plötzlich Greta Thunbergs? Jedenfalls werden sie nicht mehr nur achtlos durch die Welt gehen und auf »Teufel komm raus« produzieren, weil sie nur das Wachstum des Unternehmens und den Profit im Fokus haben (müssen). Gerade jetzt gibt es unendlich viele Möglichkeiten, als Unternehmenslenker einen Unterschied zu machen und diesen auch nach innen wie außen zu kommunizieren.

Neue Titel braucht das Land

Mit dem Titel des CEOs fängt das Dilemma meines Erachtens schon an. Er ist nicht mehr nur Chief »Executive« Officer, was schon suggeriert, er wäre nur in der Exekutiven verhaftet. In der letzten Dekade war diese Titelbezeichnung in Einzelfällen sogar zutreffend, denn wie oft wurden die CEO-Funktionen mit vormaligen CFOs mit ausschließlichem Kostenfokus besetzt, jedoch vielfach ohne eigene Vision für die Geschäftsmodelle der Zukunft. Wie viele Unternehmenslenker sind in die Digitalisierung viel zu spät eingestiegen oder haben nicht die entsprechenden Ressourcen bereitgestellt oder Expertinnen an Bord geholt? Für die aktuellen, sehr herausfordernden Themen der Digitalisierung und Nachhaltigkeit braucht es aber genau das: Zukunftsgestalter. Eine Umpositionierung des CEOs schon im Titel wäre also längst fällig, z. B. als **Chief Visionary Officer, Future Building Officer**. Der Name ist Programm – und hilft, die Rolle besser zu begreifen.

Haben Sie schon einmal überlegt, wofür Sie stehen wollen, was Ihr Footprint sein soll, den Sie hinterlassen wollen? Das vergrößert die Chance, dass Ihre Mannschaft auch in

1 ESG-Kriterien beschreiben die nachhaltigkeitsbezogenen Verantwortungsbereiche der Unternehmen: **E**nvironment, **S**ocial, **G**overnance.

Krisenzeiten mitgeht. Gerade jetzt gibt es auch neue Chancen, aus Ihrer Mission heraus neue, für die Gesellschaft wertvolle Ergebnisse zu realisieren und über das eigene Narrativ, über die Sichtbarmachung Ihrer Ergebnisse, Ihre eigene Karriere zu befeuern.

Erfahren Sie, welche Kraft darin steckt, als Führungskraft auf C-Level eine eigene Mission zu verfolgen, und wie Sie diese als Katalysator für die Erfüllung der Unternehmensmission und -ziele nutzen können. Sie werden entdecken ...

- wie daraus Ihr Personal Branding erwächst und Sie als Leader einen Unterschied machen können,
- welche Eigenschaften und Fähigkeiten Sie benötigen, um an Ihrer Zukunftsfähigkeit zu arbeiten,
- wie Sie darüber auch im Sinne des Employer Brandings Magnet für bestehende und neue Mitarbeiterinnen und Mitarbeiter sein können.

Entdecken Sie, wie Sie zu Ihrer eigenen Mission kommen und leiten Sie Ihr Führungsverständnis daraus ab. Vielleicht ist beides ja nur versteckt oder Sie haben sich nicht getraut, es zu leben.

1.1.1 Future is an Attitude

»Future is an Attitude« – so wirbt Audi in ganz großen Leuchtbuchstaben am Münchener Flughafen. Und da ist etwas Wahres dran! Denn unsere Unternehmenslenker dürfen Zukunft gestalten wie schon lange nicht mehr und sinnstiftende Aufgaben an ihre Mitarbeiterinnen und Mitarbeiter verteilen.

Von **purposegetriebener Führung** wird nicht erst seit der Pandemie gesprochen, doch hat sich ein noch viel stärkerer Druck aus allen Gesellschaftsbereichen entwickelt. Im Zuge des »Schneller-Höher-Weiter« der letzten drei bis vier Dekaden ging es eher schleppend voran, viele haben sich erst gar nicht »getraut« oder wurde sogar müde belächelt für ihre vermeintlich romantische oder sogar esoterische Haltung. Shareholder Value war die einzige Währung. Und das Wachstum der letzten Jahre gab den Unternehmenslenkern ja auch irgendwie recht. Haltung zu haben oder gar im Sinne des Allgemeinwohls zu agieren war nicht gefragt, weder im Konzernumfeld, wo sich Zentralisierungs- und Vereinheitlichungstendenzen immer stärker breit gemacht haben, noch in Familienunternehmen mit über Jahrzehnten zwar sehr erfolgreichen, aber oftmals sehr dominanten Unternehmenspersönlichkeiten. **Command & Control** war fest in der DNA verankert, es wurde top-down regiert. Generationen von jungen Managerinnen und Managern hat sich diesem Diktat regelrecht unterworfen: Das war halt so und wer erfolgreich sein wollte, machte mit. Wer anders war, querdachte, neue Wege gehen wollte, wurde gerne ganz schnell wieder aussortiert oder erst gar nicht eingestellt. Andere wiederum haben sich bis zur Erschöpfung ausgepowert.

Dennoch ist mir über die letzten Jahre in der Welt der Karriereberatung und des Business-Coachings eines immer bewusster geworden: Haltung beeinflusst unser Verhalten. Eine eigene Haltung zu haben ist »überlebenswichtig«, für das Unternehmen aber erst recht für einen selbst, denn sie kann sehr beflügelnd wirken. Haltung, oder eben »Purpose«, ist einer der wichtigsten Grundsteine einer erfolgreichen, nachhaltigen und vor allem befriedigenden Karriere. Sich selbst treu zu bleiben, zu wissen, wofür man steht und welche Werte man in sich trägt, dies als klare Botschaften zu vermitteln, um so das Vertrauen anderer zu gewinnen und als Richtungsgeber Menschen zu bewegen, ist wichtige Voraussetzung für Erfolg – nicht nur für den unternehmerischen, sondern auch für den persönlichen Erfolg. Ganz bestimmt nimmt hier die berufliche Erfüllung – ein hehres Ziel – ihren Anfang.

Dabei lässt sich **Purpose und echte Verantwortung** nicht trennen: Verantwortung gegenüber der Umwelt, den Mitarbeiterinnen und Mitarbeitern, ihren Arbeitsplätzen, den Kunden und schließlich auch dem Unternehmen im Sinne der Sicherung des langfristigen Fortbestands. Verantwortung zu übernehmen, das darf wieder zu einem Wert werden, den die Führungskräfte ernst nehmen. Ziele nachhaltig zu verfolgen ist essenziell und nicht nur die Jagd nach kurzfristigen Quartalsergebnissen. Selbst Investoren scheinen das erkannt zu haben, indem Sie nach den ESG-Kriterien bewerten. Es geht also in die richtige Richtung.

1.1.2 CxO – Gestalter der Zukunft

Umso mehr möchte ich Sie dazu animieren, Ihr eigenes **Ökosystem** zu bauen und mehr zum Gestalter der Zukunft Ihres Unternehmens zu werden. Wer in der Lage ist, **Future Proof Organisations** mit neuen nachhaltigen Businessmodellen zu entwickeln, hat eindeutig die Nase vorn.

Die Pandemie hat auch gezeigt: Diejenigen, die selbst eine innere Mission haben und in der Lage sind, daraus eine klare Vision für das Unternehmen abzuleiten, schaffen den nötigen **Zusammenhalt** gerade in turbulenten Zeiten und komplexen Situationen. Purpose wirkt in Wachstumsphasen wie ein Katalysator, in Krisenzeiten wie ein Stabilisator, aber immer wie eine Navigationshilfe für Kolleginnen, Mitarbeiter und auch Kundinnen und Kunden. Selbst unangenehme Entscheidungen wie z. B. Entlassungen können Sie besser übermitteln, weil Sie sie in einen übergeordneten Kontext stellen können, weil sie deutlich mehr Vertrauen und Glaubwürdigkeit aufgebaut haben. Wenn alle Entscheidungen im Unternehmen nach diesem Purpose ausgerichtet werden – sei es für die Produkte, für das Miteinander oder das Agieren mit Partnern und Kunden –, unterstützt es in hohem Maße die Agilität im Unternehmen, das Engagement der Mitarbeiterinnen und Mitarbeiter, die Bindung ans Unternehmen und letztlich auch die Entscheidungsfreudigkeit und Lösungsorientierung.

Kurze Randbemerkung: Ab welchem Alter starten die CxO-Positionen meist? In den Mitte-Dreißigern, Anfang-Vierzigern. Bei vielen Top-Managerinnen und -Managern in dieser Altersgruppe wird die Sinnfrage immer mehr zum ultimativen Treiber, statt sich nur über das eigene Gehaltslevel und die Teamgröße zu definieren.

> »Your leadership purpose is who you are and what makes you distinctive. Whether you're an entrepreneur at a start-up or the CEO of a *Fortune500* company, a call center rep or a software developer, your purpose is your brand, what you're driven to achieve, the magic that makes you tick. It's not *what* you do, it's *how* you do your job and *why*—the strengths and passions you bring to the table no matter where you're seated. Although you may express your purpose in different ways in different contexts, it's what everyone close to you recognizes as uniquely you and would miss most if you were gone.«[2]

1.1.3 Auf dem Weg zum eigenen Purpose

Jetzt stellt sich die große Frage: Wie kommen Sie zu Ihrem eigenen Purpose? Manch einer hat da noch einen **blinden Fleck** oder hat sich noch nie damit auseinandergesetzt. Um da heranzukommen, geben wir Ihnen drei verschiedene Ansätze:

a) Sich selbst hinterfragen
Gehen Sie für sich folgende Fragen als Anregung durch. Hinterfragen Sie sich selbst und identifizieren Sie Ihre **eigenen Treiber oder Motivatoren**:

Im Rückblick

- Als Kind/Jugendlicher: Was hat Sie immer schon bewegt oder aufgeregt?
- In Ihrer vorherigen oder aktuellen Tätigkeit: Was hat Sie immer schon gestört: am Produkt selbst, an den eingesetzten Materialien, an den Produktionsprozessen, an der Wiederverwertung etc.?
- Gab es bei Ihnen selbst oder in Ihrem Umfeld einschneidende Erlebnisse, die Sie geprägt haben, oder Themen für die Sie sich heute einsetzen möchten?

In die Zukunft gerichtet

- Für welches sinnstiftende Thema wollen Sie einstehen, womit möchten Sie assoziiert werden?
- Welchen Footprint wollen Sie einmal hinterlassen? Welchen Beitrag wollen Sie für die Gesellschaft und/oder für das Unternehmen, für das Sie tätig sind, leisten?
- Was ist, wenn Sie Ihrem inneren Antrieb folgten: Was würden Sie dann anders machen?

2 Quelle: Nick Craig und Scott A. Snook auf https://hbr.org/2014/05/from-purpose-to-impact.

Als Führungskraft und Mensch

- Wieso sind Sie gerne Führungskraft? Was gibt es Ihnen, eine Führungskraft zu sein?
- Wen oder was genau wollen Sie wohin bewegen?
- Wie motivieren Sie Ihre Mitarbeiterinnen und Mitarbeiter (außerhalb vom Lehrbuch)?
- Welche Haltung nehmen Sie beim Führen ein, gerade in schwierigen Situationen?

b) Der Wertearchitektur-Ansatz

Erstellen Sie Ihre Wertearchitektur und werden Sie sich bewusst, wofür Sie stehen, woran man bei Ihnen nicht rütteln darf und kann, wo Sie Grenzen im Verhalten setzen, wo Integrität bei Ihnen anfängt und aufhört. Immer wird Authentizität als eine *der* wichtigsten Führungseigenschaften deklariert. Und das bedeutet vor allem das Einstehen für die eigenen Werte und das Handeln im Einklang mit Ihren Werten. So entsteht wiederum Respekt, Glaubwürdigkeit und Vertrauen. Wer als Vorbild seine Werte lebt, findet auch Follower.

! **Unser Tipp**

Setzen Sie sich mit Ihrer eigenen Wertearchitektur auseinander, um sich Ihrem eigenem Purpose zu nähern: Hierzu gibt es den **10-5-3-Ansatz:** Bestimmen Sie zehn Ihrer Kernwerte. Aus diesen zehn Werten wählen Sie die wichtigsten fünf, aus diesen fünf die wichtigsten drei Werte. Begründen Sie Ihre Wahl und beschreiben Sie, was Sie mit diesen Werten jeweils verbinden.

c) Der Why-How-What-Ansatz

Der Why-How-What-Ansatz von Simon Sinek kann ebenfalls hilfreich für die Definition des eigenen Purpose sein. Mit seinen drei Schlüsselfragen lässt sich nicht nur der Purpose eines Unternehmens definieren, sondern auch der eigene. Hier finden Sie dazu ein sehr gutes TED-Video: https://youtu.be/qp0HIF3SfI4

! **Unser Tipp**

Am besten, Sie verknüpfen diese drei Ansätze, um Ihrem Purpose näherzukommen. Seien Sie mutig dabei, bleiben Sie bei sich, folgen Sie Ihrer Intuition. Schreiben Sie Ihre Mission auf und manifestieren Sie sie so für sich:

Meine Mission ist es …

____

____

Für das Unternehmen …

____

____

Unser Tipp !

Sobald Sie Ihren Purpose einmal definiert oder auch weiterentwickelt haben, gilt es, sehr wohl auszuwählen, auf welchem **Spielfeld** Sie glauben, Ihren Purpose wirksam verfolgen zu können. Wählen Sie ein passendes Umfeld aus oder gestalten Sie es so, dass es für Sie passt. Es kann auch bedeuten, das Spielfeld zu wechseln, wenn Sie kein Weiterkommen sehen. Überlegen Sie sich:

1. Welche Aspekte meiner Haltung, meines Purpose kann ich aktuell leben und umsetzen?
2. Reicht mir das oder möchte ich eigentlich mehr?
3. Welche Grenzen zeigen sich auf und wie wollen Sie damit umgehen? *Love it. Change it. Or Leave it!* Was müssen Sie konkret für das eine oder das andere tun?

1.2 CxO – Lebenszyklus einer Marke

Das eine ist, sich und seine Karriere damit zu beflügeln, auf einer Mission unterwegs zu sein und auch das C-Level zu erreichen, da Sie dort die größten Einflussmöglichkeiten haben. Das andere ist, zu wissen, wo man steht. Jeder Job bedeutet in der Regel mehr Verantwortung, mehr Geld, mehr Druck, auch um sich auf dieser Flughöhe zu halten. Wenn es früher mehr oder weniger selbstverständlich war, bis zum Rentenalter auf der Karriereleiter immer weiter zu klettern, verlaufen heute viele Karrieren von Top-Managerinnen und -Managern nicht mehr nur linear, sondern oft im Mosaik. Immer häufiger ergeben sich sogar längere »Auszeiten«, bis sich die nächste neue und auch sinnvolle Position anschließt. Je weiter diese Managerinnen und Manager das fünfzigste Lebensjahr überschritten haben, um so länger gilt es, mit diesen »Ruhezeiten« persönlich klarzukommen. Wer das nicht gut aushält, der sollte das Risiko solcher Auszeiten minimieren. Dafür heißt es aber auch, rechtzeitig mit dem realistischen Selbstcheck zu starten und entsprechende Maßnahmenpläne zu entwickeln.

Aus der Sicht einer Personalberaterin und eines ehemaligen Marketeers habe ich das Lebenszyklus-Modell eines Managers entwickelt: Klassisch, wie bei einer Marke, gibt es auch in der Karriere eine Reifephase, eine Peak-Phase und eben oft genug auch den Abschwung (Letzteren verstehe ich aber gerne auch als Neuanfang und Aufschwung). Spätestens ab da geht es um die Verlängerung des Lebenszyklus und darum, zu überlegen, mit welcher Expertise, welchen Fähigkeiten und Eigenschaften Sie sich am Arbeitsmarkt relevant halten und welches die nächsten Karriereschritte sein könnten.

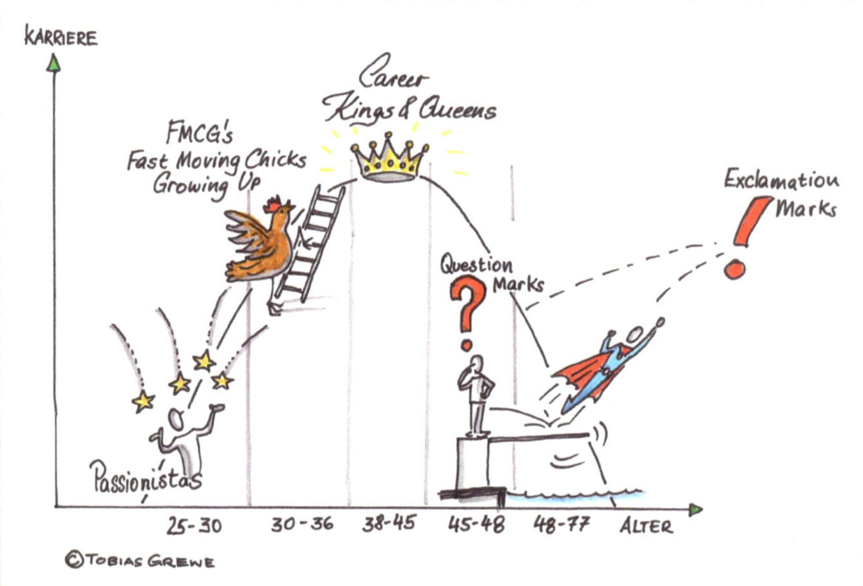

Abb. 2: Lebenszyklus einer Marke als Manager (Illustration: Tobias Grewe)

Phase 1: Reifephase der Passionistas (Alter 25 – 30 Jahre)
Voller Enthusiasmus und Neugier starten die »Passionistas« in die Karriere. Sie bearbeiten viele spannende Projekte, erlernen ihr fachliches Handwerkszeug, bilden ihre Persönlichkeit aus. Als Young Professional werden Sie weitergereicht: ob auf den in den Unternehmen jeweils üblichen Hierarchiestufen oder durch die erste Übernahme von Führungsverantwortung. Die Bandbreite der Verantwortlichkeiten wird größer.

Phase 2: Erste Top-Positionen als Fast Moving Chicks (Alter 30 – 35 Jahre)
Schnellen Schrittes geht es von Position zu Position, der Wachstumskurs nimmt Fahrt auf, Sie entdecken sich immer besser als wirksame Führungskraft, erreichen vielleicht auch schon erste Top-Positionen auf C-Level je nach Unternehmensumfeld geht das schneller oder langsamer. Der eine erreicht das durch einen entsprechenden Track-Record oder erfolgreich abgeschlossene Leuchtturmprojekte, die andere durch einen Unternehmenswechsel.

Phase 3: Peak-Phase der Career Kings & Queens (Alter 35 – 48 Jahre)
Am Höhepunkt der Karriere, der Reifephase, sind Sie endlich auf C-Level oder General-Manager-Level angekommen. Hier steht das Thema Strategie im Vordergrund, das Entwickeln von Businessmodellen und Development-Strategien mit den Geschäftsführungskolleginnen und -kollegen. Das Orchestrieren der Projekte über die gesamte Wertschöpfungskette hinweg, das Aussteuern aller Stakeholder verlangt einschlägige

Führungs- und Change-Management-Erfahrung. Ab da werden Aufsichtsrats- und Beiratsmandate immer beliebter, um die eigene Erfahrung auch in einem anderen Umfeld einzubringen.

Phase 4: Abschwungphase zum Question Mark? Oder Aufschwungphase zum Exclamation Mark? (Alter 48 – 52 Jahre)
Es muss nicht passieren, aber es kommt in der Praxis häufig genug vor: Was kommt, wenn der C-Level oder Geschäftsführungslevel noch nicht erreicht ist? Was kommt, wenn die CxO-Position nicht ganz so erfolgreich wie erhofft erfüllt werden kann? Wer nicht früh genug überlegt hat, wo er tatsächlich aktuell steht oder wie er den Lebenszyklus seiner Personenmarke verlängert, bei dem bleibt der Karriereflieger auch gerne mal am Boden. Das kann den ein oder anderen in eine »Hängepartie« führen. Oder Sie nehmen den nächsten Karrierestep rechtzeitig selbst in die Hand. Viele haben in diesem Stadium jedoch schon viel zu lange verharrt und klammern sich an etwas, das nicht mehr ist. Andere starten noch einmal ganz neu durch und es entsteht eine Mosaikkarriere.

Unser Tipp !

Heutzutage gilt es noch viel mehr, die eigene Marktrelevanz über die Mitte Vierzig bis Anfang Fünfzig hochzuhalten und für sich zu sorgen. Werden Sie sich also rechtzeitig bewusst, wo Sie aktuell im Lebenszyklus stehen und welche nächsten Schritte Sie noch gehen wollen.

Seien Sie daher ehrlich und realistisch bei der Analyse Ihres Lebenszyklus. Und schauen Sie gleichzeitig nach vorn, was Sie für sich tun können:

1. Stellen Sie fest, in welcher Phase Sie aktuell stehen.
   a) Gehören Sie tatsächlich zu den High Potentials?
   b) Wie lange halten Sie sich schon auf Ihrem Stuhl und aus welchem Grund?
   c) Welche Unruhemomente gibt es oder wie glauben Sie, dass sich Ihr Weg in den nächsten drei bis fünf Jahren fortsetzen wird?
   d) Was konkret müssen Sie noch tun oder leisten, um in die C-Suite aufzusteigen?
2. Identifizieren Sie Ihre Erfolgsgeschichten über die verschiedenen beruflichen Stationen hinweg. Welchen Track-Record haben Sie tatsächlich?
3. Welche Expertise haben Sie bisher ausgebildet und womit werden Sie assoziiert: mit innovativen oder gar disruptiven Geschäftsideen, neuen Businessmodellen, Transformationsprozessen, Change-Management, Digitalisierung?
4. Wie formulieren Sie daraus Ihr Personal Branding, Ihre USPs – pointiert und relevant?
5. Wer weiß von Ihren Qualifikationen? Stellen Sie fest, auf einer Skala von 1 bis 10, wie stark Ihre Visibilität nach innen wie außen ist.
6. Definieren Sie, welche Eigenschaften und Fähigkeiten Sie für Ihre Zukunftsfähigkeit noch weiter ausbilden müssen. Bilden Sie sich kontinuierlich weiter, holen Sie sich neue Impulse von außen?

1.3 Perfecting the Career Journey – Plane Deine Karriere-Roadmap

Wie komme ich denn nun auf C-Level? Kann ich das aktiv steuern? Wir glauben zumindest daran, dass Sie etwas für sich tun können. **Take the Driver's Seat!** Mutig sein und machen ist unser Credo. Aber mit Strategie! Und mit dem richtigen Supporting Team! Starten Sie mit einem leicht nachvollziehbaren Planungstool für die Entwicklung Ihrer Karriere-Roadmap, das wir Ihnen im Folgenden vorstellen.

Plane Deine Meilensteine! – Retroplanning

Seien Sie clever und planen Sie aus der Zukunft in die Gegenwart. Wer die Wahrscheinlichkeit erhöhen möchte, am Karriereziel auch anzukommen, der plant rückwärts. Das tun wir alle ganz automatisch, wenn wir eine Flugreise planen:

! **Retroplanung**

15:00h Abflug
14:30h Boarding
14:00h Check-in
13:30h Taxi

Mit einem klaren Karriereziel vor Augen treffen Sie als Managerin klarere Entscheidungen über Ihren Fortschritt und lassen sich nicht einfach treiben. Erfolgreiche Managerinnen und Manager, deren Karrieren wir analysiert haben, haben in der Mehrheit fest im Blick gehabt, wohin genau sie wollen. Bei der Auswahl der Unternehmen, für die sie tätig sein wollen, sind sie sehr strategisch vorgegangen:

- Hat das Unternehmen eine starke Außenwirkung und ist es für seine gute Ausbildung bekannt?
- Folgende Frage gewinnt immer mehr an Bedeutung: Hat das Unternehmen auch eine Reputation für seine Zukunftsorientierung: sei es für neue Businessmodelle, Digitalisierung oder neue Tools?
- Trägt das Unternehmen zu einer »Learning never ends«-Kultur bei zu Themen wie Transformation, Change-Management, Strukturen, Prozesse, Tools?
- Gibt es im Unternehmen Menschen, die Sie wirklich inspirieren, von denen Sie lernen können?
- Welchen Mix an Funktionsbereichen und Positionen können Sie dort realisieren, um für General-Management-Positionen relevant zu werden?
- In welche Leuchtturm-Projekte können Sie sich einbringen, die Außenwirkung haben oder die Sie für die nächste Position qualifizieren?
- Gibt es die Möglichkeit, über Auslandseinsätzen die interkulturelle Klaviatur und auch Hands-on-Business Development zu erlernen?

Die Idee, für die wir Sie hier begeistern wollen, ist, bei Ihrer **Karriere-Roadmap** schon mal zwei bis drei Karriereschritte in die Zukunft zu denken. Oftmals schauen Kandidaten nur auf den nächsten Schritt. Denken Sie groß, seien Sie mutig. Wenn ich weiß, wohin die Reise gehen soll, darf ich das ultimative Reiseziel kennen.

Retroplanung ist dafür das perfekte Tool. Entwickeln Sie Ihren Karriereplan von der Zukunft aus rückwärts, um so die Wahrscheinlichkeit für die Verwirklichung auch zu erhöhen. Sie werden sehen: So erscheint der Weg dahin auf einmal auch machbar.

Unser Tipp !

Schauen Sie in die Glaskugel und entwickeln Sie systematisch Ihre Karriere-Roadmap. Der Karriere-Planungshorizont hängt von Ihrem Lebensalter ab, üblicherweise je jünger, desto kürzer, also ca. drei bis fünf Jahre in die Zukunft. Ab Ende 40 bis Anfang 50 gerne auch 10 bis 15 Jahre, da das Ende der Berufszeit in Sicht ist.

<table>
<tr><th colspan="2">Leitfaden für Ihre Retroplanung</th></tr>
<tr><td>2030
↓</td><td>Meine größte Vision
Welche berufliche Position wollen Sie bis zum Jahr 2030 ultimativ erreicht haben, frei nach dem Motto: I have a dream ...? Seien Sie mutig und denken Sie groß! Ist es eine C-Level-Position oder eine andere?</td></tr>
<tr><td>2027
↓</td><td>Legen Sie nun fest, welche Position Sie davor, also ca. 2027 erreicht haben müssen, damit sich die Wahrscheinlichkeit erhöht, die gewünschte Position 2030 auch zu erreichen. Machen Sie sich einen konkreten Plan:
• Welche Bausteine fehlen Ihnen noch, um an diese Position im Jahr 2030 heranzukommen?
– Welche Funktionsbereiche müssen Sie abgedeckt haben?
– Welche Leuchtturmprojekte müssen Sie umgesetzt und welche Ziele erreicht haben?
• Wo sind Ihre Lücken oder gar »blinden Flecken«?
– Mit welchen Maßnahmen wollen Sie an der Ausweitung Ihrer Fähigkeiten und Expertise arbeiten?
– Wen wollen Sie ggf. in Ihr Kompetenzteam holen, der diese Lücken kompensiert?
• Welche Ihrer Ergebnisse oder Ihrer Erkenntnisse sind so spannend, dass Sie sie teilen wollen und mit welchen Maßnahmen wollen Sie Ihre Visibilität nach innen und außen erhöhen? Was ist Ihre Kommunikationsstrategie: Was wollen Sie über welche Kanäle von sich publik machen?</td></tr>
</table>

Leitfaden für Ihre Retroplanung	
2024 ↓	Legen Sie nun fest, welche Position Sie davor erreicht haben müssen, damit sich die Wahrscheinlichkeit erhöht, die Position in 2027 auch zu erreichen. Machen Sie sich einen konkreten Plan: • Welche Bausteine brauchen Sie noch, um an diese Position in 2027 heranzukommen? – Welche Funktionsbereiche müssen Sie abgedeckt haben? – Welche Leuchtturmprojekte müssen Sie umgesetzt und welche Ziele erreicht haben? • Wo sind Ihre Lücken oder gar »blinden Flecken«? – Mit welchen Maßnahmen wollen Sie an der Ausweitung Ihrer Fähigkeiten und Expertise arbeiten? – Wen wollen Sie ggf. in Ihr Kompetenzteam holen, der diese Lücken kompensiert? • Welche Ihrer Ergebnisse oder Ihrer Erkenntnisse sind so spannend, dass Sie sie teilen wollen, und mit welchen Maßnahmen wollen Sie Ihre Visibilität nach innen und außen erhöhen? Was ist Ihre Kommunikationsstrategie: Was sollen Sie über welche Kanäle von sich publik machen?
2021 ↓	**Reality-Check:** Legen Sie nun fest, welche Position Sie aktuell erreicht haben, gerne mithilfe des Lebenszyklus-Modells. Wie schätzen Sie Ihr Potenzial ein? (Durch Feedback von anderen, Assessment Center oder auch durch eine Potenzialanalyse von außen mittels digitaler Persönlichkeitstests.) • Machen Sie sich einen konkreten Plan für 2024:Welche Bausteine brauchen Sie noch, um an diese Position in 2024 heranzukommen? – Welche Funktionsbereiche müssen Sie abgedeckt haben? – Welche Leuchtturmprojekte müssen Sie umgesetzt und welche Ziele Sie erreicht haben? • Wo sind Ihre Lücken oder gar »blinden Flecken«? – Mit welchen Maßnahmen wollen Sie an der Ausweitung Ihrer Fähigkeiten und Expertise arbeiten? – Wen wollen Sie ggf. in Ihr Kompetenzteam holen, der diese Lücken kompensiert? • Welche Ihrer Ergebnisse oder Ihrer Erkenntnisse sind so spannend, dass Sie sie teilen wollen, und mit welchen Maßnahmen wollen Sie Ihre Visibilität nach innen und außen erhöhen? Was ist Ihre Kommunikationsstrategie: Was wollen Sie über welche Kanäle von sich publik machen?

Die Devils' Advocats unter Ihnen werden nun sagen: Erstens kommt es anders als man denkt … Und zweitens: Ist man nicht enttäuscht, wenn der Aufstieg in die Führungsetagen dann nicht so eintritt? Ja, das stimmt. Das Leben hält viele Überraschungen für uns bereit. Diese Karriere-Roadmap soll ein **Richtungsgeber** sein und Ihr Selbstvertrauen, »mehr« erreichen zu können, stärken. Und wenn es unterwegs Veränderungen gibt, dann können Sie mit dieser Retroplanungs-Methode den Weg auch justieren.

2 »Die Funktion des CEOs hat sich radikal geändert«

Interview mit Astrid Schulte, CEO, Berendsohn AG

Astrid Schulte hat zunächst einen klassischen Weg im Konzernumfeld beschritten und mit Payback das erste Mal die Unternehmerseite kennengelernt. Mit bellybutton wurde sie Unternehmerin und baute mit ihren Partnerinnen zum ersten Mal selbst ein Unternehmen auf, im Sinne von »I do it my way«. Heute ist sie Vorstandsvorsitzende und Gesellschafterin in einem Familienunternehmen, der Berendsohn AG, das sie durch die Transformation führt. Sie hat über die Jahre wichtige Insights gewonnen und herausgefunden, wie Karriere für sie funktioniert und wie sie dabei auch ein glücklicherer Mensch ist.

Nicole Kremer: Wie sind Sie bei Ihrer Karriereplanung vorgegangen – eher opportunistisch oder strategisch?

Astrid Schulte: Für mich gibt es ja zwei Leben: mein Leben vor dem Unternehmertum und mein Leben damit. Das Leben vor dem Unternehmertum war eher opportunistisch geprägt. Da kamen immer wieder neue Angebote auf den Tisch, die ich dann gemacht habe, wenn ich sie spannend fand. Die Entscheidungen waren aber insofern strategisch, weil ich immer wusste: Es muss höher, schneller, weiter gehen. Das war in den ersten zwölf Jahren meiner Laufbahn bis zum Unternehmertum so; in jedem neuen Job habe ich mehr Verantwortung bekommen, immer mehr Geld verdient. Und das war damals schon ein wichtiger Motor. Dieser Weg im Hamsterrad hat mich viel gelehrt, aber er war auch recht hart. Ich war bestimmt ein weniger glücklicher Mensch, als ich es dann später geworden bin, immer sehr fokussiert darauf, alles zu »schaffen«, oft latent mit der Angst, »bin ich eigentlich gut genug?« – Das ist dieses klassische Frauenthema, das auch mich in den ersten Jahren begleitet hat.

Nicole Kremer: Karrieren verlaufen heute nicht mehr ganz so linear. Und es ist längst nicht mehr sicher, ob es Führungskräfte auf C-Level bis in die Rente schaffen. Wie sehen Sie das: Macht es Sinn, strategischer an die Karriere heranzugehen, um nachhaltig erfolgreich zu sein?

Astrid Schulte: Ich glaube, es ist wirklich ein sehr großer Unterschied, ob wir Karriere von außen oder von innen betrachten. Ich habe ja die ersten zwölf Jahre meiner

Karriere eher mit der Außensicht verbracht: Mit den neuen Jobs kamen immer mehr Mitarbeiterinnen und Mitarbeiter, mehr Verantwortung, mehr Geld und ein größerer Dienstwagen. Das halte ich inzwischen für überhaupt nicht mehr zielführend, wenn wir eine erfüllte Karriere wollen.

Nach den inneren Bedürfnissen Karriereentscheidungen zu treffen ist allerdings elementar. Das bedeutet, dass ich immer mehr das mache, was ich wirklich möchte, was meinen Stärken und meinen Werten entspricht. Das bedeutet auch, dass ich mir immer mehr die Umfelder suche, die zu mir und meinen Werten passen, und das im beruflichen und auch privaten Leben. Mein Ziel ist, dass ich in Bezug auf die Werte, die für mich persönlich nicht verhandelbar sind, möglichst wenig Zugeständnisse mache, am besten gar keine. Das ist auch ein strategischer Ansatz bei der Karriereplanung, nur mit neuer Definition.

Nicole Kremer: Die Idee, Unternehmerin zu werden, war das von Anfang an auf Ihrer Agenda oder kam das im Laufe der Zeit mit den Erfahrungen, die Sie gesammelt haben?

Astrid Schulte: Die Idee des Unternehmertums kam mit Payback, wo ich als erste Geschäftsführerin für Marketing & Vertrieb tätig war. Dort hatte ich das erste Mal das Gefühl, beteiligt zu sein. Da habe ich das erste Mal gespürt, wie es ist, etwas aufzubauen. Und das fand ich sehr attraktiv, aber vielleicht hätte ich nicht sofort den Mut gefunden, danach selbst Unternehmerin zu werden; bis dahin ist natürlich auch eine gewisse Komfortzone mit Gehalt und allem entstanden. Als ich mit meiner ersten Tochter schwanger war, habe ich begonnen, bellybutton mit meinen Partnerinnen aufzubauen, mit etwa einem Zehntel meines vorherigen Gehalts. Das war ein ganz neues Leben. Von daher waren die Kinder, es wurden dann drei, für mich schon ein Schlüssel, um meine Erfüllung zu finden. Vor Payback habe ich immer eher »konzernlastig« gedacht und habe mir nicht vorstellen können, selbst Unternehmerin zu sein, seit bellybutton bin ich es mit vollem Herzen.

Nicole Kremer: Was waren damals, rückblickend betrachtet, Ihre Erfolgsfaktoren und sind es heute vielleicht immer noch?

Astrid Schulte: Ich habe noch die gleichen Erfolgsfaktoren: Alles, was ich mache, mache ich mit einer großen Hingabe und bin dabei sehr beharrlich und diszipliniert. Ich war also ein »Geschenk« für meine Arbeitgeber. Beharrlichkeit war früher: muss ja, für die Karriere. Und heute ist es: Beharrlichkeit für meine Visionen. Und das zeichnet mich immer noch aus. Ich habe mich nicht geändert in meinen Stärken, ich setze sie nur viel besser und zielgerichteter ein.

Nicole Kremer: Wenn Sie jetzt zurückschauen, würden Sie es immer wieder so machen?

Astrid Schulte: Ich hätte viel früher stärker an mich glauben sollen, dann wäre ich früher Unternehmerin geworden. Außerdem war ich im Nachhinein manchmal zu beeindruckt von den mitunter narzisstischen und egoistischen Persönlichkeiten in meinem beruflichen Umfeld, was mich damals sehr viel Energie und Kraft gekostet hat. Daher: Ich hätte meine Karriere genauso wiederholt, aber ich hätte mich an einigen Stationen ein bisschen selbstbewusster verhalten.

Nicole Kremer: Welche entscheidenden Lebenssituationen haben Sie dazu bewegt, Ihre Karriere dann anders anzugehen?

Astrid Schulte: Ich hatte mehrere entscheidende Lebenssituationen, die mich zu dem gemacht haben, was ich jetzt bin. Meine drei Töchter haben mich total zu mir selbst geführt, auch wenn sich das wie ein Klischee anhört. In meiner »ersten« Karriere wusste ich nicht, wie sich eine Kongruenz zwischen den Werten und dem Denken und dem Tun anfühlt. Ich hatte immer eine gute Intuition, ihr aber nicht genug vertraut. Ich bin sehr bodenständig aufgewachsen und meine Kinder führten mich wieder zu dem, was ich bin. Das Ende meiner Payback-Zeit war schon der Wendepunkt. Nach 18 Monaten mit einer 80-Stunden-Woche, in denen ich weder Freunde noch meine Familie gesehen und auch keinen Urlaub hatte, habe ich festgestellt, dass mein Leben so nicht weitergehen konnte. Dann habe ich trotz meiner großen Motivation bei Payback richtig klassisch »in den Sack gehauen« und von mir aus gekündigt, ohne einen neuen Job zu haben. Da habe ich mich das erste Mal gegen Karriere und für mich entschieden. Am Tag der Kündigung habe ich dann auch den Vater meiner Kinder kennengelernt. So passiert es manchmal mit den Türen, die sich öffnen und schließen. Und durch das Kinderkriegen habe ich auch erst den Mut gehabt, das Leben als Unternehmerin tatsächlich umzusetzen.

Nicole Kremer: Was hat sich denn aus Ihrer Sicht in der Funktion des CEOs verändert, bei Ihnen selbst und generell?

Astrid Schulte: Die Funktion des CEOs hat sich meines Erachtens radikal geändert. Ein CEO früher, der musste vorne stehen, immer alles besser wissen, er war immer der, der zuerst geredet hat, der immer auch Recht hatte, dem man fast »huldigen« musste. So habe ich es oft erlebt. Heute gibt es ja die Begriffe des Chief Enabling Officer oder des Servant Leaders, also die neue Definition eines Führenden. Daran glaube ich total. Ich sehe mich als diejenige, die die anderen »enabled«, die die Stärken unterstützt und die inspiriert, um das Beste aus Menschen herauszuholen und Ihnen eine erfüllte Rolle im Unternehmen zu geben. Das versuche ich auch in meiner aktuellen Rolle als Vorstandsvorsitzende bei Berendsohn zu leben. Ich merke, wenn ich selber unter Druck bin, muss ich mich erden und zurückhalten, um nicht wieder in die alte Rolle »Ich sage mal, wo es langgeht« zu fallen. Aber ich gehe immer seltener in diese Falle, weil ich weiß, dass es Menschen unterdrückt, weil ich weiß, wie sich Gestaltungsfreiräume anfühlen. Was schon bei bellybutton so befriedigend war: miteinander auf Augenhöhe sein, sich Leute holen, die in einzelnen Disziplinen besser waren als man selbst, glückliche Mitarbeiterinnen und Mitarbeiter haben, die sich entfalten können.

Früher brauchte wahrscheinlich ein CEO ein gewisses Ego: Ich stelle mich in den Mittelpunkt, ich bin diejenige, die die Richtung vorgibt und ich bin diejenige, der auch diese ganzen Insignien der Macht verliehen werden. Letztere würde ich übrigens weitestgehend abschaffen, wenn sie nur die Funktion der Machtdemonstration haben. Ich habe auch keine: Ich fahre kein besonders großes Auto, ich habe kein großes Büro. »Neue CEOs« haben kein Ego. CEOs dienen dem Unternehmen, den Mitarbeiterinnen und Mitarbeitern. Das ist schon etwas, was sich geändert hat. Und es ist alles viel schneller geworden. Dass man als CEO sein Schiff für die nächsten 20 Jahre in gleicher Weise führt, das ist ja in allen Branchen vorbei. Ich glaube dafür ist es wichtig, gerade im Hemd zu stehen, mutige Entscheidungen treffen zu können und auch sich selber gut zu führen. Ich wage zu sagen: Wer sich in seiner mentalen, spirituellen, physischen Gesundheit nicht selbst führen kann, der sollte auch keine anderen Menschen führen.

Nicole Kremer: Was machen Sie als Führungskraft heute anders als früher? Was haben Sie selber verändert?

Astrid Schulte: Auch getrieben durch den Druck, den ich verspürte, gepaart mit der Angst, »bekomme ich das alles hin?«, war ich früher dominanter. Heute weiß ich, was ich kann, was ich nicht kann. Ich zeige mich auch verletzbar, ich zeige mich als Mensch, was ich früher nicht so getan habe, und muss nicht für alle Themen sofort eine Lösung präsentieren. Damals habe ich mein persönliches Leben in den Abend oder ins Wochenende gelegt, wenn es dann mal eines gab. Die berufliche Astrid und die private waren sehr unterschiedlich. Heute gehen mein persönliches, privates und berufliches Leben ineinander über. Und ich bin immer dieselbe Person. Ich bin heute deutlich gelassener und auch selbstgewisser. Und ich habe auch kein Problem zu sagen, gib mir doch mal Feedback, das weiß ich nicht so gut, das weißt du jetzt besser. Ich bin den Leuten viel näher dadurch und dadurch bekomme ich sie auch viel besser in ein Boot. Nähe ist die Voraussetzung, um in den Flow zu kommen, insbesondere in einer Transformation, wie ich sie hier gerade leite.

Und ich führe auch mit viel mehr Varianz. In einem Familienunternehmen, in dem viele Leute schon lange dabei sind und neue dazukommen, braucht auch jeder etwas anderes. Führung muss nah und individuell sein. Diese Varianz kannst du auch nur spielen, wenn du selber »gerade im Hemd« stehst.

Ich lebe diese Überzeugungen, auch deshalb bin ich glücklich, Unternehmerin zu sein und nicht CEO in einem Konzern, in dem sehr viel mehr Regeln gesetzt sind. Ich glaube generell, es tut einem Unternehmen in der Regel nicht gut, wenn CEOs Söldner sind, die schnell kommen und gehen. Eine Vision ist per Definition etwas Mittel- bis Langfristiges und die Aufgabe, die ich hier bei Berendsohn habe, ist auch, immer dafür geradezustehen. Jeden Tag liegen bei einer Transformation neuen Steine im Weg. Wenn ich die Vision nicht hätte und diese nicht immer wieder als Leuchtturm predigen würde, dann würden diese Steine so viel Gewicht bekommen und wir kämen nicht weiter. Der Blick sollte langfristiger sein als nur bis zur nächsten Shareholderversammlung.

Nicole Kremer: Sehen Sie einen Unterschied im Führungsstil im Zusammenspiel mit der Generation Y?

Astrid Schulte: Ja, es gibt einen Unterschied im Führungsstil zwischen uns früher und der Generation Y. Ich habe mich in meinen ersten Karrierejahren nicht wirklich wirksam gefühlt, etwas an den Rahmenbedingungen verändern zu können. Die Regeln in den Unternehmen waren halt so, dachte ich. Wenn du z. B. bei einer Beratung arbeitest, dann gehst du halt nicht vor 23 Uhr abends nachhause. Da wurde gar nicht gefragt, ob du die Pizza um 22 Uhr haben möchtest, sondern für dich wurde gleich schon mal eine mitbestellt. Meine Sozialisierung, auch als Frau, hat mich das akzeptieren lassen. Ich glaube, die Generation Y weiß heute besser, dass sie, jeder Einzelne, wirksam sein kann, dass es viele Optionen gibt und sie selbst im *driver's seat* ihres Lebens sitzt. Wenn gute Talente einfach mal sagen, so wollen wir es nicht, dann ist ein Unternehmen und auch ein CEO gezwungen, Veränderungen voranzutreiben. Und das ist der Unterschied, glaube ich, zwischen der Generation Y und uns.

Mein Menschenbild ist aber so, dass sich trotz der Unterschiedlichkeit jeder Mensch wünscht, unabhängig vom Alter und vom Geschlecht, auf Augenhöhe wahrgenommen zu werden und Freiräume für Gestaltung und Entwicklungsmöglichkeiten zu bekommen.

Nicole Kremer: Wie entsteht denn »Gefolgschaft« zukünftig, um gemeinsam ans Ziel zu kommen?

Astrid Schulte: Mit der Gabe, ein Boot zu kreieren, in dem viele Leute sitzen »wollen«. Ich glaube, so entsteht Gefolgschaft. Und ich glaube, dass Gefolgschaft auch entsteht, wenn man so einen gemeinsamen Flow hat, wie in einem Ruderboot mit vielen Ruderern, wenn man merkt, man bekommt so eine Organisation in einen Gleichklang. Das war bei bellybutton relativ schnell der Fall und das fängt jetzt nach vier Jahren bei Berendsohn so richtig an. Mir liegt am Herzen, dass auch Mitarbeiterführung langfristig angelegt ist. Da kommen wir natürlich auch zu dem Thema, wie beruflicher Erfolg und das Aufziehen von Kindern vereinbar ist, gerade für Frauen. Meine eigene Geschichte ist ja, dass ich, seitdem ich mein privates, mein persönliches und mein Jobleben gut zusammenbringe, viel erfolgreicher und vor allem viel glücklicher bin. Ich glaube, dass das private Leben neben einem Job einfach immer den Raum braucht, egal, ob wir uns um Kinder kümmern, um andere Familienmitglieder oder einfach Zeit nutzen, um einer Leidenschaft nachzugehen. Es gibt unterschiedliche Phasen in jedem Leben und ein guter Arbeitgeber hat die Pflicht, die Rahmenbedingungen dafür zu schaffen. Alles andere führt in einen Burnout oder zu einem ständigen »Job-hoppen«. So machen wir Mitarbeiterinnen und Mitarbeiter besser und binden sie stärker als mit sonst einer Maßnahme an unser Unternehmen.

Nicole Kremer: Welche überlebenswichtigen Eigenschaften braucht denn ein CEO heute? Welche Fähigkeiten, braucht es, um so ein Boot erfolgreich zu steuern?

Astrid Schulte: Ich denke, es braucht diese visionäre Kraft, ein großes und erstrebenswertes Ziel zu sehen und dann zu verkörpern und vorzuleben. Wir können nur dann wirksam sein, wenn wir gute Teams haben. Klarheit und Empathie sind wichtige Eigenschaften, um Teams zu finden und zu halten.

Und dieses schon angesprochene »Gerade-im-Hemd-Stehen«, sich selbst führen zu können und damit auch in kritischen Situationen Ruhe zu bewahren ist eine wichtige Voraussetzung für einen guten CEO.

Nicole Kremer: Glauben Sie, dass man Empathie lernen kann?

Astrid Schulte: Nein, nicht wirklich. Es gibt aber Menschen, die weniger empathisch wirken, weil Angst ihnen eine positive Emotionalität nimmt. Ich glaube, dass Hamsterrad-Ego hat es oft schwer mit der Empathie. Wenn wir aber empathisch sind, dann öffnet man sich ja auch ein Stück weit und lässt eine Nähe und damit auch eine eigene Verletzbarkeit zu. Das ist immer etwas Gegenseitiges. Und das kann man oder eben nicht.

Nicole Kremer: Braucht der CEO einen eigenen Purpose, um glaubhaft zu sein und als Leitfigur zu dienen? Wo, empfehlen Sie, sollte ein CEO/CxO heutzutage ansetzen?

Astrid Schulte: Ich habe mich gefragt, was sind eigentlich die Werte, die für mich nicht verhandelbar sind. Daraus habe auch meinen Purpose entwickelt und für mich die Frage geklärt, wie ich mein Unternehmen und die Organisation voranbringe. Für mich ist Wertekongruenz und Integrität der Maßstab. Ansonsten, glaube ich, ist es sehr individuell. Ich glaube, es muss noch nicht mal so sein, dass CEOs dem einen großen

Purpose folgen und dann alles daraufsetzen. Aber zu sagen, das sind meine Werte und ich möchte diese Werte bestmöglich in Menschen und in Unternehmen geben, um sie wachsen zu lassen, ist ein guter Purpose. Letztlich ist das Wertethema für mich immer im Zentrum.

Nicole Kremer: Wie suchen Sie selbst Ihre Co-CxOs?

Astrid Schulte: Bei der Auswahl von Führungskräften bin ich neben der fachlichen Qualifikation auch recht intuitiv unterwegs und war das schon immer. Ich setze Haltung sogar vor fachliche Kompetenz, in einem langen Lebenslauf erworben. Ich überlege auch, wenn ich jetzt eine Dienstreise mit einer Person machen würde, würde ich mich gerne mehrere Stunden neben sie ins Flugzeug setzen? Und ich versuche mit Menschen zu arbeiten, die eine vernünftige Haltung haben und die ich gleichzeitig auch mag. Denn es ist einfach so viel leichter und schöner, mit Menschen zu arbeiten, mit denen man auch eine Wertekongruenz und eine Nähe hat. Denn dann baut sich Vertrauen auf. Ich glaube, dass man vieles lernen kann, und wenn man einfach gut im Management von Teams ist, dann gelingt es auch, das alles zu strukturieren und vernünftig mit Meilensteinen aufzusetzen und die Menschen dahin zu bringen, dass sie dich dabei unterstützen, die Ziele zu erreichen.

Nicole Kremer: Viele CxOs streben nach weiterführenden Aufgaben in Aufsichts- oder Beiratsmandaten. Welche Rolle nehmen Sie ein, wenn Sie eine Aufsichtsrats- oder Beiratsfunktion wahrnehmen? Welchen Mehrwert möchten Sie da hineingeben?

Astrid Schulte: Auch das mache ich mit viel Hingabe. Ich muss natürlich zusehen, dass ich nicht aufs Spielfeld springe, sondern schön auf der Tribüne sitzen bleibe. Ich bin immer sehr leidenschaftlich bei meinen Beiratssitzungen dabei und bringe mich mehr ein, als das bei Beiräten sonst oft der Fall ist. Gerne gebe ich meine vielseitigen Erfahrungen weiter, sowohl fachlich aber auch häufig als Sparringspartner der CEOs. Ich kann glaubwürdig vermitteln, wie man die Veränderung des Businessmodells und eine meist damit einhergehende kultureller Transformation erfolgreich managt. Geschäftsmodelle zu entwickeln, das müssen die CEOs selber machen. Da kann ich sie immer gut inspirieren und Impulse geben. Auch für die kulturelle Transformation kann ich ein kleiner Push sein für die CEOs. Ich selbst bin in verschiedenen Beiräten, zweimal in der Konstellation Private Equity und Familie. Ich mag diese Langfristigkeit der Denke, dies dann gepaart mit Private-Equity-Ansätzen. Ich kann zwischen diesen beiden Welten sehr gut eine Brücke schlagen, weil ich ein Familienunternehmen leite und diese Welt des Private Equity z. B. durch einige Projekte bei Roland Berger kenne.

Ich könnte ja jetzt auch sagen: Ich habe ja einen vollen Job, brauche ich jetzt noch Beiratsjobs? Nein, brauche ich nicht. Möchte ich gerne, wenn ich mal nicht mehr so operativ arbeite, noch Beirats- oder Aufsichtsratsjobs haben? Ja. Also gehe ich so ein Stück weit auch da strategisch ran und bekleide schon jetzt solche Beiratsfunktionen. Aber die andere Wahrheit ist für mich, dass ich immer sehr gerne unterschiedliche Dinge tue. Ich brauche immer diese unterschiedlichen Perspektiven und Chancen, Neues zu lernen.

Nicole Kremer: Liebe Frau Schulte, vielen Dank für das Gespräch!

3 Die neue Führungsformel – Was Zukunftsfähigkeit für die C-Suite bedeutet

Interview mit Silke Trösch, Expertin für Transformationsprozesse und Organisationsentwicklung

Silke Trösch ist ehemalige Journalistin. Das Thema Kommunikation beschäftigt sie also seit Beginn ihrer Karriere. Heute ist sie Expertin für Transformationsprozesse und Organisationsentwicklung. Sie begleitet seit mehr als 15 Jahren Unternehmen – ob Konzern oder Mittelstand – bei ihren komplexen Changeprozessen, Restrukturierungen und strategischen Neuausrichtungen.
Aufgrund ihrer langjährigen Zusammenarbeit mit namhaften und erfolgreichen Unternehmen wie Nestlé, Kraft Foods/Mondelez, Burda oder Aldi Nord weiß sie, welche Führungs- und Kommunikationseigenschaften CxOs heute brauchen. In dem Interview stellt sie dar, wie Expertinnen und Experten aus der Organisationsentwicklung ihre Transformationsprozesse wirksam begleiten können.
Die Corona-Pandemie hat wie ein *Wake-up Call* oder ein Brennglas gewirkt. Mit Themen wie Digitalisierung und Nachhaltigkeit haben Unternehmenslenker große und überlebenswichtige Aufgaben für diese und die nächsten Dekaden zu bewältigen. Dabei wird *Command & Control* als Führungsstil immer weniger funktionieren. Endlich ist die Zeit gekommen, dass CxOs einerseits viel mutiger sein dürfen, aber vor allem als **Gestalter aus eigenem Antrieb** gefragt sind. Welche Eigenschaften und Fähigkeiten Sie als Unternehmenslenker zukünftig brauchen oder noch ausbilden müssen und wie dabei die Unterstützung durch einen Organisationsentwickler Ihre Wirksamkeit erhöhen kann, erfahren Sie im folgenden Interview.

Nicole Kremer: Welche Rolle nehmen CEOs/CxOs zukünftig ein?

Silke Trösch: Die CEOs/CxOs dürfen sich in der neuen Arbeitswelt mehr zum Fragenden entwickeln. Es geht nicht mehr darum, dass der Chef vorgibt, was zu tun ist, sondern dass er bei seinen Mitarbeiterinnen und Mitarbeitern die gemeinsame Suche nach der Lösung in Auftrag gibt. So können Chefs mit ihren Mitarbeiterinnen und Mitarbeitern die Zukunft erspüren, neu erschaffen, entwickeln und umsetzen. Das bedeutet einen großen Unterschied in der **Haltung** und entspricht viel mehr dem, was in den letzten Jahren auch in der Gesellschaft entstanden ist: Augenhöhe. Es geht heute bei der Führung nicht mehr darum, der Leithammel zu sein, mit der Haltung »Alle mir nach, ich weiß am besten, wo es lang geht«. Der Leithammel hat die Mitarbeiterinnen und Mitarbeiter im Rücken und sieht sie nicht. Moderne Führungskräfte sind da eher wie Schäfer. Ein Schäfer steht nicht vorne, sondern am Rand oder in der Mitte. Er beobachtet und moderiert die Schwarmintelligenz.

Die Aufgabe der zukünftigen CEOs/CxOs ist es, Impulse zu geben und die **kollektive Intelligenz** der Herde zu fördern. Das bedeutet in der Haltung: **Vom Ich zum Wir**. Woher kommen diese Impulse? Sie kommen aus Purpose, Sinn und Relevanz. Der CEO sollte dafür einen strategischen Rahmen geben. Dann gilt es, die Intelligenz und Kreativität der gesamten Organisation oder der Schlüsselfiguren, der Direct Reports und der Ebene darunter, zu aktivieren.

Wie hat das Top-Management in der Regel bisher agiert? Der Aufsichtsrat oder Beirat ist geschäftsberichtsgetrieben, die Spitzenführungskräfte werden an Zahlen gemessen. Ob sie ihren Stuhl behalten dürfen, hängt von den KPIs ab, wie sie am Kapitalmarkt und in der Öffentlichkeit agieren, ob sie das Unternehmen in die Profitabilität führen und damit den finanziellen Stakeholdern gerecht werden. In den aktuellen, oft sehr einschneidenden Transformationsprozessen ist die Visualisierung von Kennzahlen aber nicht das Einzige, was notwendig ist, um die gesamte Gruppendynamik der Organisation für Wachstum und Erfolg zu nutzen. Jede und jeder Einzelne muss sich im Veränderungsprozess wiederfinden und die PS auf die Straße bringen. Es geht also für den CEO/CxO darum, die Change-Story für jedermann greifbar zu machen und die Beziehungen und Kulturumfelder als Führungskraft zu reflektieren, sonst können die Mitarbeiterinnen und Mitarbeiter sich nicht mit dem Change-Prozess identifizieren und machen nicht aktiv mit. Es heißt nicht umsonst »culture eats strategy for breakfast« – Peter Drucker lässt grüßen. Als CEO/CxO muss ich deshalb immer wieder mein **Effizienzmanagement mit meinem Beziehungsmanagement** abgleichen. Das heißt, ich pendele zwischen dem operativ-strategischen Denken auf der einen und dem kulturellen Denken auf der anderen Seite.

Kreativität entsteht, indem ich mehr Raum für eigenverantwortliches Handeln zulasse. Die große Angst, die Kontrolle zu verlieren, kommt aus der alten Situation des *Command & Control*: »Wenn ich es nicht unter Kontrolle habe, sägen die meinen Stuhl ab.« Es geht in der neuen Arbeitswelt darum, hierarchisches Verhalten mit Netzwerkverhalten zu kombinieren. Dabei wird es der Babyboomer-Generation nicht ganz leichtfallen, loszulassen. Auch in unserer deutschen DNA liegt ein starkes planerisches Element. Wir sind regelrechte Planungs- und Sicherheitsfreaks. Bei *Command & Control* gibt es immer Abweichanalysen: richtig – falsch, gut gemacht – nicht gut gemacht, schuldig – nicht schuldig. Daraus steht eine Fehlerentdeckungskultur. Für Führungskräfte im deutschsprachigen Kulturkreis ist es eine große Lernkurve, zuzulassen, dass sich eben nicht mehr alles unter Kontrolle halten bzw. planen lässt. Der CEO/CxO muss und kann den Rahmen mit strategischen Zielen vorgeben, die purpose- und visionsgetrieben sind. Der Rest ist Moderation und Iteration.

Nicole Kremer: Wie entsteht »Gefolgschaft« in einer Organisation, die sich in einem Transformationsprozess befindet?

Silke Trösch: Auf der einen Seite ist die Führerschaft und auf der anderen Seite die Gefolgschaft. Letztere bekommen Sie durch Relevanz, nicht weil Sie recht haben, sondern weil es Sinn macht, das jetzt zu tun. Gemeinsame Perspektive schafft Gefolgschaft. Gefolgschaft entsteht im Übrigen nicht dadurch, dass ich es einfach laufen lasse – hier wird Selbstorganisation leider oft mit Selbstüberlassung verwechselt. Führerschaft hingegen wird durch eine Führungskraft geschaffen, die in der Lage ist, die Gruppe für Visionen und Ideen zu begeistern und ins effektive Handeln zu bringen.

Gefolgschaft entsteht außerdem durch das Öffnen des Beziehungsraumes, durch Zuhören, durch das Erfassen unterschiedlicher Perspektiven auf einen Sachverhalt. Autonomie heißt, das Gegenüber zu akzeptieren und zuzulassen, dass es eine andere Meinung oder Herangehensweise hat. Es geht darum, all das erst einmal wahrzunehmen und nicht immer gleich Recht haben zu müssen oder es besser zu wissen. In dem Zusammenhang ein schöner Spruch, den ich vor Kurzem gelesen habe: »The smartest person in the room, is the room.«

Als Organisationsentwicklerin habe ich die Erfahrung gemacht, dass sich der Strategiefokus in klassisch hierarchischen Unternehmen sehr stark auf Kosten und Profit konzentriert und weniger stark auf Innovation und Wachstum. Der operative Fokus liegt dabei oft auf Effizienz und Prozesseinhaltung, statt auf Anpassung und Customer Centricity. Was die Unternehmen im Silicon Valley so erfolgreich macht, ist, dass sie ganz klar auf die Customer Journey ausgerichtet sind. Diese Unternehmen sind nicht so sehr mit sich selbst beschäftigt, sondern mit seinen Kundinnen und Kunden. Das ist, glaube ich, das, was ein Großteil der klassischen westlichen Industrieunternehmen oder Wirtschaftsunternehmen schaffen müssen: In eine stärkere Customer Centricity zu kommen. So entsteht dann auch neues Wachstum und Agilität, und zwar über Iteration und Co-Kreation. Nicht alles auf einmal fertig, sondern Schritt für Schritt unter Einbindung möglichst aller wichtigen Player, die diese Kreativität in sich tragen. Ich halte kreatives Potenzial nicht mehr klein, weil ich Angst habe, einer der jungen Wilden sägt sonst an meinem Stuhl. Wer stattdessen Raum zur Entfaltung gestattet, erzeugt Zufriedenheit und damit auch Gefolgschaft.

Authentisch sein gehört für mich ebenfalls dazu. Nicht mehr so geschliffen und perfekt sein. Auch mal verletzlich sein. Dazu kommt mir der TED-Talk von Brené Brown »The power of vulnerability« in den Sinn. Letztlich dürfen authentische Führungskräfte auch mal zugeben, wenn sie Zweifel oder Bedenken haben. Und sie können dabei gleichzeitig vermitteln: »Wir arbeiten an einer Lösung und ja, wir können das zusammen schaffen.«

Nicole Kremer: Welche Trends halten Sie zukünftig in der Transformation und Organisationsentwicklung für relevant?

Silke Trösch: Meines Erachtens gibt es vier Megatrends für die Future Work Force in der Transformation und Organisationsentwicklung (vgl. www.zukunftsinstitut.de):

1. **Individualisierung**: Unsere Gesellschaft entwickelt sich stärker hin zur Selbstbestimmung, Selbstverwirklichung und einer kollaborativen Wir-Kultur. Das Individuum verortet sich neu in der Gemeinschaft. Menschen wollen gesehen und eingebunden werden. Das verlangt von Top-Managerinnen und Managern ein größeres Maß an Empathie und Dialog, Beteiligungsorientierung und Begeisterungsfähigkeit. Erfolg kommt nicht mehr durch Kontrolle und Druck, sondern über Motivation und Beziehung.
2. **New Work**: Durch die Digitalisierung werden die Grenzen zwischen Berufs- und Privatleben fließend. Work-Life-Blending ersetzt Work-Life-Balance. Das mobile Arbeiten fördert Selbstverantwortung, schafft neue Arbeitsstrukturen und ist erstaunlich produktiv. Remote Work verlangt gleichzeitig aber auch mehr gegenseitige Rücksichtnahme. Und wenn die Kolleginnen und Kolleginnen mal »in echt« und physisch ins Büro kommen, dann wollen sie auch wertvolle Begegnungen und kreative Quality Time in entsprechenden Räumen. Eine schöne neue Herausforderung für Führungskräfte, Facility Manager und Organisationsentwickler.
3. **Gesundheit**: Leistung wird in westlichen Industrien und Wirtschaftssystemen weiterhin sehr wichtig sein. Und Arbeit soll Spaß machen und nicht auslaugen. Die Generationen Y und Z wollen nicht mehr flächendeckend bis zur Erschöpfung arbeiten wie die Babyboomer. Sie achten stärker auf Ernährung, körperliche und mentale Gesundheit. Das hat großen Einfluss auf die Gestaltung von Arbeitsbeziehungen und Arbeitsumgebungen.
4. **Konnektivität:** Man muss heute die Menschen stärker einbinden, egal ob analog oder digital. Das Netz ist ein »Mitmach-Medium«, und wenn sich die Kommunikationskanäle ändern, dann ändern sich auch Gesellschaft und Wirtschaft. Das bedeutet für Führungskräfte, größeren Mut zu haben, Mitarbeiterinnen und Mitarbeiter stärker einzubinden und sich von ihnen konstruktive Kritik anzuhören, ohne zu sanktionieren. Außerdem sollten Führungskräfte heute proaktiver kommunizieren und regelmäßiger Updates geben, wo man im Prozess genau steht. Also Transparenz und permanente Rückkopplung und nicht Geheimniskrämerei und aufschiebende Zurückhaltung.

Das ist wie im Callcenter. Wenn ich mit der Frau von der Telekom-Hotline rede und sie muss irgendetwas nachschauen, woraufhin ich sie nicht mehr höre und die Leitung sich wie tot anhört, werde ich nervös oder ärgerlich. Aber wenn sie zwischendurch sagt, liebe Frau XY oder lieber Herr YZ, ich schaue gerade mal nach, wie der Tarif hier für Sie ist, geben Sie mir zehn Sekunden, jetzt kommt erst einmal Musik, ich bin gleich wieder da – dann ist das für mich okay.

Nicole Kremer: Woher wird Wachstum zukünftig kommen?

Silke Trösch: Höher-Schneller-Weiter wird nicht mehr funktionieren, jedenfalls nicht mehr in diesem rasanten Tempo. Trägheit wird anderseits für Unternehmen auch nicht zum nachhaltigen wirtschaftlichen Erfolg führen, weil High Performer sich in trägen Unternehmen langweilen und abspringen. Die kommende Generation der Führungskräfte wird sich in einem Managementstil verankern, bei dem es um einen nachhaltigen Mittelweg zwischen Burnout und Boreout geht. Am Ende des Tages entsteht Wachstum immer durch kreative, motivierte Mitarbeiter und Führungskräfte. Und ich glaube, dass Topleute, die CxOs, es schaffen müssen, die gesamte Organisation mit den entscheidenden Machern rechtzeitig auf Marktveränderungen einzustellen und vorausschauend neue Produkte und Dienstleistungen zu antizipieren, bevor sie finanziell mit dem Rücken zur Wand stehen. Das ist die anspruchsvollste Art der Transformation: anzufangen, bevor es wehtut. Und weise CxOs, die tun das und bringen ihre wichtigsten Player im System vorher dazu, sich in die neue Richtung zu bewegen. Wenn man unter Druck handeln muss, wenn die Hütte schon brennt, kommt meistens nichts Gescheites dabei heraus. Nachhaltiges Wachstum kommt durch proaktives Handeln.

Nicole Kremer: Welche Rolle kann die Organisationsentwicklung im Unternehmen einnehmen, um die CxOs bei der Transformation zu unterstützen?

Silke Trösch: Organisationsentwickler haben die Aufgabe, Change-Prozesse strukturiert zu begleiten, und zwar den Strategieteil **und** den Kulturteil. Der strategische Teil ist operativ-faktisch, da geht es um veränderte Geschäftsmodelle, Strukturen, Prozesse, Rollen, Schnittstellen. Der kulturelle Teil ist beziehungsbezogen und dreht sich um Werte, Normen, Haltungen, Verhaltensweisen. Organisationsentwickler machen all diese Themen in Workshops »besprechbar«. Unterm Strich ist Organisationsentwicklung eine Methode, Gruppen in Bezug auf operative und kulturelle Themen strukturiert zu moderieren und sie bei der Neuausrichtung zu unterstützen. Es ist dabei wichtig, dass zwischen der oberen und der mittleren Führungsebene ein gemeinsamer Nenner gefunden wird. Change-Prozesse gilt es, mit **horizontaler und vertikaler Rückkopplung** zu gestalten. Horizontale Rückkopplung sollte in Transformationen zwischen den funktionalen Silos stattfinden, um Reibungsverluste zwischen Schnittstellen zu vermeiden. Vertikale Rückkopplung braucht es in Transformationen zwischen den Hierarchieebenen, um die Realisierbarkeit bei der Umsetzung zu besprechen. Leider wird im Wusel der Transformation aber oft weder horizontal noch vertikal rückgekoppelt. Da werden neue strategische Geschäftsmodelle einfach von oben »ausgerollt, implementiert, eingesteuert«, in der Annahme, dass alles ganz automatisch und ohne Widerstände funktionieren wird. Oft können Organisationsentwickler dann nur noch den Feuerlöscher spielen, wenn Teilbereiche des Unternehmens im Blockademodus hängen. Im Idealfall werden Organisationentwickler stattdessen von den Strategen bereits frühzeitig in Change-Vorhaben eingebunden.

Ein schönes Beispiel ist OTTO mit dem Kulturwandel 4.0. Die Verantwortlichen haben einen Prozess aufgesetzt, in dem über Workstreams die Vorstände mit dem mittleren Management sowie mit normalen Mitarbeiterinnen und Mitarbeitern immer wieder in Verbindung kamen, um zusammen über bestimmte Lösungen und praktikable Umsetzungsmöglichkeiten zu diskutieren. Daraus entstand dann eine neue Form der Zusammenarbeit in Co-Working-Spaces, in denen Design Thinking und kreative Produktivität für alle erlebbar waren. Das hat einen Schneeballeffekt gehabt. Sie haben mit Freiwilligen angefangen. Das ist auch das, was der »Change-Papst« John P. Kotter in seinem Buch »Accelerate« vorschlägt, eine sogenannte »army of volunteers«. Change-Prozesse sind von der Gruppendynamik her dann erfolgreich, wenn man besonders solche Player reinzieht, die wirklich Lust auf Change haben und sich freiwillig einbringen. Und nicht nur solche Menschen, die wichtig sind oder qua Amt mitmachen müssen.

Nicole Kremer: Wie kann ich mir das konkret vorstellen? Ich bin CEO und ich sage, ich brauche Sie als meine Unterstützung für einen Change-Prozess. Wie würden wir da vorgehen?

Silke Trösch: Ich würde Ihnen in den meisten Fällen raten, beim Organisationsentwicklungsprozess erst einmal top-down anzufangen mit der Führungsmannschaft und dann in den Ebenen darunter weiterzumachen. Also würde ich zuerst auf der C-Level-Ebene oder GF-Ebene ansetzen und dann auf die Director-Ebene gehen und den Change reflektieren lassen. Im anschließenden Dialog werden wechselseitige Erwartungen zwischen diesen beiden Ebenen, also der oberen und der mittleren, geklärt. Es muss erst einmal eine gemeinsame Perspektive auf den angestrebten Change entwickelt werden mit den wesentlichen Meilensteinen, die erreicht werden sollen – also der Change Roadmap. Nach einem Alignment zwischen den Führungsebenen geht es zur Arbeitsaufteilung für die Umsetzung im Transformationsprozess. Das mittlere Management spielt in der Organisationsentwicklung eine zunehmend wichtige Rolle. Middle Manager sind in der Sandwichposition zwischen den Erwartungen des Top-Managements und der Mitarbeiterinnen und Mitarbeiter. Die Top-Management-Ebene hat leider oft die Haltung, dass das Middle Management »zum Jagen getragen werden muss« und dass »klar ist, was zu tun ist«. Aber da gibt es in Bezug auf die Kommunikation oft noch einige blinde Flecken in der Top-Ebene, weil hier nicht gesehen wird, dass es oft sinnvoll ist, die mittlere Ebene in wichtige Entscheidungsprozesse viel früher zu involvieren und nicht erst, wenn ganz oben schon alles beschlossene Sache ist. Außerdem sollte die obere **und** mittlere Führungsebene dazu methodisch befähigt werden, effektiv als Change-Manager zu agieren.

Mir ist wichtig zu sagen, dass Organisationsentwicklung keine Zauberdisziplin ist, sondern Hilfe zur Selbsthilfe. Bei der Organisationsentwicklung geht es darum, Gruppen zu begleiten, miteinander ins Gespräch und in die Reflexion zu bringen, damit praktikable Lösungen für die zukünftige Zusammenarbeit entwickelt, geprobt und umgesetzt werden. Ich bin als Organisationsentwickler Moderatorin oder Facilitator, manchmal bin ich Trainerin. Ich habe aber kein Zauberpulver in der Tasche, und dann wird sofort alles anders. Das funktioniert insbesondere bei der Kulturarbeit nicht, weil kollektive Verhaltensmuster über Jahre tief gewachsen sind – die kann man in einem einzigen Workshop nicht einfach wie einen Hebel umlegen, das funktioniert nicht. Aber nach vielen Workshops, Trainings und Kommunikationsmaßnahmen wird es dann kontinuierlich besser, wenn die Mehrheit an einem Strang zieht. Dabei spielt natürlich auch die Ebene der ganz normalen Mitarbeiterinnen und Mitarbeiter eine große Rolle – für die braucht es zahlreiche weitere Change-Management-Formate sowie Multiplikatorkonzepte, Trainingsmaßnahmen und methodisches Rüstzeug für pragmatisches Umsetzen. Darauf hier im Detail einzugehen, würde den Interviewrahmen sprengen.

Nicole Kremer: Was für eine Art Führung wird die Generation Y erfolgreich machen?

Silke Trösch: John P. Kotter hat in seinem Buch »Accelerate« neue »hybride« oder »duale« Strukturen für die Arbeitswelt der Zukunft beschrieben. In den meisten Großunternehmen westlicher Industrienationen wird es darum gehen, Elemente von hierarchischem Verhalten mit Netzwerkverhalten zu kombinieren. *Command & Control* bzw. lineare Führung scheint auf den ersten Blick schneller zu sein, weil man da »so richtig schön durchsteuern« kann. Es entsteht dadurch aber in Organisationen sehr viel Hemmung, Angepasstheit und teilweise Angst. Und dazu kommen dann noch umständliche Reportingstrukturen und Eskalationsmethoden. Dadurch geht oft sehr viel Zeit und Energie verloren und Kreativität wird eingedämmt. Je höher die Regelungsdichte, desto ausgeprägter die Fehlerentdeckungskultur. Lineare Führung wird nicht ganz verschwinden. Es wird immer Planung und Kontrolle in einem gewissen Maße geben, vielleicht auch geben müssen.

In der neuen Arbeitswelt jedoch werden situative, transformationale und agile Führungsformen an Bedeutung gewinnen, je nach Reifegrad der Organisation. Diesen Führungsformen ist gemein, dass sie neben den Arbeitszielen stärker die Arbeitsbeziehungen im Fokus haben und über Sinngebung, Empowerment und Selbstverantwortung motivieren.

Nicole Kremer: Wie dürfen Sie als Führungskraft wachsen? Welche Rolle nimmt die C-Level-Riege zukünftig ein?

Silke Trösch: Sie sind Impulsgeber. Menschen, die Dialog herstellen, die Verbindungen zwischen Hierarchien und Silos schaffen, Schnittstellen besser managen, kreatives Potenzial aktivieren, die ihren Führungsanspruch nicht nur rational in Form von KPIs, sondern auch emotional vermitteln können. Die CxOs der Zukunft lassen Selbstverantwortung der Mitarbeiterinnen und Mitarbeiter wirklich zu. Und sie erarbeiten sich Vertrauen, Loyalität und Gefolgschaft durch proaktive Kommunikation, Dialog und Empathie. Ich will jetzt nicht so weit gehen, dass die kollektive Führungsetage der westlichen Industrienationen bald als »Servant Leader« unterwegs sein wird. Nein, das wäre utopisch. Aber ein Haltungswechsel steht an: Vom Ich zum Wir.

Nicole Kremer: Liebe Frau Trösch, vielen Dank für das Gespräch!

4 Lonely at the top? Auf Top-Niveau auch in unsicheren Zeiten mit Executive Coaching

Dorette Segschneider, Trusted Advisor & Sparringspartner

Dorette Segschneider ist Unternehmerin und CxO-Exzellenz Coach mit der Mission, gerade in aussichtslosen Situationen neue Perspektiven zu entdecken. Mit dieser Philosophie ist sie eine Vertraute in vielen Führungsetagen geworden. Sie entwickelt ihre Klientinnen und Klienten zu exzellenten Führungspersönlichkeiten. Das gelingt mithilfe ihrer speziell für Top-Leader entwickelten Exzellenz-Coaching-Methode und auf Basis der Vielfalt ihrer Erfahrungen: als Anchorwoman einer TV-Finanzsendung, die über 1.000 Interviews mit Leadern geführt hat, als ACE Coach (Acceleration Coach Excellence), als Autorin zahlreicher Sachbücher und TV-Wirtschaftsdokumentationen und als Dozentin an der Hochschule für Wirtschaftswissenschaften in Mainz. Außerdem ist sie Founderin der Plattform www.wirhelfeneuch.org und Botschafterin der Initiative www.wirtschaftvonmorgen.de.

In dem Beitrag von Dorette Segschneider erfahren Sie, wie Sie mit Executive Coaching nachhaltig Ihr Top-Level als Leader erreichen. Die Zeiten, in denen gesellschaftliche und unternehmerische Herausforderungen vorhersehbar waren, ist Vergangenheit. Die Welt von heute stellt Top-Leader rund um den Globus vor große Herausforderungen. Die VUCA-Welt ist allgegenwärtig. Gerade in Krisenzeiten sind Leadership-Persönlichkeiten gefragt, die die Leitplanken vorgeben, den Menschen in den Mittelpunkt stellen, transparent kommunizieren und Stellung beziehen. Der nachhaltige Exzellenz-Coaching-Prozess entwickelt und/oder stabilisiert das geforderte Skillset.

Vorbei

Die Zeiten, in denen gesellschaftliche und unternehmerische Herausforderungen vorhersehbar waren, gehören der Vergangenheit an. Die Welt von heute stellt Top-Leader rund um den Globus vor große Herausforderungen. Die hohe Komplexität und Unvorhersehbarkeit bringen viele an ihre Grenzen. Zum einen inhaltlich – zum anderen rein physisch. Laut der Psychologin Dr. Helena Boschi, Expertin für angewandte Neurowissenschaften am Arbeitsplatz, aktiviert unser Gehirn bei Ungewissheit oder Bedrohung sofort Chemikalien, die unser System auf Kampf oder Flucht einstellen. In der Frühzeit des Menschen, als der Säbelzahntiger noch eine reale Bedrohung für das eigene Überleben war, hat das Sinn ergeben. Die größte Bedrohung heute ist die Ungewissheit, mit der wir konfrontiert sind. Wir wissen einfach nicht, was die Zukunft (mit sich) bringt. Wenn wir unseren täglichen Stress nicht richtig bewältigen und unser Wohlbefinden nicht im Auge behalten, kann dies zu chronischem Stress führen, der unsere Emotionen, unser Gedächtnis, unsere Entscheidungsfähigkeit und sogar im schlimmsten Fall unsere körperliche Gesundheit beeinträchtigt.

Klar ist: Einfache Antworten auf diese Herausforderungen gibt es nicht. Die VUCA-Welt ist allgegenwärtig. Die meisten Top-Leader fühlen sich wie im Shinkansen, dem japanischen Hochgeschwindigkeitszug: In rasantem Tempo rast die Welt an ihnen vorbei. Zeit zum Luft holen oder gar anhalten – Fehlanzeige. Die Rasanz, mit der der Shinkansen den Manageralltag begleitet, hat auch dazu geführt, dass sich kaum einer die Zeit nimmt, persönliche oder firmenrelevante Prozesse, Vorhaben, Projekte bis zum Ende zu denken – geschweige denn, die eigene Führungsfähigkeit oder gar das eigene Leben. Dabei spielen gut durchdachte Handlungen eine Schlüsselrolle. Vor allem wenn es darum geht, wirksame Entscheidungen zu treffen.

Gerade in Krisenzeiten sind Leadership-Persönlichkeiten gefragt, die die Leitplanken vorgeben, den Menschen in den Mittelpunkt stellen, transparent kommunizieren und Stellung beziehen.

Gefordert ist ein anspruchsvolles Skillset: Entscheidungsfähigkeit, Entschlossenheit, die Fähigkeit, aktiv zuzuhören, Resilienz und Selbstführung – um nur die Top 5 zu nennen. Klingt nach der berühmten »eierlegenden Wollmilchsau«. Doch wie gelingt dies mitten im Tornado des Lebens: menschlich zu führen, zuzuhören, sich Zeit zu nehmen für die Mitarbeiterinnen und Mitarbeiter und für sich selbst, zielgerichtet und strategisch zu agieren, aber zugleich entschlossen und resilient zu sein? Puh!

Wie erklimmt man den Himalaya? Schritt für Schritt! Das gilt auch für die Persönlichkeitsentwicklung. Demnach fokussiere ich mich auch in meiner Arbeit mit Top-Leadern auf die Nachhaltigkeit, nicht auf kurzfristige Coachingerfolge.

Wenn Sie einen Kuchen backen, folgen Sie einfach der Backanleitung – Schritt für Schritt. Wenn Sie sich strikt an das vorgegebene Rezept halten, ist das gute Ergebnis nahezu garantiert. Beim Bau eines Flugzeugs sieht das schon anders aus. Denn die Anforderungen sind hochkomplex. So wie auch die Welt, in der wir leben. In einer zunehmend globalisierten Welt brauchen Menschen Klarheit. Executive Coaching unterstützt sie dabei, komplexe Probleme zu vereinfachen und neue Perspektiven zu finden, insbesondere unter großem Druck und in scheinbar ausweglosen Situationen. Es reicht nicht mehr, das altbekannte Backrezept auszupacken und auf den garantierten Erfolg zu hoffen. Die Gewissheit, die viele suchen, haben wir nicht mehr. Meine Aufgabe ist es, die Fähigkeit zu schärfen, in schwierigen Situationen dennoch nachhaltige Lösungen zu finden und in einer komplexen Welt handlungsfähig zu sein. »Was ist der entscheidende Tipp, wie soll ich reagieren, wenn die Lage kompliziert, komplex und unübersichtlich ist?«, fragen mich viele Führungskräfte. Schaffen Sie Klarheit für sich selbst und die Menschen, mit denen Sie zusammenarbeiten. Klarheit in der Kommunikation ist wichtiger als Beständigkeit. Der Super-GAU für jeden Menschen ist Unsicherheit. Wenn Menschen nicht wissen, was passiert bzw. passieren wird, verbringen sie ihre Zeit damit, über diese Unsicherheit nachzudenken, statt an Lösungen zu arbeiten.

Die im Folgenden geschilderten Cases zeigen auf, welche Erfolge Executive Coaching erzielt. Basis und Voraussetzung für eine Zusammenarbeit ist immer das klare Commitment des Klienten. Gleichzeitig sind die geschilderten Cases nur ein Spotlight oder Exzerpt aus einer mindestens einjährigen Zusammenarbeit.

4.1 Case 1: Ein CEO packt aus

Ein klares Ziel, konkret formuliert oder besser noch nach SMART-Kriterien definiert, hatte der CEO (noch) nicht, als er sich zu einem »Klarheits-Tag« bei mir anmeldete. Auf mein Nachfragen in der Precoachingphase schrieb er: »Es geht wirklich darum, meine Prioritäten zu sortieren, das Wichtige vom Unwichtigeren zu unterscheiden und mich vor allem dazu zu bringen, Dinge auch loszulassen. Zudem merke ich, dass ich wirklich den Mut aufbringen sollte, die anstehenden Aufgaben und die damit verbundenen Herausforderungen als großes Ganzes von mir aus zu denken. Wie will ich für mich den Posten als CEO in Zeiten der Krise gestalten? Wie kann ich ihn leben? Was ist für mich essenziell?«

Gebucht hatte der CEO einen Intensivtag inklusive LINC Personality Profiler (LPP). Auf Basis der Ergebnisse des LPP arbeitete er im Laufe des Intensivtages an Methoden, die zu mehr Klarheit und konkreten Antworten führen und die er im Businessalltag direkt und nachhaltig umsetzen kann. Sein anschließendes Postcoaching (Reflexionsfragen) zeigt auf beeindruckende Weise, wie effektiv ein Coachingprozess ist und wie praxisnah und konkret die darin erarbeiteten Schritte sind:

Frage 1: Was sind Ihre wichtigsten Erkenntnisse vom Intensivtag?

- Ich bin bestärkt in der Einsicht, dass das Personalthema wirklich das primäre und einzige drängende Problem darstellt. Nur wenn ich bereit bin, Aufgaben abzugeben, kann ich Entlastung schaffen.
- Die bisherige Strategie evaluieren und neu ausrichten; dabei gilt es vor allem, meine bisherige »Umsetzungsschwäche« zu überwinden.
- Ich werde das »Nein-Sagen« ab sofort besser institutionalisieren und dabei das »glühende Ja« berücksichtigen.
- Die »Kultur des Loslassens« wird ein wesentlicher Punkt meiner CEO-Zeit werden.
- Ich strukturiere meine eigene Arbeit und die der Firma besser.
- Terminplanung strukturieren, priorisieren etc. (ab sofort).
- Town Hall Speech halten und neue Kultur zum Leben erwecken.

- Kultur der Anerkennung und der klaren, transparenten Kommunikation mit Umsetzungsstrategien hinterlegen und täglich sowie nachhaltig leben.
- Mir haben die Reflexionen anhand des LINC Personality Profiler sehr geholfen.

Frage 2: Was setzen Sie direkt in die Tat um und wie genau?

- Ich nehme mir geplant und fokussiert Zeiträume für das strategische Arbeiten.
- Ich habe einen Stakeholder-Plan erstellt, um mit anderen klar besprechen zu können, worum es gerade geht.
- Bei einem größeren Konfliktherd in der Firma bin ich nicht direkt eingesprungen, sondern habe meine Zeit dafür verwendet, den zuständigen Direktor zur Lösung zu befähigen.

Frage 3: Welche möglichen Hürden sehen Sie bei der Umsetzung auf sich zukommen?

- Es ist nach wie vor eine zu große Fülle an Aufgaben. Strukturelle Entlastungen herbeizuführen, Mitarbeiterinnen und Mitarbeiter einzustellen, braucht Zeit.
- Gerade beim Personalthema ist der Erfolgsdruck immer noch extrem hoch.

Frage 4: Welche positiven Gefühle begleiten Sie nach dem Intensivtag?

- Ich nehme mich viel mehr als Gestalter und Macher wahr – ich sitze im Driver's Seat.
- Ich habe meine eigenen Stärken und Schwächen viel mehr im Blick.
- Ich merke, wie ich eine neue Erfolgsstufe zünden kann und zünden werde.

Frage 5: Welche Verbesserungsvorschläge haben Sie für das nächste Coaching?

Besonders gefreut habe ich mich über das Feedback meines Klienten, das ich hier im Wortlaut wiedergeben möchte: »Es war einfach perfekt. Kurz nach dem Gespräch und als ich gesehen hatte, was Sie, liebe Frau Segschneider, alles systematisch vorbereitet hatten, dachte ich, Sie hätten mehr Mut haben sollen, all Ihr Wissen und Ihre Systematik einzubringen, weil ich davon sehr viel hätte lernen können. Dann aber habe ich gemerkt, dass das Coaching auf einer ganz anderen, tieferen Ebene gewirkt hat. Jetzt weiß ich zwar immer noch nicht, was Sie alles wissen, aber ich bin jenseits dieser Wissensebene klarer, ruhiger, hoffnungsfreudiger und zielorientierter geworden. Das ist ein riesiges Geschenk und ich habe tiefen Respekt, wie Sie das möglich machen können!«

4.2 Case 2: Das große Schweigen der Vorstände

In den Top-Etagen werden Probleme oft »gelöst«, indem sie totgeschwiegen werden. Emotionale Themen werden vielfach komplett ignoriert. Vorstände weigern sich, Themen anzusprechen, die ihnen unangenehm sind. Das Schweigen hat viele Ursachen und weitreichende Folgen. Auch für meine Klientin, die lange – viel zu lange – geschwiegen hatte.

Als sie den Posten als CSO übernommen hatte, wehte gerade ein frischer Wind im Unternehmen. Der bisherige Eigentümer hatte sich zurückgezogen und ein neues Vorstandsteam hatte sich formiert. Die Zusammenarbeit mit jungen, ambitionierte Kolleginnen und Kollegen machte Spaß. Man war sich einig, dass der bisherige althergebrachte Führungsstil einem kollaborativen Führungsstil weichen sollte. Flachere Hierarchien wurden eingeführt. HR bekam eine neue Rolle, die Mitarbeiterinnen und Mitarbeiter standen im Fokus. Das neue Motto: »People First«. Dann kam Corona. Umsatzeinbruch um 60 %. Das Inlandsgeschäft brach komplett zusammen. Crisis-Management war gefragt. Plötzlich, wie aus dem Nichts, tauchte der Senior-Chef wieder auf und übernahm sukzessive das Ruder. Statt »People First« hieß es wieder »Effizienz First«. Sparpläne wurden verteilt. Leistung gefordert. Lob? – Fehlanzeige. »Ich habe immer das Gefühl, dass es nie genug ist, was ich mache«, klagte die CSO, als sie zu mir kam. »Das macht mich völlig fertig. Wenn ich Glück habe, werden meine Entscheidungen respektiert bzw. angenommen, aber sie sind immer mit der nächsten Forderung verbunden. Niemals mit anerkennenden Worten. Hinzu kommt, dass der Samen, den wir gerade gesät hatten, gefühlt komplett verdorrt – die Uhren laufen bei uns gerade rückwärts, so kommt es mir vor. « Ich frage erneut nach: »Kennt der Eigentümer Ihre Gedanken?«, frage ich die Klientin in der Insight-Session. »Nein, natürlich nicht. Ich hadere ja insgesamt mit seiner Rückkehr in das operative Tagesgeschäft. Natürlich frage ich mich, traut er uns den Job nicht zu? Warum kommt er zurück?« Ich frage erneut nach: »Kennt der Eigentümer Ihre Gedanken?« »Nein – um Gottes Willen. Ich kann ihm ja schlecht sagen, dass ich total verunsichert bin. Das wäre Wasser auf seine Mühlen. Er hatte sich mit großem Trara zurückgezogen – die ganze Firma in einem Townhall-Meeting darüber informiert. Das ist gerade mal 15 Monate her.« »Weiß der Eigentümer, wie Sie über seine Rückkehr denken?« »Wie gesagt – das habe ich ihm nicht gesagt. Er hat sogar extra ein Boardmeeting einberufen und uns offiziell gesagt, dass er jetzt in der Krisenzeit zurückkommt. Seine Argumente waren, dass wir in einer Umbruchszeit sind und jetzt ganz schnell ganz viel verändern müssen und er als Eigentümer schneller Entscheidungen treffen könne. Dass er Dinge infrage stellen kann usw.« »Was würde Ihnen jetzt am besten helfen?«

Das Misstrauensvotum

»Na ja, das ist ja fast wie ein Misstrauensvotum. Was ich bräuchte, wäre ein Vertrauensbeweis. Im Moment habe ich das Gefühl, dass er nicht nur mir, sondern dem ganzen Board nicht vertraut – also in Bezug auf unsere Entscheidungen.« »Was wäre der erste Schritt, der Sie jetzt weiterbringt?« Die CSO überlegt. »Ein erster Schritt? Schwierig.« »Was könnten *Sie* tun, damit der Eigentümer Ihre Gedanken, Ihre Verunsicherung kennt?« »Ich müsste es wahrscheinlich am besten einfach sagen – nur das geht gar nicht.« »Bleiben Sie mal bei der Idee, dass Sie es ihm sagen. Wie könnten Sie es ihm sagen?«

Das Schweigen führte dazu, dass die Rückkehr des Eigentümers zum Vertrauensproblem für das ganze Board geworden war. Hinter dem Rücken oder »in der virtuellen

Kaffeeküche« wurden die Stimmen immer lauter. In jedem Boardmeeting, das ohne den Eigentümer stattfand, war die Stimmung Thema. Eine solche Situation hat gleich vier negative Konsequenzen:

1. Die Gespräche kosten viel Zeit.
2. Die Gespräche kosten viel Energie.
3. Die Gespräche bringen negative Energie.
4. Die negative Energie führt zur Verunsicherung im Board und damit zu unsicheren (= schlechten) Entscheidungen.

Die Lösung

Im Coaching entwickelten wir ein Konzept für die CSO, mit dem es meiner Klientin gelang, das Thema beim Eigentümer direkt anzusprechen. Auf Basis des Vier-Quadranten-Modells (Fakten-Gefühle-Interesse-Lösung) entstand folgender Gesprächsleitfaden:

»Herr Maier, danke, dass Sie sich für das Gespräch Zeit genommen haben. Vielen Dank auch, dass Sie in dem Meeting am Montag Ihre Rückkehr in die operative Führung klar benannt haben. Das haben wir als sehr positiv empfunden. Mir ist klar, dass Sie durch die Corona-Krise unter Druck sind. Gleichzeitig gibt uns Ihre Rückkehr ins operative Management das Gefühl, dass Sie unseren Entscheidungen nicht vertrauen, und wir glauben, dass wir als Board die Krise nicht gut genug managen. Mir ist Klarheit wichtig. Deshalb bitte ich Sie, mir zu sagen, wie Sie sich die weitere Zusammenarbeit vorstellen.«

Bei der Ansprechbarkeit geht es nicht um den Wortlaut, denn dieser wird jeweils auf die individuelle Situation angepasst. Es geht darum, in einem Gespräch nicht nur die Bedenken und eine mögliche Forderung oder Lösung zu formulieren. Es geht zusätzlich um das klare Benennen der eigenen Gefühle und Bedürfnisse. Raus mit dem Frust und Ärger aus der Kaffeeküche – »rein« in die Kommunikation. Es gilt, Verantwortung zu übernehmen, für die eigenen Gefühle und Bedürfnisse und diese in einem konstruktiven Gespräch, auf Augenhöhe zu klären. Das schafft Respekt und bringt Klarheit.

4.3 Case 3: »Für so etwas habe ich wirklich keine Zeit«

Vergangene Woche spiegelte mir ein Klient ein Geheimnis meiner Coachingerfolge: »Liebe Frau Segschneider, zugegeben, Ihre wöchentlichen ›Reflection-Action-Aufgaben‹ habe ich manches Mal ›verflucht‹ und ich erinnere mich noch gut, als ich Ihnen zu Beginn im Brustton der Überzeugung sagte, dass ich eine regelmäßige Reflexion in meinem engen Timetable nicht auch noch packen kann. – Jetzt, nach einem Jahr gemeinsamer Arbeit mit Ihnen weiß ich, gerade die Reflexion ist ein entscheidender Schlüssel für meinen Erfolg. Danke Ihnen fürs manchmal auch lästige Nachhaken.«

Ja, ich werde nicht müde, meine Klientinnen und Klienten zu erinnern: Nehmen Sie sich Zeit. Zeit zum Reflektieren Ihrer Handlungen. Wenn Sie Ihre Führungsfähigkeiten verbessern wollen, dann ist es wichtig, dass Sie sich Ihre Stärken und Schwächen, Ihre Werte und Verhaltensweisen sowie die Art und Weise, wie Sie führen und handeln, regelmäßig bewusst machen. Sich sein Verhalten selbst bewusst zu machen – es zu reflektieren – stärkt das Selbstbewusstsein und damit die Souveränität der Führungskraft.

Nicht verhandelbar

Ich bin der Überzeugung, dass »Reflection-Time« im Kalender nicht verhandelbar sein sollte. Konfuzius schrieb: »By three methods we may learn wisdom: First, by reflection, which is noblest; second, by imitation, which is easiest; and third by experience, which is the bitterest.«

Die Praxis sieht anders aus: In den vergangenen zwanzig Jahren habe ich mit Führungskräften in Unternehmen unzählige Gespräche über den »Reflection-Action-Cycle« geführt. Die häufigste Antwort zu Beginn der Coachingreise: »Oh, nein, für so etwas habe ich keine Zeit. Der Alltag frisst mich auf.« Bei näherem Nachfragen stellt sich meistens heraus, dass sie dachten, jede Art von Reflexion sei zeitaufwendig, ein Luxus – manche denken sogar, wenn im Kalender ein Slot »Reflection-Time« steht, werde dieser von anderen als Zeitverschwendung oder im besten Fall als verhandelbar angesehen. Dies halte ich für eine gravierende Fehleinschätzung. Erfolgreiche und effektive Führungskräfte reflektieren tiefgreifend und regelmäßig. Tiefgreifend bedeutet nicht zeitraubend. Auch schnelle Reflexionstechniken führen zum Erfolg. Nachhaltig wirksame Techniken dazu erarbeite ich in meinen Coachingsessions. Reflexionsarbeit ist Prio 1.

Ein Reflection-Action-Journal, das nachhaltig geführt wird, ist ein Goldschatz. Dranbleiben ist entscheidend. Und wenn es nur zwei Minuten täglich sind. Nach 30 Tagen stehen dann schon 30 Sätze im Reflection-Action-Journal – nach einem Jahr hat man eine »Reflection-Action-Bank« aufgebaut. Welche Aktion war erfolgreich? Welche weniger?

Trauen Sie sich!

Reflection-Action heißt, den Reflexionskreislauf zur Gewohnheit zu machen: Ihre (neue) Handlung reflektieren – Handeln (= Umsetzen der Reflektion) – Reflektieren – Handeln – Reflektieren usw. ... Action × Reflection ist gleichbedeutend mit Lernen. Fangen Sie einfach an. Denken Sie regelmäßig darüber nach: Was macht mein Handeln erfolgreich? Was könnte ich anders/besser machen? Was ist der nächste, kleine Schritt? Handeln ist alles, was Sie tun müssen, um ein neues Verhalten auszuprobieren. Ein Verhalten, das Ihnen vertraut ist, in einer neuen Situation oder einem neuen Kontext auszuprobieren. Dinge auf eine neue Art und Weise ausprobieren. Experimentieren. Reflektieren. Vor, während und nach der Aktion/Handlung.

Erfolg hat drei Buchstaben: T U N

Vor der Handlung reflektieren Sie: Wo ist meine Chance? Was genau werde ich tun? Wie weit verlasse ich meine Komfortzone? Etwas, das einfach und vertraut ist, immer und immer wieder zu tun, hilft nicht wirklich beim Lernen. Dann geht es um das Experimentieren, also darum, an den Rand zu kommen, wo ich nicht sicher bin, ob etwas funktioniert oder nicht, wo man nicht sicher weiß, was passieren wird. Das ist der Punkt, an dem Sie anfangen werden, neue Wege zu finden, sich mit neuen Wegen vertraut zu machen und Ihr Lernen zu maximieren. Denken Sie also immer wieder darüber nach, wo Sie etwas Neues ausprobieren werden? Und dann Reflektieren: Wie stelle ich sicher, dass ich das tatsächlich mit ein wenig Reflexion weiterverfolge? Muss ich eine Feinabstimmung vornehmen? Was klappt? Was nicht? Anschließend fragen Sie sich, wie es gelaufen ist. Was hat gut funktioniert? Was möchte ich beim nächsten Mal beibehalten? Woran möchte ich arbeiten? Steigen Sie jeden Tag wieder ein in diesen **Kreislauf von Aktion und Reflexion**. Ausprobieren – Reflektieren – Agieren.

4.4 Case 4: Sechs Erfolgsfaktoren für die Transformation

»Was ist der Schlüssel zum Change-Erfolg? Wie gelingt es uns, den geplanten Transformationsprozess erfolgreich zu durchlaufen?«, will mein Klient, CEO eines Familienunternehmens aus der Immobilienbranche, von mir wissen. »Wieso gelingt dem einen Unternehmen der Change-Prozess und dem anderen nicht?« »Heute«, so der Coachee weiter, »möchte ich Ihnen in erster Linie zuhören. Ich schätze Ihre Philosophie und Ihr strategisches Wissen. Ich weiß, Fragen führen, aber können Sie mir heute einmal eine Art Vorlesung geben und meine Frage beantworten, statt mir welche zu stellen?«

Wow – was für ein cooler Einstieg in einen Intensivtag. Wir hatten acht Stunden. Also war ich mir sicher, dass ausreichend Zeit für meine und seine weiterführenden Fragen sein würde. Nach dem Intensivtag beschloss ich, die Leserinnen und Leser meiner Blogartikel in den nächsten Monaten mit auf die Reise zu nehmen. Hier ist also die erste Etappe – Zuhören. Mein Klient hörte mir zu.

Sechs Schlüsselfaktoren fürs Gelingen

Den Menschen etwas Vertrautes zu nehmen, ist schwer. Die Menschen lieben Beständigkeit. Wir sind in unserem Innersten Bewahrer. Das macht den Change, die Transformation vielfach so schwer. Menschen sind aber auch Herdentiere. Sie schauen, was die anderen machen. Was lebt der Vorstand vor, wie verhalten sich die Führungskräfte? etc. Hier folgen **sechs Schlüsselfaktoren fürs Gelingen** und es gibt noch viel mehr!

Der Fisch stinkt vom Kopf und deshalb ist der **erste** und, meiner Erfahrung nach, gleichzeitig entscheidende **Schlüsselfaktor**: Der Kopf (= der Vorstand) muss den Change authentisch verkörpern. Trommeln Sie alle Kolleginnen und Kollegen zusammen und wagen Sie z. B. einen provokativen Painpoint-Workshop: Wo »stinkt« es bei uns?

Der **zweite Schlüsselfaktor** heißt Nachhaltigkeit. Die Führung muss sich darüber im Klaren sein, dass ein Transformationsprozess kein 100-Meter-Lauf ist, sondern definitiv ein Marathon und möglicherweise sogar ein Ultramarathon – das sind 100 km! Dazu gehört, dass für alle Vorstände klar ist: Mit diesem Unternehmen wollen wir die nächsten Jahre gestalten. Wir sind nicht nur auf Abruf tätig und sagen dann »Nach mir die Sintflut«. Wir committen uns für den Transformationsprozess und stehen zu 100 % dahinter. Dann beginnen auch die Mitarbeitenden, an den Erfolg zu glauben. Statt Lippenbekenntnissen geht es um authentisches und langfristiges Commitment.

Der **dritte Schlüsselfaktor** heißt: Mensch. Es geht darum, die Menschen mitzunehmen, und zwar wirklich. Laden Sie alle Mitarbeiterinnen und Mitarbeiter ein, den Prozess mit ihren Ideen zu begleiten. Fragen Sie: Wo sind Eure Painpoints? Was meint Ihr, woran wir erkranken? Was können wir besser machen? Sammeln Sie die Ideen – nicht als Pseudo-Spielchen an bunten Flipchartwänden in einem aufwendigen Design-Thinking-Prozess. Nichts gegen Design Thinking. Das ist ein wertvolles Tool, *wenn* die Philosophie dahinter stimmt. Fatal sind Workshops, die Ringelpiez mit Anfassen machen – gruppendynamische Veranstaltungen, bei denen gelbe Zettel ausgehängt werden, die anschließend nicht fotografiert werden dürfen. Es geht eben auch um Transparenz. Teilen Sie die Erkenntnisse mit dem ganzen Unternehmen. Hören Sie weiter zu, nehmen Sie die Menschen mit, gehen Sie in die Diskussion, halten Sie Diskurs aus, gegenhalten, hinterfragen: Warum geht es nicht? Wie geht es dann?

Der **vierte Schlüsselfaktor** heißt Zuhören. Beispiel: Sie laden Mitarbeitende aus allen Unternehmensbereichen ein. Ohne eine »Vorgabe«. Wecken Sie Neugier, und schauen Sie, wer oder wie viele sich melden – das ist schon der erste Erkenntnisschritt! Diejenigen, die der Einladung folgen, gilt es ernst zu nehmen und auf ihre positive Multiplikatorwirkung zu setzen. Vielleicht haben sich in der ersten Runde 80 Mitarbeitende gemeldet. Die setzen Sie dann z. B. an acht Tische, jeweils zehn Mitarbeitende, zufällig zusammengestellt. Jeder Tisch hat zur Aufgabe, die Sorgen und Nöte anzuhören, daraus Ideen zur Verbesserung zu entwickeln, Fragen rund um die Transformation zu stellen und zu beantworten, Dialog und Diskurs aktiv umzusetzen – mit dem Ziel, zum Ende des Workshops die Ideen, Impulse und Bitten für den Transformationsprozess vorzustellen. Diese Ideen werden dann von einem Dialogteam geclustert und dem Vorstand, z. B. in einer öffentlichen Online-Session, präsentiert. Jetzt kennen Sie die Painpoints und die Schmerzpunkte im Unternehmen. Daraus können Sie dann Leitsätze für Ihr Unternehmen entwickeln: zehn Imperative, die aufzeigen, wie Sie sich als Unternehmen für die Zukunft im Bereich Führung, Nachhaltigkeit etc. aufstellen.

Bei dem **fünften Schlüsselfaktor** geht es um Accountability. Es ist entscheidend, Verantwortung zu übernehmen und die entwickelten Inhalte nutzbar zu machen. Es geht um die konkrete Umsetzung. Um Accountability zu erreichen und die Nachhaltigkeit zu sichern, ist es wichtig, die Vorstandsarbeit eng mit den Leitsätzen zu verknüpfen. Eine Umsetzungsidee ist, dass jeder Vorstand z. B. ein Sponsoring für drei Leitsätze übernimmt. Damit ist er gleichzeitig verantwortlich für den Erfolg dieser Leitsätze: »Ich (Vorstand) bin Sponsor dieses Themas und sorge dafür, dass es läuft.« Dieses »es läuft« ist natürlich leichter gesagt als getan. Im Transformationsprozess greife ich an diesem Punkt gerne auf die Schwarmintelligenz im Unternehmen zurück. Gründen Sie Arbeitsgruppen, die sich für den Erfolg committen und die Accountability sicherstellen. Die Aufgabe: Was können wir mit den Erkenntnissen machen? Welche konkreten Umsetzungsstrategien entwickeln wir? Welche Quick-wins gibt es? Was sind die Langläuferthemen, z. B. hinsichtlich der Mitarbeitenden und ihrer Führungskompetenz. Führung ist ein Problem in vielen traditionellen, mittelständischen Unternehmen. Viele Mitarbeitende können nicht führen. Häufig führen sie »nach alter Väter Sitte« über Angst und Druck. Jetzt geht es um die Frage: Wie wollen wir stattdessen führen? Hier ist es wichtig, dass Sie eine heterogene Arbeitsgruppe haben. Sie brauchen auch die Bremser, die Bewahrer, die häufig einen Großteil der Mitarbeitenden repräsentieren. Nur gemeinsam gelingt es, einen Weg hin zu besserer Führung zu finden. Als Nächstes stehen die Fragen im Raum: Wie bringen Sie die Umsetzungsideen in die Mannschaft? Wie gelingt es, die neue Philosophie nachhaltig im Unternehmen zu verankern?

Und last but not (!) least brauchen Sie eine Strategie für die Totalverweigerer – einen Weg, wie Sie mit Menschen und ihrer Angst vor Veränderung umgehen. Da ist es unter anderem wichtig, dass man die Mitarbeitenden befähigt, mit Kollegen und deren Widerstand umzugehen. Machen Sie z. B. deutlich: »Wir erwarten nicht, dass du die ›Bewahrer‹ bekehrst oder bekriegst. Du darfst weiter ein gutes kollegiales Verhältnis zu ihnen haben. Wenn jemand nicht mitmachen will, ist das sehr schade. Aber wir freuen uns, dass du anders unterwegs bist. Wenn du Hilfe brauchst, sind wir jederzeit da. Wenn du das Gefühl hast, dass es Probleme gibt, lass es uns wissen.«

Das Kaffeeautomaten-Desaster

Geld wirkt nur, wo es Mittel zum Zweck ist – es ist nicht das allein Seligmachende! Das zeigt beispielhaft die Geschichte, die, bevor wir gemeinsam den Transformationsprozess entwickelt haben, einer meiner Kunden erlebt hat: Der größte Rohrkrepierer im Bemühen, »den Mitarbeitenden etwas Gutes zu tun«, war die Anschaffung neuer, sehr hochwertiger Kaffeeautomaten. Nach einer Beschwerde, es würde nichts für die Mitarbeitenden getan, es gäbe nicht einmal Kaffeeautomaten, wurden teure Geräte aufgestellt und fünf Flure weiß gestrichen. Für diese Maßnahmen wurde der Vorstand von den Mitarbeitenden ausgelacht. Der wiederum hat erstmal die Welt nicht mehr verstanden: »Ihr wolltet doch Kaffeeautomaten!«, war die verärgerte Reaktion. Dabei war der Ruf nach Kaffeeautomaten ja nur ein *pars pro toto*.

Transformation ist eine Haltung

Transformation ist eine Haltung, die vom Vorstand vorgelebt und von der gesamten Mannschaft getragen werden muss. Man muss den Change wollen. Wenn ich Transformation wirklich will, dann suche und finde ich genau die Möglichkeiten, um sie auch zu bekommen. Das heißt: Hören Sie den Mitarbeitenden wirklich zu! Nehmen Sie ihre Ängste ernst und vermitteln Sie authentisch, dass Sie dafür Verständnis haben. Transformation in der Chefetage zu entwickeln und den Rest der Mannschaft zur Umsetzung zu verdonnern – mit dieser Top-down-Strategie ist das Scheitern vorprogrammiert. Entscheidend ist, möglichst viele Mitarbeitende zu bewegen, die Zukunft mitzugestalten. Dann entwickelt sich eine Eigendynamik und der Erfolg stellt sich von selbst ein.

»Lassen Sie uns in den Kalender gucken. Wann können wir mit dem Painpoint-Workshop für den gesamten Vorstand beginnen«, war die spontane Reaktion meines Klienten. Und wann gucken Sie in Ihren Kalender und starten mit Ihrer ganz persönlichen Entwicklungsreise? Welche Schritte gehen Sie konkret, um die Zukunftsfähigkeit Ihres Unternehmens zu sichern und Ihre Organisation sicher durch die Transformation zu führen? Mit einem nachhaltigem Executive-Coaching-Prozess stellen Sie sicher, dass Ihr Leadership-Style den Anforderungen der VUCA-Welt standhält. Von meinen Klientinnen und Klienten fordere ich in erster Linie ein klares Commitment und die Entschlossenheit zur Weiterentwicklung der eigenen Persönlichkeit. Ziel ist es, inmitten von Chaos und Ungewissheit über sich selbst hinauszuwachsen: Ein ganzheitlicher, zielgerichteter Ansatz, der die Erkenntnisse der Neurowissenschaften, der Positiven Psychologie mit Coachingkompetenz und meiner langjährigen Erfahrung aus über 1.000 Coaching-Interviews mit Top-Leadern verknüpft.

Menschen wollen starke Führungspersönlichkeiten mit einer Vision an der Spitze sehen, vor allem in unsicheren Zeiten wie diesen.

Teil 2: Personal Branding

1 Einführung: Become a Lovemark!

Interview mit Christiane Wolff und Nicole Kremer

Katja Schleicher: Muss die C-Level-Riege jetzt zum Influencer werden – oder sollte sie nicht besser die Geschicke des Unternehmens leiten?

Christiane Wolff: Ich habe dazu zwei Gedanken. Zum einen scheint mir der Begriff Influencer durch Instagram so belegt, dass sich die C-Level-Riege damit nicht wohl fühlt. Das kann ich gut verstehen. Und auch Personal Branding würde ich bei den von uns angesprochenen Persönlichkeiten als strategische Positionierung beschreiben wollen.

Zum anderen waren Führungspersonen schon immer im Visier der internen und externen Öffentlichkeit und mussten präsent sein. Auf Pressekonferenzen, auf der Unternehmensweihnachtsfeier, in der Firmenbroschüre – das ist also nicht wirklich neu. Neu ist, dass wir es heute stärker orchestrieren und managen können, die Führungsriege strategisch intern und extern zu positionieren. Und das sollte, wenn es professionell ist, durch die interne Unternehmenskommunikation und die externen Beraterinnen und Berater so delegiert werden, dass genug Zeit für die Unternehmensstrategie und das Managen der Unternehmensziele bleibt!

Katja Schleicher: Lieber selbst an meiner Marke arbeiten, bevor es andere tun?

Christiane Wolff: Absolut richtig! Wir leben in einer Zeit, in der jeder seine Gedanken und seine Meinung auf zahlreichen öffentlichen Social-Media-Kanälen äußern darf und kann. Und das ist auch gut so. Und davor sind natürlich auch Marken und die Menschen dahinter nicht gefeit. Daher ist es nicht nur schlau, sondern meines Erachtens unabdingbar, die eigene mediale Positionierung selbst in der Hand zu haben und zu steuern. Bevor sie jemand anders in die Hand nimmt.

Vor Shitstorms oder Anfeindungen ist dennoch niemand heute wirklich geschützt – aber die meisten sind besser vorbereitet und professionell aufgestellt. Je mehr ich bereits eine Marke bin, desto weniger können Einzelmeinungen oder auch ein Shitstorm wirklich einen Reputationsschaden anrichten. Dessen sollte sich jede Managerin und jeder Manager bewusst sein.

Katja Schleicher: Muss heute jede und jeder ein Elon Musk sein?

Nicole Kremer: Mehr Top-Manager mit »Elon Elon-Musk-Qualitäten« werden gerade hier in *good old Europe* essenziell für das Überleben der Unternehmen sein. Disruptives Denken ist heutzutage eine der wichtigsten Fähigkeiten von Top-Managerinnen und -Managern. Nokia, der bekannteste Fall, hat sich damals zu sehr auf die Anfangserfolge verlassen und wichtige Zukunftstrends verpasst. Hätten die Top-Manager die Zukunft besser antizipiert oder an ihrer Gestaltung mitgewirkt, wären sie mutig neue Wege gegangen, hätten sie die Erfolgsgeschichte fortschreiben können. Jedoch ist dafür ein radikales Umdenken erforderlich, es muss ein entsprechender Rahmen, ein Mindset, geschaffen werden, weg vom zentralistischen Denken, hin zu einem Denken in Synergieeffekten. Wenn sich »Elon-Musk-Talente« entwickeln sollen, brauchen sie eines: mehr Freiheit und mehr Zeit, um Innovationen zu entwickeln.

Katja Schleicher: Was bedeutet diese neue Zeit der Persönlichkeitsmarke für das private und geschäftliche Leben sowie für den Alltag?

Christiane Wolff: Ich bin überzeugt, dass es elementar ist, vor dem Aufbau der eigenen Marke gezielt nach innen zu gehen, um ganz genau zu überlegen, wie viel Persönliches ich zeigen möchte. Da sehen wir ja die unterschiedlichsten Schattierungen und Varianten auf den Social-Media-Kanälen. Dessen sollte sich jede Führungspersönlichkeit bewusst sein und darum ist es so wichtig, bei der strategischen Planung zur eigenen Person diesen Part intensiv zu diskutieren. Und nicht nur zu überlegen, welche strategischen Auswirkungen dies hat. Möchte ich meine sportlichen Aktivitäten öffentlich machen, um mich als dynamisch, jung und aktiv zu zeigen? Gehe ich mit einem Ehrenamt nach draußen, um meine soziale Seite zu unterstreichen? Hier sollte jede Persönlichkeit nicht nur ihre Wirkung nach außen – sondern auch die Auswirkungen für sich, die Familie und Freunde bedenken.

Katja Schleicher: Welchen Mehrwert bringt es für das Employer Branding, einen starken Corporate Influencer zu haben?

Nicole Kremer: Es ist eine wirklich sehr spannende Entwicklung, dass die CxOs, allen voran die CEOs, über die sozialen Medien für ein breiteres Publikum »zugänglich« gemacht werden und sich als Corporate Influencer positionieren können. Es ist nicht mehr der distanzierte Vorstand in der unerreichbaren obersten Etage, sondern es sind vielmehr greifbare, authentische Menschen mit relevanten und auch persönlichen Botschaften. Noch sind es in Deutschland sehr wenige, die sich so an die Öffentlichkeit wagen: Tim Höttges von der Telekom, Herbert Diess von Volkswagen oder Tina Müller von Douglas sind die Bekanntesten. Sie liefern Einblicke in ihr Tun, in die Leuchtturmprojekte und deren Fortschritte, sie sind wesentlich transparenter in der Kommunikation, behandeln damit ihre Mitarbeiterinnen und Mitarbeiter auf Augenhöhe. Das zahlt enorm auf das Employer Branding ein, schafft Aufmerksamkeit für das Unternehmen auch als Arbeitgeber. Nahbarkeit, auch bei Fehlentscheidungen oder gar Krisen transparent zu bleiben, schafft mehr Vertrauen und Glaubwürdigkeit als perfekt inszenierte Unternehmensportraits.

Katja Schleicher: Wie authentisch, wie persönlich muss oder darf CxO-Kommunikation heute sein?

Christiane Wolff: Authentisch aus meiner Sicht zu 100 %, was aber nicht heißt, dass ich jeden Post selber schreiben muss – ich gebe ja als Führungskraft auch das Schreiben einer Pressemitteilung in andere Hände oder lasse mir meine Laudatio entwerfen –, aber es müssen unbedingt meine Werte, meine Gedanken und meine Ideen zu hören, lesen und zu spüren sein! Und darum ist auch die Beziehung zu meinen Kommunikationsberaterinnen und -beratern intern und extern so wichtig und so vertraulich. Warum muss es heute authentisch sein? Für mich gibt es dafür drei Gründe:

1. Weil es die internen und externen Stakeholder zurecht erwarten und verlangen.
2. Weil eine unstimmige und aufgesetzte Kommunikation auch als solche wahrgenommen wird.
3. Weil es für mich als Führungspersönlichkeit und als Unternehmenslenkerin nicht nur erfolgreich ist, sondern meines Erachtens auch eine persönliche Befriedigung gibt, wenn meine Kommunikation mit meinen Werten, meinen persönlichen Ideen und der Zielsetzung des Unternehmens im Einklang ist!

Das Thema »persönlich« ist und bleibt persönlich. Persönliche Posts haben oft große mediale Reichweite und finden viel Resonanz in Form von Kommentaren und Likes. Hier gilt es, den eigenen Weg zu finden, der nicht nur persönlich stimmig ist, sondern auch mit den Unternehmenszielen und den Bedürfnissen der eigenen Familie und von engen Freunden in Einklang ist. Hier gibt es kein Falsch oder Richtig, sondern nur den eigenen Weg.

Katja Schleicher: Wie gehst Du damit um?

Christiane Wolff: Wie gesagt ist dies eine ganz persönliche Diskussion und Entscheidung. Bei meiner Social-Media-Strategie ist auch viel von mir als sehr neugieriger und kulturell interessierter Mensch enthalten. Ich trenne hier aber auch ganz klar zwischen den Kanälen. Auf LinkedIn sind es rein professionelle Inhalte, auf Instagram und Facebook ist es auch mal der Besuch einer kulturellen Veranstaltung oder eine sportliche Aktivität. Da ich mich auf diesen Kanälen sehr über die Inspiration von anderen freue, teile ich auch selbst gerne Ideen und Inspirationen von eher privaten Aktivitäten mit anderen. Und es rundet aus meiner Sicht meine Persönlichkeit passend ab.

Nicole Kremer: Als Personalberaterin schaue ich mir natürlich auch bei der Auswahl meiner CxO-Kandidatinnen und -Kandidaten vorher an, wie sie sich in den sozialen Medien bewegen, welches Narrativ sie für sich entwickelt haben, wie authentisch und glaubhaft sie wirken. Das sagt viel über sie aus, auch darüber, ob sie in das zukünftige Unternehmen, für das ich sie platzieren möchte, passen. Ich selbst habe mich auch über LinkedIn mehr in die Öffentlichkeit »gewagt«, um wichtige Themen aus der Arbeitswelt zu kommunizieren und meine Expertise potenziellen Auftraggebern, aber auch Kandidatinnen und Kandidaten, zu verdeutlichen. Mein Ziel ist es, Content zu liefern, der anderen weiterhilft.

Katja Schleicher: Wie viel Zeit investierst Du in Dich als Marke und für Deine Positionierung?

Christiane Wolff: Ich bin bei vielen Kanälen von Beginn an dabei und so in die sozialen Medien zunächst eher unbedarft und neugierig hineingewachsen. Im Laufe der letzten Jahre – Facebook gibt es seit 2008 in deutscher Sprache – habe ich viel ausprobiert und getestet. Einen persönlichen Plan gibt es für LinkedIn und Instagram, den ich aber auch nicht akribisch einhalte. Wie so oft: Die Schusterin hat die schlechtesten Leisten!

Viel Zeit verbringe ich auch für und mit meinem Frauennetzwerk *Nettwerk,* das ich vor über 20 Jahren gegründet habe. Neben der CxO-Positionierung und Kommunikation ist das Thema *Networking* meine dritte Markensäule. Hier investiere ich mehrere Stunden im Monat für Mitgliederpflege, Newsletter und monatliche Veranstaltungen.

Nicole Kremer: Ich habe mich zunächst mit den Experten für LinkedIn und auch Instagram zusammengesetzt, um zu erfahren, was diese Medien jeweils für mich tun können und was ich machen muss, damit es professionell wirkt und überhaupt Wirkung hat. Ich habe dann mein eigenes Personal Branding definiert und daraus meine Top-Themen, mit denen ich assoziiert werden will, entwickelt. Seitdem investiere ich ca. eine Stunde pro Woche, um eigene Beiträge mit eigenen Insights zu verfassen und spannende Artikel, die auf mein Thema einzahlen, zu kommentieren oder Berichte zu spannenden Events, die ich besucht habe, zu posten. Wichtig ist mir dabei, für die Leserschaft immer echten Content zu liefern.

Katja Schleicher: Um sich als Lovemark zu positionieren: Welche Eigenschaften und Fähigkeiten braucht es, um zukünftig zu bestehen?

Nicole Kremer: Lovemark heißt für mich nicht, um jeden Preis von allen gemocht zu werden. Es heißt vielmehr, »Followership« auf eine menschliche Art und Weise zu erzielen, um die herausfordernden Themen der Zukunft zu bewältigen. Das Prinzip *Command & Control* hat meines Erachtens ausgedient und ich wünsche es auch nicht den zukünftigen Generationen. *Management by Caretaking* mit Empathie und Enablement wird gefragt sein bei gleichzeitiger Fähigkeit, die Zukunft zu antizipieren und zu gestalten. Und das hat viele Facetten. Sich als Lovemark zu positionieren, bedeutet die Fähigkeit, Vertrauen und Respekt als Bindeglied in einer Organisation herzustellen, eine offene Diskussion anzuleiten und die kollektive Lösungsfindung zu fördern, eine Fehlerkultur zu etablieren. Dafür braucht es Führungspersönlichkeiten mit Haltung, mit Mut und Gestaltungswillen, die eine Magnetwirkung und auch Leistungsbereitschaft erzeugen.

2 Build your own Brand!

Regina Mehler, 1ST ROW

Regina Mehler ist Unternehmerin, Investorin und Serial Founder der WOMEN SPEAKER FOUNDATION sowie der Strategieberatung 1ST ROW. Als Unternehmensberaterin sind ihre Themen Innovations- und Veränderungsmanagement mit Kernkompetenz in Marketingstrategie und Personal Branding. Sie verfügt über das Know-how aus mehr als 25 Jahren Berufserfahrung, überwiegend in Führungsrollen der IT-Branche: In Unternehmen wie Software AG und Adobe war sie federführend für innovatives Marketing und Change-Management verantwortlich. Sie sitzt im Aufsichtsrat eines Schweizer Think Tanks, im Beirat des Deutschen Gründerverbandes und ist sie sehr engagiert in der Tech-Start-up-Szene. Zudem ist sie seit Jahren Referentin in St.Gallen beim Studiengang Challengemanagement. Ihr auch auf Englisch erschienenes Buch »Der Phönix-Effekt« behandelt das Thema Innovationsmanagement und Marketing durch Neudenken.
Zu ihrem Beitrag: Sich bewusst zu machen, was Leadership mit einer persönlichen Markenbildung zu tun hat – das verändert Handlungen und Strategien, um dem persönlichen Ziel eines möglichen nächsten Karriereschrittes näherzukommen. Gerade in Zeiten wie diesen, mit steigendem Anteil an virtueller Führung, ist es zunehmend unabdingbar, eine klare Position zu beziehen und diese auch mit Rückgrat zu verteidigen. Wie dies gelingen kann, möchte dieser Beitrag zeigen.

»We need a new kind of leader – the authentic leader – to bring us out of the current leadership crisis.«
Warren Bennis

Stellen Sie sich vor, Sie sind Marketingleiterin eines großen Softwareunternehmens und Ihre Kolleginnen und Kollegen aus dem Vertrieb suchen die Gelegenheit zum ausführlichen Austausch mit den IT-Chefs der Kundinnen und Kunden. Was tun Sie? Ganz einfach: Sie laden sämtliche IT-Chefs namhafter europäischer Unternehmen zu einem Treffen mit dem Top-Management Ihres Unternehmens ein. Funktioniert nicht, meinen Sie? Vermutlich. Es sei denn, Sie laden ein zur »IT-Vision-Tour« mit Bill Gates. So habe ich es gemacht und konnte rund 20 hochrangige europäische IT-Chefs auf einer fünftägigen USA-Reise begrüßen: Auch ohne große Budgets oder Ressourcen – aber mit cleveren Methoden können wir innovative Ideen generieren und Geschäftsleitung, Kolleginnen und Kollegen sowie externe Partner nicht nur überraschen sondern auch davon überzeugen.

Querdenken und innovieren – das treibt mich: Ich habe in Unternehmen der IT-Branche Karriere gemacht und stand als Top-Managerin sehr oft auf der Bühne, um genau darüber zu reden. Schließlich habe ich ein Buch über Innovationsmanagement und -marketing durch Neudenken geschrieben (»Der Phönix-Effekt«). Ich habe die Erfahrung gemacht, dass gerade die Sichtbarkeit auf der Bühne mir jedes Mal spannende Kontakte und interessante Optionen eröffnete und förderlich für meine Karriere war. Meistens allerdings war ich die einzige Frau auf der Agenda. Nun kannte ich sehr viele und oft brillante Expertinnen, die etwas zu sagen haben. In der Öffentlichkeit aber waren nur die Männer präsent. Auf meine Frage an die Veranstalter, warum das so sei, bekam ich die Antwort: »Wir würden ja gern, aber es gibt so wenige Rednerinnen.« Als Innovations-Expertin machte ich den nächsten Schritt, um daran etwas zu ändern, und gründete die WOMEN SPEAKER FOUNDATION: Wir brauchen sichtbare Role-Models, um mehr Frauen in Führungspositionen zu bringen und die gläserne Decke in den Köpfen – auch der Frauen – einzureißen.

Was ich erlebte, war, dass sich Frauen nicht in Position bringen und den Schritt in die Sichtbarkeit oft genug scheuen. Auf den Punkt gebracht: Es geht um den Aufbau einer Personal Brand, einer Expertenmarke, und die nachhaltige Positionierung im Markt. Genau das bieten wir den Rednerinnen, die das verstanden haben, und damit die Leitplanken für den Weg zu ihren Karrierezielen. Dafür entwickelte ich verschiedene Formate, unter anderem die 1ST ROW Methode sowie daraus resultierende Workshop-Formate. Was nun folgte, war ein ungeheures Interesse von Unternehmen und eben auch von Männern an Leadership- und Expert-Branding. Mein nächster Schritt: Ich habe jetzt mit 1ST ROW genau das Unternehmen gegründet, das auf Innovational Leadership einzahlt und Personal-Brand-Building anbietet.

2.1 New Leadership?

Wir leben heute in einer extremen Umbruchzeit. Unsere Welt verändert sich ähnlich radikal wie Ende des 19. und Anfang des 20. Jahrhunderts. Wo genau uns diese Entwicklung hinführen wird, weiß noch niemand. Digitales Denken ist ganz anders als alles, was wir bisher kennen – das müssen wir lernen und üben, uns darüber austauschen, auch über Unternehmensgrenzen hinweg. In dem Moment, in dem wir uns beispielsweise vom hierarchischen Pyramidendenken im Unternehmensdesign verabschieden, wird ein Karriereplan in Matrix-Strukturen ganz anders aussehen. Vor allem gehört dazu, dass wir in zunehmendem Maße Eigenverantwortung für unsere persönliche Entwicklung übernehmen.

Im digitalen Zeitalter muss sich Führung neu erfinden: Werden Vorgesetzte zu Feelgood-Managern? Wie führt man Mitarbeiterinnen und Mitarbeiter an Latte-Macchiato-Arbeitsplätzen? Hiring on Demand, liquide Unternehmensgrenzen und partizipative

Strukturen: Gefragt sind Netzwerkkompetenz, die Fähigkeit, Bindungen aufzubauen und zu halten. Wird Führung weiblicher? Die eigentliche Transformation der Arbeitswelt wird nicht in den Fabriken, sondern in unseren eigenen Büros stattfinden. Wie geht Karriere heute?

Karriere in der Matrix

Alle Unternehmen, Old Economy und New Economy stehen unter zunehmendem Druck, ständig ihre Geschäftsmodelle auf den Prüfstand zu stellen. Damit sind sie gezwungen, das Unternehmensdesign zu verändern, damit sie schneller, innovativer und flexibel auf Veränderungen in ihren Märkten reagieren und neue erschließen können. Es entstehen agile Teamstrukturen entlang der gesamten Wertschöpfungskette, in denen alle Unternehmensbereiche miteinander kommunizieren. Marketing und Vertrieb wurden als Erstes digitalisiert. Der Aufbau cyber-physischer Systeme erlaubt inzwischen aber auch den Eingriff in komplexe Produktionsabläufe in Echtzeit.

Selbst in der Stahlindustrie kann der Kunde schon heute bis kurz vor der Produktion noch entscheiden, in welcher Mischung, in welchen Maßen und wann der Stahl geliefert wird. CRM, Sourcing, Controlling, Vertrieb, Produktion und alle beteiligten Bereiche im Unternehmen sind dabei involviert und vernetzt – ebenso in »Echtzeit«. Jede betroffene Mitarbeiterin, jeder Mitarbeiter kann im Grunde an jedem Ort der Welt informiert werden oder eingreifen. Die alten Top-down-Kaskaden wären dafür viel zu schwerfällig. Zurzeit gibt es jedoch noch eine vielfältige Mischung an Strukturen und Prozessen in den Unternehmen – alte und neue nebeneinander.

Eigenverantwortlichkeit, Kommunikationsfähigkeit, Netzwerkkompetenz und die Fähigkeit, Bindungen aufzubauen und zu halten, sind in zunehmendem Maße Leadership-Skills. Gerade heute brauchen Unternehmen Menschen, die in Führung gehen und den Wandel vorantreiben. Nur das Konzept Leadership hat sich fundamental verändert. Und darüber müssen wir reden, wenn wir über Karriere reden. Wir sollten die Spielregeln kennen, die alten und die neuen, um sie gegebenenfalls zu ändern, um den Wandel und die eigene Karriere zu gestalten.

2.2 Die Leadership-Forschung

Männlichkeit und Dominanz sind wesentliche Eigenschaften von Führungspersönlichkeiten – so der Stand der Leadership-Forschung aus den 50er Jahren, aber auch noch bis in die 80er Jahre des vergangenen Jahrhunderts. Seit den 80er Jahren betrachtet die Forschung verstärkt besondere Skills, die Führung effektiv machen. Man unterscheidet drei Klassen: technische Fähigkeiten, konzeptionelle Fähigkeiten und soziale Fähigkeiten.

Weitere Ansätze beziehen schließlich den Einfluss von Führungsstilen auf die Leistung der »Follower« ein. Zwei Kategorien werden angeboten: Aufgabenorientierung und Beziehungsorientierung. Später wird dann die Situation, in der Führung stattfindet, ebenfalls betrachtet. Schließlich beginnt man, die Motivation der Follower als Kriterium für gute Führung zu untersuchen. Heute wird Leadership als ein Prozess verstanden, in dem der Leader das Commitment der Follower erwirkt, ein gemeinsames Ziel zu erreichen, und sie in ihrer persönlichen Weiterentwicklung unterstützt.

Die emotionale Intelligenz (EI) – eigentlich ein Begriff aus der Psychologie der 20er Jahre – wird erst im Laufe der vergangenen 15 Jahre relevant für die Beschreibung und Erforschung guter Führung, ebenso wie soziale Intelligenz und Lernfähigkeit. Zur EI gehören fünf wesentliche Eigenschaften: Selbstkenntnis, Selbstmotivation, Selbststeuerung, soziale Kompetenz und Empathie. Das Feld der Forschung öffnet sich für die Wahrnehmungsfähigkeit und das Erkennen von Emotionen, den Umgang mit Emotionen und die Relevanz von Gefühlen fürs Denken.

2.3 Wird Führung weiblicher?

In jedem Fall bekommen die Vielfalt der Perspektiven in Führungsteams und damit auch eher weibliche Herangehensweisen, Führungsstile und Lösungswege heute einen ganz anderen Stellenwert als früher. Von Fleiß aber oder der Fähigkeit zur Selbstausbeutung ist in der Leadership-Forschung nie die Rede gewesen – bis heute nicht.

Der Leadership-Forscher Warren Bennis hat in einer umfassenden Studie Führungspersönlichkeiten befragt, um die Kriterien für erfolgreiche Führung in den Gemeinsamkeiten dieser Menschen zu finden. Sein Ergebnis: Jeder muss seinen eigenen, authentischen Stil entwickeln, um erfolgreich zu werden. Wesentliche Gemeinsamkeiten allerdings konnte er identifizieren:

- Man benötigt eine Vision, um den Geist zu konzentrieren.
- Man muss die Vision vermitteln können.
- Man muss konsistent und glaubhaft sein.
- Man muss sich seiner eigenen Schwächen bewusst sein.

2.4 Die Karten werden neu gemischt

Viele der Gewissheiten, Ziele und Rahmenbedingungen des vergangenen Jahrhunderts sind pulverisiert – andere behalten ihre Gültigkeit und treten in den Vordergrund. Was bedeutet das für die Karriere und wie sehen die Skillsets von morgen aus, die uns in Führung bringen?

Persönliche Kontakte und die Qualität persönlicher Beziehungen in agilen Teams und zwischen allen Bereichen im Unternehmen, zu Kundinnen, Kunden und anderen Stakeholdern gewinnen an Bedeutung. An den Menschen, die in der Unternehmensleitung arbeiten und Führungsverantwortung übernehmen, werden die Glaubwürdigkeit der Werte und vor allem die Innovationskraft eines Unternehmens gemessen – die Führungsriege im Unternehmen steht für die Marke. Und hier greift alles ineinander: Menschen und Unternehmen werden dann kraftvoll, wirksam und wahrnehmbar, wenn sie authentisch, leidenschaftlich, integer und wertebezogen handeln. Eine Marke ist ein konsistentes Bild im Markt, das seine Kraft aus Kernkompetenzen, Leidenschaft und Werten und einer überzeugenden Kommunikation bezieht. Brands professionalisieren die Kommunikation, erhöhen ihre Wirksamkeit und reduzieren Komplexität durch Vertrauen.

Die Markenbildung in Form von Personal Brands der Führungskräfte wird zum Wertschöpfungsfaktor für das Unternehmen und sie gehört damit ganz klar zum Premium Leadership-Skillset. Mitarbeiterinnen und Mitarbeiter, die im Fachumfeld des Unternehmens sichtbar sind, werden zu Markenbotschaftern. Sie stärken die Glaubwürdigkeit in der Kommunikation mit den Stakeholdern. Dazu gehören heute in wesentlichem Maße auch die Employer Brand und die Employer Reputation.

Eine Personal Brand bringt ebenfalls Klarheit und Konsistenz in der internen Kommunikation: Die Qualität von Prozessen und Führung steigt – man weiß, wofür der andere steht und mit wem man spricht. Führung über gemeinsame Werte und Haltung in Form einer Leadership-Brand stärkt darüber hinaus die Resilienz eines Unternehmens in Krisenzeiten.

Wer sind Sie?

»The challenge is to understand ourselves well enough to discover where we can use our leadership gifts to serve others.«
Ann Fudge, CEO Young & Rubicam

Authentizität ist das Geheimnis des Erfolgs, wie schon Warren Bennis herausfand. Authentizität schafft Glaubwürdigkeit. Eine glaubwürdige Führungspersönlichkeit mit klarem Profil und Haltung kann ein Team, ein Unternehmen und den Markt verändern. Und das ist der Lean-back-Faktor, der die Karriere voranbringt:

- Investieren Sie Zeit und Kraft, um herauszufinden, wer Sie sind.
- Definieren Sie Ihr Leidenschaftsthema.
- Professionalisieren Sie Ihre Performance für die Vermittlung Ihrer Inhalte.
- Entwickeln Sie Ihre Vision und einen Plan für Ihre Zukunft und verfolgen Sie diesen.

Dazu gehört auch das Thema Selbstführung. Nur wer sich selbst kennt – auch seinen »blinden Fleck« –, kann andere erfolgreich führen. In ihrem Buch »Die Fleißlüge« hat

Brigitte Witzer herausgearbeitet, dass gerade der Fleiß bei Frauen oft ein solcher blinder Fleck ist.[1] Wer ist sich schon bewusst, dass wir, wenn wir fleißig sind, in alten Mustern hängen und dass Fleiß dazu führt, unsere Gefühle, die uns Orientierung geben, gerade nicht wahrzunehmen? Ein Hamsterrad sieht eben von innen auch aus wie eine Karriereleiter. Aber Fleiß und Perfektion führen uns in den Burnout und nicht in Führungspositionen.

2.5 Karrierestrategie Expertenmarke

Auch ich war in den Anfangszeiten meiner Karriere davon überzeugt, dass ich den nächsten Schritt auf der Karriereleiter machen werde, indem ich liefere, was immer verlangt wird, überperforme und deswegen »entdeckt« und gefördert werde. Aber ich habe gelernt, dass Strategie Inhalte schlägt im Wettbewerb um Führungspositionen. Gerade für Frauen ist es wichtig, nachhaltige Strategien für die Karriere und damit auch ihre Ziele zu entwickeln – Männer machen das schon immer.

Der Aufbau einer Expertenmarke ist ein wesentlicher Schritt. Wenn es aber darum geht, uns selbst zu verkaufen, können wir oft nicht sofort und glasklar formulieren, was uns besonders macht. Was ist das Thema, für das wir brennen? Was macht uns als Expertinnen und Experten einzigartig? Ich bin der festen Überzeugung, wenn wir beruflich vorankommen möchten, müssen wir genau das wissen. Wir müssen in unsere Personal Brand investieren.

Der Schritt auf die Bühne

Der Schritt auf die Bühne und damit in die Sichtbarkeit gehört dazu und ist ebenfalls eine zuverlässige Strategie. Und mit Bühne meine ich *jede* Bühne: Das ist die Präsentation im Team, beim Kunden oder vor dem Vorstand. Das ist aber auch die größere Bühne auf Fachveranstaltungen oder der Auftritt in den Medien. Ich habe die Erfahrung gemacht, dass ich direkt im Anschluss an diese Auftritte spannende Jobangebote bekam und mein Netzwerk mit interessanten neuen Kontakten ausbauen konnte. Auch hier geht es wieder um Leidenschaft und um Authentizität, die überzeugen und begeistern. Wer einen Vortrag hält, hat das Wort, hebt im Sinne von Sheryl Sandberg die Hand, positioniert sich und geht in Führung.

Sie schärfen Ihr Profil, indem Sie Position beziehen, auftreten, auf die Bühne gehen, mit Ihrer Haltung zum Diskurs beitragen, Ihren Auftritt professionalisieren und sich damit klar positionieren – und somit in die erste Reihe gehen.

- Lernen Sie Eigenwahrnehmung und Fremdwahrnehmung zu unterscheiden.
- Bestimmen Sie Ihre Zielgruppe.

1 Witzer, Brigitte: *Die Fleißlüge: Warum Frauen im Hamsterrad landen und Männer im Vorstand*, Ariston, 2015.

- Entwickeln Sie begeisternde Inhalte.
- Perfektionieren Sie Ihren Auftritt.

Wenn Sie es wirklich wissen wollen, wenn Sie aktiv Ihre Karriere voranbringen wollen, dann gibt es immer Optionen, wie Sie Ihre Ziele erreichen und Barrieren überwinden. Im Moment rollen Unternehmen Frauen, die Führungspositionen anstreben, den roten Teppich aus. »Opt-out«, der Ausstieg, ist keine Option, weil zu viel wertvolles Know-how verlorengehen würde. Wir haben Chancen wie noch nie zuvor, aber wir müssen sie auch nutzen! Investieren Sie Zeit und Kraft in Ihr Eigenmarketing und nutzen Sie dafür jede Gelegenheit, die Bühne und das Podium zu betreten – sagen Sie immer erstmal »Ja« und schauen Sie dann, wie Sie es hinkriegen, das ist mein Rat und mein Erfolgsrezept.

Positionieren und Verantwortung übernehmen

Wir befinden uns in einem spannenden Prozess der Transformation, in dem wir heute die Werte verhandeln, die unser Leben und unsere Arbeitswelt in Zukunft bestimmen werden. Bringt uns die digitale Unabhängigkeit vom Büroarbeitsplatz neue Freiheiten oder mündet sie in ständiger Verfügbarkeit? Wird Führung in Teilzeit vom Tabuthema zur Normalität? Wird eine Ergebniskultur die Präsenzkultur ablösen?

Leadership funktioniert heute ehrlich, transparent, nachhaltig – und mit Empathie. In jedem Fall geht es darum, Verantwortung zu übernehmen und proaktiv die eigene Karriere und den Wandel in der Arbeitswelt und in unserer Gesellschaft zu gestalten. Lean back: Sie wissen, wer Sie sind und was Sie können – entscheiden Sie, wann es Zeit ist zu ernten, statt weiterhin zu säen. Entwickeln Sie Ihre Personal Brand, authentisch und leidenschaftlich, formulieren Sie Ihre Ziele und verfolgen Sie Ihre Strategien, positionieren Sie sich.

3 C(X)O und Employer Branding: Menschen wollen Teil einer starken Story sein

Tobias Grewe, Narrativer Organisationsberater & systemischer Coach, (zert.) Associate Coach (DBVC)
Rotraud Diwan, General Manager, Hi! Employer Strategies GmbH

Tobias Grewe ist Experte für strategisches Employer Branding. Als zertifizierter systemischer Coach und narrativer Marken- und Organisationsberater interessiert sich Tobias Grewe für den »Menschen in der Organisation«. Er entwickelt ganzheitliche Markenkonzepte, die die Kultur in die Entwicklung von Arbeitgebermarken einbeziehen. So verbindet er Kommunikation und Mensch. Durch Storylistening-Methoden hilft er Organisationen, über das »Erzählen ihrer erlebten Geschichten« den authentischen Markenkern zu finden, sodass Organisationen nach innen und außen als Marke wirksam werden. Seine Managementerfahrungen hat er als Managing Partner von Serviceplan, der Agenturgruppe Liquid Campaign und u. a. bei BBDO Interone gesammelt.

Rotraud Diwan ist Expertin für strategisches Employer Branding und markengetriebene Human Experiences. Als Geschäftsführerin von Hi! Employer Strategies entwickelt sie starke Arbeitgebermarken, die in HR-Kommunikation, Führung und Kulturwandel identitätsstiftend wirken. Als VP Creative & Consulting bei Radancy (ehemals TMP Worldwide) war Rotraud Diwan für nationale und internationale Employer-Branding-Projekte verantwortlich. Zuvor war sie mehr als zehn Jahre Chefin einer Agentur für Markenentwicklung und Unternehmenskommunikation. Sie lehrt als Gastdozentin im Fachbereich Wirtschaftspsychologie an der Hochschule Fresenius in Hamburg.

In ihrem Beitrag widmen sich Rotraud Diwan und Tobias Grewe der Bedeutung eines CEO oder CHRO für das Employer Branding, der sich (auch) als Corporate Influencer und Vorbild fühlt und das Unternehmen führt, indem er sich einfach als »Mensch« zeigt. Denn Menschen vertrauen Menschen und wollen Teil einer starken Story sein. Deshalb brauchen diese Qualitäten besonders in der digitalen Zusammenarbeit eine größere Aufmerksamkeit.

Vorbei sind die Zeiten, in denen Vorstände hinter verschlossenen Türen agiert haben. Heute gilt es, als Botschafterin oder Botschafter des Unternehmens sichtbar zu sein. Sich mit einer klaren persönlichen Haltung nicht nur zur Unternehmensstrategie oder zum Geschäftsfeld zu äußern, sondern sich auch zu den sozialen und gesellschaftlichen Themen der Zeit zu positionieren. Dabei ist nicht nur der CEO gefordert, auch andere C-Level-Positionen sollen und dürfen Präsenz zeigen. In den sozialen Medien genauso wie in der internen Kommunikation.

Vertreterinnen und Vertreter des C-Levels mit einer starken eigenen sichtbaren Story sind das Aushängeschild ihrer Organisation. Sie stärken die Reputation des Unternehmens und übernehmen gleichzeitig mehr Verantwortung im Kontext der Unternehmenskommunikation. Sichtbar präsente Führungskräfte aus der Vorstandsetage bieten über das, was sie nach innen und nach außen erzählen, Orientierung. Sie werden zu Personen, mit denen sich sowohl Mitarbeiterinnen und Mitarbeiter als auch Kandidatinnen und Kandidaten über gemeinsame Werte und sinnstiftende Aspekte identifizieren können. Sie werden als Verantwortliche dafür, was in der Organisation passiert, zu Magneten für die Menschen in der Organisation. Und somit zu Treibern der eigenen Employer Brand. Denn hier entsteht Menschlichkeit, Nahbarkeit und damit eine von Mitarbeiterinnen und Mitarbeitern wie Kandidatinnen und Kandidaten geforderte Transparenz.

Menschenzentriert denken und handeln

Die Pandemie – und die damit rasant beschleunigte Digitalisierung – hat eines ganz eindrücklich gezeigt: Organisationen, die konsequent vom Menschen aus denken und handeln, sind in von außen getriebenen Veränderungsprozessen effizienter und schneller erfolgreich. Sie konnten teilweise während der Pandemie wachsen. Woran liegt das? Häufig finden sich in diesen Organisationen starke, hierarchieunabhängige Netzwerke. Die Growth Studie 2020 des Institute for Real Growth in Amsterdam hat untersucht, welche Faktoren nachhaltiges Wachstum in Unternehmen begünstigen.

Teil dieser Studie ist u. a. die Analyse von 3,5 Millionen LinkedIn-Nutzern. Hier wurden LinkedIn-Daten aus öffentlich zugänglichen Verbindungen von Mitarbeiterinnen und Mitarbeitern analysiert, was ergab, dass Führungskräfte von erfolgreichen Unternehmen rund 5,5-mal mehr mit Peers aus ganz unterschiedlichen Hierarchiestufen vernetzt sind als in weniger erfolgreichen Unternehmen. Netzwerk schlägt Hierarchie. Personen aus dem Vorstand, die nicht nur mit ihrer Personal Brand nach außen sichtbar sind, sondern auch innerhalb der Organisation stark vernetzt sind, können ihren Daumen an den Puls der Organisation legen. Sie wissen, welche Geschichten in welchen Bereichen der Organisation erzählt werden. Genau diese Erzählungen sind es – egal, ob Flurfunk oder der kurze »Schnack an der Kaffeemaschine« –, die die Erlebnisse und Erfahrungen des täglichen Miteinanders wiederspiegeln. Beispiele wie Janina Kugel oder Tim Höttges zeigen auf, wie es geht. Mit einem Mix aus fachlichen und persönlichen Inhalten sind diese beiden Corporate Influencer in ihren Vorstandspositionen nahbar geworden. Sie haben sich positioniert und professionell gezeigt, wie sich Offenheit und der Blick hinter die Kulissen auf die gesamte Organisation auswirken können. Kritische Diskussionen eingeschlossen, denn gerade in solchen Situationen sorgt ein souveräner Umgang mit Menschen, die anders denken, für Profilierung. So werden Mitarbeiterinnen und Mitarbeiter sogar zu »Fans«.

Employer Branding ist Chefinnen- und Chefsache

Der Fisch stinkt immer vom Kopf. Gut, dass genau dort auch der Punkt zu finden ist, an dem sich Veränderungen initiieren lassen. Die Personen aus dem Vorstand sind starke Multiplikatoren für den transparenten Blick in die Organisation. Sie sind wichtige Protagonisten der Geschichte, die über die Organisation erzählt wird: Sie leben die Unternehmenskultur vor, geben Einblick in Strategie, Führungsverständnis und die Übertragung von Verantwortung. Alles Themen, die für das Profil und die Attraktivität der Arbeitgebermarke hoch relevant sind. Damit ist die C-Level-Präsenz ein wichtiger Touchpoint in der *human experience@work*. Es geht darum, den Menschen auch im Arbeitskontext Mensch sein zu lassen. Wenn Personen aus der C-Level-Riege hier mit starkem Vorbild vorangehen, gibt das einen wichtigen Impuls in die Organisation. Nämlich den, das Menschsein erlaubt ist. Und, dass das Markenerlebnis von Mitarbeiterinnen und Mitarbeitern mit der Organisation als Arbeitgeber genauso wichtig ist wie das Markenerlebnis mit dem Produkt oder der Dienstleistung aus der Perspektive der Kundinnen und Kunden. Im Idealfall fühlt sich ein CMO nicht nur für die Markenerlebnisse entlang der Customer Journey verantwortlich, sondern in Schulterschluss mit HR und interner Kommunikation auch für die Employee und Candidate Experience. Wie das Wort »Experience« schon sagt: Erfahrung. Das sind Erlebnisse im Arbeitsalltag, an denen Emotionen hängen.

Nachdem das Finden neuer Talente in allen Branchen immer schwieriger wird, wenden sich Organisationen endlich den Menschen zu, die bereits da sind. Endlich wird gefragt: Wie geht es euch? Was braucht ihr, was können wir ändern, was wünscht ihr euch? Klar, da kommen teilweise sehr ambitionierte Forderungen auf die Führungskräfte zu. Zudem gibt es gesetzliche Vorgaben und Rahmenbedingungen, die nicht zu ändern sind. Mit Menschen aus dem Vorstand, die als Vorbild und Gallionsfigur die Strategie und die Möglichkeiten der Organisation verständlich machen, stehen die Chancen gut, dass gemeinsam an neuen, realisierbaren Modellen des Miteinanders gearbeitet werden kann. Dass gemeinsam eine neue Geschichte geschrieben wird. Eine, an der möglichst viele beteiligt sind. Denn generationsübergreifend geht es genau darum: Teil einer starken Story sein. Und sich in ihr wiederzufinden: nicht als Chefin, Chef oder Mitarbeiterin und Mitarbeiter, sondern »als Mensch«.

Fühlen und Führen

Dabei spielen auch die Emotionen bei der Arbeit eine große Rolle. Die Veränderungen der Pandemie haben dazu geführt, dass man sich als Mensch zeigen darf: Kinder und Haustiere in Zoom-Calls, Einblicke in ganz unterschiedliche Zuhause-Situationen, dazu Herausforderungen wie Home Schooling, Quarantäne und Einschränkungen in der persönlichen Freiheit. All die Emotionen, die damit verbunden sind, spielen innerhalb der Organisation, des Arbeitsalltags und des Arbeitserlebens eine relevante Rolle. Sie müssen stattfinden dürfen, brauchen Raum und wollen wahrgenommen werden. Erzählt werden sie sowieso. Wenn diese Storys gefördert durch die Aufmerksamkeit des C-Levels Eingang finden in die Arbeitgebermarkenstory, wächst die Authentizität und damit die Attraktivität der Arbeitgebermarke.

Aber wie stellt man den Menschen mit allen Emotionen in den Mittelpunkt? Das ist keine Aufgabe, die bei HR liegt. Die digitalen Möglichkeiten geben uns auch eine Chance zu mehr Nähe, die es so in der ehemaligen analogen Präsenzkultur nicht gegeben hat. Während früher Flugstunden, Standorte oder Etagen überwunden werden mussten, ist das Gegenüber heute nur einen Videocall entfernt. Menschen vertrauen Menschen und fordern Augenhöhe. Sie möchten wissen, was das Unternehmen weiß und was es nicht weiß, z. B. während einer Pandemie. Hier haben in den vergangenen Jahren die Personen aus dem Vorstand gepunktet, die authentisch und ehrlich erzählt haben. Es gab Situationen, in denen sie nicht wussten, wie mit einer Situation umzugehen ist. Der ehrliche, offene Umgang mit dieser Unwissenheit, das Eingeständnis, dass die Strategie gerade »Fahren auf Sicht« heißt, hat das Gefühl vermittelt, dass alle im gleichen Boot sitzen. Und, dass alle die gleichen Chancen haben, mit guten Vorschlägen gesehen und wertgeschätzt zu werden.

Mensch sein hilft immer

Zuhören und Aufmerksamkeit sind im Kontext von C(X)Os im Employer Branding die stärksten Werkzeuge. Nachfragen, Bescheid wissen und Bezug nehmen – also dem Gegenüber den Raum geben – sind Beziehungsangebot, Wertschätzung und Vertrauensbeweis zugleich. Mit dieser neuen Nähe, die sich durch die digitalen Möglichkeiten einfacher als bisher herstellen lässt, ist ein Kanal vorhanden, über den C(X)Os raus in die Teams gehen und spüren können, was erlebt wird. Sie können hören, was erzählt wird. Und aus ihrer Perspektive darüber berichten. Auch über die Dinge, die nicht funktionieren. Denn Scheitern gehört dazu und sorgt im Idealfall für eine steile Lernkurve bei der einzelnen Person, ihrem Team und damit der Organisation.

Personen aus dem Vorstand, die sich mit ihrer Haltung und ihren Überzeugungen positionieren, können der Arbeitgebermarke wichtiges Beweismaterial liefern. Damit verifizieren sie das im Recruitingkontext versprochene Angebot an Kandidatinnen und Kandidaten. Und stärken auch nach innen die Themen, die in der Organisation für gute Beziehungen, für eine starke Loyalität mit dem Arbeitgeber stehen. Dieser Ebene müssen sich Vorstände bewusst sein, wenn sie kommunizieren. Jeder Satz kann auf die Goldwaage kommen – auch wenn sie noch keine 100.000 Follower auf LinkedIn oder Twitter haben.

4 Authentisch, relevant und inspirierend – Wie Leader sich strategisch positionieren

Dr. Maleen Knaak, Merkle DACH

Dr. Maleen Knaak ist Strategieberaterin bei Merkle – a dentsu company, einer datengetriebenen Digitalagentur für Customer Experience Management (CXM), die Teil von dentsu International ist. Als Manager Digital Vision & Transformation trägt Maleen Knaak die Verantwortung für strategische Kommunikationsentwicklung und Thought Leadership und leitet den Bereich der strategischen Management-Positionierung. Maleen Knaak erhielt einen Ph.D. in Management von der Universität St.Gallen und übernahm dort in der Führungskräfteweiterbildung die Seminarleitung verschiedener Executive Trainingsprogramme. Sie berät Kommunikationsabteilungen und individuelle Führungspersonen globaler Konzerne mit dem Ziel, eine datenbasierte und zukunftsgerichtete Kommunikation zu gestalten. Die strategische Management-Positionierung ist ein zentraler Bestandteil einer solchen Kommunikation und wird durch das Merkle-Leadership-Kommunikationsmodell ermöglicht.

Zu ihrem Beitrag: Starke Leadership-Kommunikation bewegt. Sie richtet sich an zentrale Anspruchsgruppen und leistet einen strategisch wertvollen Beitrag zu den Unternehmenszielen. Erfolgreiche Leader stellen dabei jederzeit sicher, dass ihre Kommunikation authentisch, relevant und inspirierend ist. Dies geschieht mithilfe datenbasierter Analysen, individueller Planung und einer konsistenten Umsetzung von strategischen Kommunikationsmaßnahmen – Erfolgsfaktoren, die durch eine enge Zusammenarbeit zwischen der Leadership-Persönlichkeit, der unternehmenseigenen Kommunikationsabteilung und einem externen Expertenteam garantiert werden. Letzteres besitzt die erforderliche interdisziplinäre Fachexpertise und trägt die notwendige objektive Außensicht bei, um die Wirkung von Person und Unternehmen maximal wirksam im Umfeld zu gestalten. Resultat dieser Zusammenarbeit ist eine maßgeschneiderte, höchst wirksame Leadership-Kommunikation, die substanziell auf die Unternehmensziele einzahlt. Die so positionierten Leader kommunizieren effektiv und situationsgemäß und optimieren mit ihrer Kommunikation ihren Beitrag zur Erreichung der Unternehmensziele.

Elon Musk für Tesla, Jeff Bezos für Amazon oder Sheryl Sandberg für Facebook: Wer als Führungspersönlichkeit authentisch, relevant und inspirierend kommuniziert, vermittelt Unternehmensziele und trägt gezielt dazu bei, dass diese auch erreicht werden. Um Thought Leadership zu verkörpern und einen Mehrwert für die Unternehmenswahrnehmung zu schaffen, bedarf es der Expertise auf verschiedenen Gebieten. Während die strategische Kommunikation vordergründig zentral ist, stehen dahinter Marken- und Marketingexpertise, Daten-Know-how sowie ein tiefes Verständnis der steigenden Anforderungen an eine Führungsperson. Um das komplexe Zusammenspiel zu orchestrieren, ist eine enge Zusammenarbeit von internen und externen Teams entscheidend. Diese Zusammenarbeit ist erfolgreich und stärkt die Markenwahrnehmung, wenn es gelingt, die Eigenschaften der Führungspersönlichkeit zusammen mit der Unternehmensvision für eine glaubhafte und authentische Kommunikation optimal zu positionieren. Als Best Practice kann hier beispielsweise Steve Jobs angeführt werden. Er vermochte es, seine pointierte, visionäre und stilvolle Kommunikation perfekt mit der Marke Apple in Einklang zu bringen – so sehr, dass zum Ende seines Wirkens nur noch schwer auszumachen war, wo Jobs aufhört und Apple beginnt.

4.1 Kommunikation zwischen Persönlichkeit und Marke

Die Kommunikation des C-Level-Managements ist einer der wesentlichen Hebel zur Steuerung der Unternehmenswahrnehmung. Durch die Kommunikation der Führungspersonen kann ein Unternehmen gezielt die eigenen strategischen Botschaften platzieren. Diese lassen sich an unterschiedliche Gelegenheiten anpassen und können so aus verschiedenen Perspektiven beleuchtet werden. Ein Beispiel sind Jeff Bezos' *Leadership Principles* – eine Liste an strategischen Prinzipien, auf die er in Interviews, auf Social Media, aber auch in seiner internen Kommunikation Bezug nimmt. Damit eine solche Leader-Kommunikation erfolgreich ist, muss sie die Kriterien **Authentizität**, **Relevanz** und **Inspiration** erfüllen.

Leader können dafür verschiedene Kommunikationskontexte nutzen. Sie treten auf einer Industriemesse als Thought Leader auf, versammeln Mitarbeitende hinter einer gemeinsamen Zielsetzung und überzeugen Shareholder von der Unternehmensstrategie. Jede dieser Situationen bietet die Gelegenheit, die eigene Kernbotschaft zu transportieren: die Unternehmensvision. Dies gelingt durch ein authentisches, relevantes und inspirierendes Auftreten der Führungspersonen. Während viele Leader ihre Vision klar benennen können, fällt es ihnen jedoch oftmals schwer, diese tatsächlich effektiv nach außen zu kommunizieren. Stattdessen passiert es leicht, dass die eigentliche Kernbotschaft in einer Vielzahl verschiedener Botschaften untergeht oder der Leader mit keiner einzigen Botschaft assoziiert wird. Beides sind Situationen, in denen die Kommunikation des C-Levels nicht ausreichend genutzt wird und das Unternehmen an Profil verliert.

Sobald ein Unternehmen, die Kommunikationsabteilung oder die Führungsperson selbst das Potenzial der C-Level-Kommunikation identifiziert, kann diese Kommunikation bewusst gestaltet und im Sinne der Unternehmensziele eingesetzt werden. Dabei bieten sich verschiedene Herangehensweisen an. Beispielsweise kann die Kommunikation für die Person und Persönlichkeit des Leaders optimiert werden – oder sie kann die Markenpositionierung in den Vordergrund stellen. Allerdings haben beide Methoden Schwächen. Während Erstere zu niedriger Relevanz für die Unternehmensziele führen kann, birgt Letztere das Risiko einer zu geringen Authentizität der Person. Um diese Schwächen auszugleichen, hat sich eine **duale Sichtweise auf Person und Marke** bewährt.

Kommunikation sollte **relevant** sein und den Stil des Leaders **authentisch** widerspiegeln. Leadership-Kommunikation ist besonders dann erfolgreich, wenn sie die Stärken und scheinbaren Schwächen der Führungsperson ins richtige Licht rückt und gezielt für die Unternehmensziele einsetzt. Eine bewusste Abstimmung zwischen Unternehmensvision und persönlicher Ambition, zwischen Unternehmensthematik und persönlicher Agenda sowie zwischen beruflichem Wirkungsfeld und persönlichem Auftritt ist entscheidend. Eine **hohe Kongruenz zwischen der wahrgenommenen Leadership-Persönlichkeit und der Unternehmensstrategie** vereinfacht die Kommunikation und verschafft zudem eine hohe Glaubwürdigkeit – siehe beispielsweise Satya Nadella, der für die Neuorientierung der Marke Microsoft nach Steve Ballmer steht. Eine objektive Außensicht hilft, diese Balance zu schaffen, Marke und Person in Einklang zu bringen und so die Wirksamkeit der Kommunikation zu erhöhen.

Neben Authentizität und Relevanz gilt es, durch Kommunikation zu **inspirieren**. Nicht zuletzt ist das Ziel von Kommunikation, Veränderung zu bewirken, neue Prozesse zu initiieren und Zielgruppen zu bewegen. Diese Fähigkeit ist für gute Führung zentral. Sie ist beispielsweise dann entscheidend, wenn ein Unternehmen transformiert und im Zuge dessen die Unternehmensstrategie verändert wird – wie bei Netflix, das sich unter CEO Reed Hastings vom DVD-Leihdienst zur Streaming-Plattform transformierte. Dabei ist Inspiration kein Zufallsprodukt. Die Außenwirkung kann gezielt gesteuert werden und basiert auf einem detaillierten Verständnis der Kommunikationspräferenzen und bedürfnisse der Zielgruppe. Dieses wird durch eine datenbasierte Analyse der Kommunikationswirkung gestützt.

Da sich die Wirkung der Kommunikation eines Leaders stets auf den Einfluss auf Dritte bezieht – sei es im eigenen Unternehmen oder außerhalb – ist eine ganzheitliche Sicht auf die Person und deren Umfeld erforderlich. Diese sollte unvoreingenommen sein und eine objektive Bewertung der möglichen Kommunikationsmaßnahmen erlauben. Um Authentizität, Relevanz und Inspiration in der Kommunikation zu gewährleisten, ist es wichtig, die – unter Umständen unvollständige – reine Unternehmensperspektive zu vermeiden. Stattdessen bedarf es einer **objektiven Außenwahrnehmung, die ein tiefes Verständnis für den Unternehmenskontext mit einer breiten Sichtweise auf das Umfeld** verbindet.

Die Zusammenarbeit zwischen dem Leader, der internen Kommunikationsabteilung und einem externen Partner kann diesen Anspruch am besten erfüllen. Während der Leader Feedback zu seinen persönlichen Präferenzen (auch hinsichtlich des Grads an Unterstützung in der Kommunikation) und zu seiner Persönlichkeit gibt, stellt die Kommunikationsabteilung die Kongruenz der Kommunikation mit den Unternehmenszielen sicher. Der externe Partner bringt die ganzheitliche Außensicht ein sowie relevante Expertise, Wissen über Best Practices und ein objektives Verständnis für das Kommunikationsumfeld, in dem sich die Führungsperson bewegt. Durch dieses Zusammenwirken der Perspektiven werden die individuellen Potenziale der Leadership-Kommunikation optimal ausgeschöpft.

4.2 Strategische Positionierung als Grundlage wirkungsvoller persönlicher Kommunikation

Kommunikation, die mit scheinbarer Leichtigkeit authentisch, relevant und inspirierend wirkt, basiert tatsächlich auf intensiver Planung und Analyse. Um alle Kommunikationsmöglichkeiten optimal zu nutzen, kennt der Leader bei jedem Anlass die konkrete Zielsetzung, die Zielgruppe und die geeignete Botschaft. Diese wiederum sind mit dem übergeordneten Unternehmensziel abgestimmt. Und nicht nur die Kommunikation eines einzelnen Leaders wird auf diese Art optimiert. Vielmehr wird die **Kommunikation des gesamten Boards koordiniert**, sodass jeder Leader im Board eine spezifische Funktion für die Unternehmenskommunikation einnimmt und die Leader sich gegenseitig ergänzen. So wird beispielsweise im Idealfall die wegweisende Vision des CEOs durch begleitende Zahlen und Fakten des CFOs legitimiert und von dem Chief Human Resources Officer (CHRO) durch das Angebot entsprechender Weiterbildungsmöglichkeiten und Mitarbeiterinitiativen unterstützt.

Allein aufgrund des Umfangs und der erforderlichen Expertise entscheiden viele Leader, diese Aufgabe nicht selbst zu übernehmen, und arbeiten mit einem Beratungsteam aus der internen Kommunikationsabteilung und einem externen Partner zusammen. Insbesondere der externe Partner trägt hier die notwendige Objektivität und Außensicht bei, die für eine Bewertung und Priorisierung erforderlich ist. Das Zusammenwirken von internen und externen Teams ermöglicht es, die Komplexität zu bewältigen und auf das Wesentliche zu fokussieren. So werden für den Leader im Alltag klare Kommunikationsempfehlungen bereitgestellt.

Die Ergebnisse werden in Form einer **individuellen strategischen Positionierung** des Leaders festgehalten. Diese Positionierung bestimmt, wie die Führungsperson ihre Kommunikation einsetzt, um wirkungsvoll zum Gesamtbild des Unternehmens beizutragen. Die Positionierung beinhaltet drei Elemente: die Optimierung der eigenen Kernbotschaften, die Erstellung des individuellen Positionierungskonzepts und die Platzierung der Kernbotschaften.

1. **Datenbasierte Analyse der Außenwahrnehmung zur Optimierung der Kernbotschaften**
   Viele Leader erscheinen weniger visionär und persönlich in ihrer Kommunikation, als sie es selbst annehmen. Dabei erreichen Leader in den meisten Fällen ihre

höchste Wirksamkeit, wenn klare, richtungsweisende und sich wiederholende Kernbotschaften mit einer persönlichen Note verbunden werden. Die so kommunizierten Botschaften wecken Interesse und geben genügend Interpretationsspielraum, mit dem sich verschiedene Zielgruppen identifizieren können. Eine Analyse der aktuellen Wahrnehmung – in redaktionellen Medien, auf Social Media, in der internen Kommunikation, auf Events etc. – zeigt den persönlichen Idealbereich in dieser Hinsicht auf. Datenbasierte und AI-gestützte Analysemethoden identifizieren zudem die spezifische wirkungsvolle Tonalität und dienen auch der frühzeitigen Erfassung von Themenpotenzialen und Trends. Der Leader kann so blinde Flecken vermeiden und sich selbst als Thought Leader positionieren.

2. **Erstellung des Kommunikationskonzepts als persönlichen Kommunikations-Guide**
   Viele Leader übernehmen eine Vielzahl an Rollen und Mandaten neben ihrer Kernfunktion im Unternehmen. Zudem kennen sie ihre eigenen Themen bis ins tiefe Detail. Daraus resultiert eine hohe Komplexität und eine große Auswahl an Themenoptionen, die aus der eigenen Perspektive schwer zu priorisieren sind. Zudem lässt sich aus der Eigenperspektive nur bedingt die Resonanz der Themen für die verschiedenen Zielgruppen feststellen (wie beispielsweise im Fall des Finanz- oder Rechtsbereichs, dessen Themen nur für spezifische Zielgruppen relevant sind). Eine gute Grundlage für das Kommunikationskonzept stellen daher die Ergebnisse der datenbasierten Analyse sowie einer Kontextanalyse dar. Diese Ergebnisse wiederum werden mit den persönlichen Präferenzen des Leaders und den Unternehmensschwerpunkten in Einklang gebracht. Das daraus resultierende Kommunikationskonzept entwickelt eine Perspektive, mit deren Hilfe der Leader die verschiedenen Themen steuern und jederzeit in einer einfachen Art und Weise für die kontext- und zielgruppengerechte Kommunikation aufbereiten kann. Es beinhaltet eine Themenarchitektur oder rhetorische Hilfestellungen, aber auch Hintergrundinformationen zu den verschiedenen Zielgruppen und strategische Überlegungen in Verbindung mit der Unternehmensmarke. Das Konzept stellt dabei sicher, dass Kernbotschaften eingebracht und auf die Unternehmensstrategie ausgerichtet werden.
3. **Maximierung der Wirksamkeit durch strategische Platzierung der Kernbotschaften**
   Wenn die eigenen Kernbotschaften definiert sind, sollen sie in einem nächsten Schritt strategisch platziert werden. Aufgrund der Komplexität und der Vielzahl der möglichen Themen laufen Leader Gefahr, sich in Details zu verlieren. Dabei ist genau das Gegenteil erfolgversprechend: Zunächst wenige klare Botschaften wiederholen, um auf dieser Basis zunehmend komplexere Argumentationen aufzubauen. Komplexität an sich ist kein Hinderungsgrund für ein Thema, lediglich der gezielte Aufbau der Kommunikation bedarf einer besonderen Aufmerksamkeit. Hierfür dient beispielsweise ein Jahresplan, der aufzeigt, wie Themen entwickelt und priorisiert werden sollen. Der Plan beinhaltet zudem, zu welchen Anlässen

und auf welchem Kanal kommuniziert wird, und er behält gleichzeitig genügend Flexibilität, um die Kommunikation kurzfristig anzupassen und auf Ereignisse reagieren zu können. Grundlage hierfür ist das Kommunikationskonzept. Es stellt sicher, dass die Kommunikation konsistent ist, ohne für jeden Kommunikationsanlass eine neue Analyse nötig zu machen.

4.3 Operationalisierung der Kommunikationsmaßnahmen im Leadership-Alltag

Die Kommunikationswirkung eines Leaders steht und fällt mit der Umsetzung der Kommunikationsmaßnahmen. Neben allgemeingültigen Kommunikationsempfehlungen **gelten für Leader besondere Kommunikationsanforderungen**, die ihrer Verantwortung für das Unternehmen entsprechen. Auch soll die Kommunikation zur Persönlichkeit passen, sich in den Alltag einfügen und den definierten Themen gerecht werden. Aus diesen Gründen ist nicht nur die strategische Positionierung der Leader individuell gestaltet, sondern auch deren Umsetzung.

Leadership-Kommunikation umfasst verschiedenste Formate, Plattformen und Zielgruppen. Aus ihnen setzt sich das mediale Ökosystem des Leaders zusammen. Dabei hat jeder Leader persönliche Präferenzen, so zum Beispiel Interaktionen mit dem Publikum oder die Möglichkeit, komplexe Themen in einem Artikel oder Podcast ausführlich zu erläutern. Neben der Auswahl bevorzugter Kommunikationsanlässe helfen gezielte Trainings, um selbst in schwierigen Situationen souverän zu kommunizieren. Eine professionelle Nutzung von Social Media beispielsweise ist erlernbar; die Struktur eines guten Posts und die strategische Erweiterung des eigenen Netzwerks können Teile eines Medientrainings sein. Zentral ist, dass die Interaktionen mit dem Ökosystem individuell gestaltet sind und sich an der Persönlichkeit und den Herausforderungen der Führungsperson orientieren. Allgemeine Empfehlungen – wie beispielsweise zu Häufigkeit und Tonalität von Social-Media-Posts – erfüllen diesen Anspruch nur bedingt. **Nur eine individuelle Interaktionsstrategie mit dem Ökosystem schafft eine hohe Authentizität der Kommunikation.**

Zusammen mit dem persönlichen Kommunikationskonzept beinhaltet der individuell gestaltete Kommunikationsjahresplan sowohl ein klares Ziel als auch ein strategisches Vorgehen zu dessen Erreichung. Es muss nicht in jeder Situation neu entschieden werden, wie und was kommuniziert wird. Vielmehr geben das Konzept und der Plan einen Rahmen vor, der Relevanz und Schnelligkeit gewährleistet: Er gibt die Sicherheit, auch kurzfristig angemessen und strategisch sinnvoll auf Situationen zu reagieren. **Der Prozess ist somit dynamisch und stellt sicher, dass die Leadership-Kommunikation jederzeit relevant ist und bleibt.**

Bei der praktischen Umsetzung der Kommunikation im Tagesgeschäft erhalten viele C-Level-Manager Unterstützung. Eine umfangreiche Kommunikation auf verschiedenen Plattformen, die strategische Entwicklung der Themen und der Umgang mit teils kritischen Interaktionen bedürfen Zeit, Augenmaß und einer professionellen Expertise. Für viele Führungspersonen lässt sich diese Art der Kommunikation nicht in den Leadership-Alltag integrieren. Die Unterstützung kann zum Beispiel die vollständige Pflege von Social-Media-Profilen, das Schreiben von Beiträgen und Reden sowie die Bewertung und Auswahl von Events umfassen. Der Prozess wird dabei **den Bedürfnissen der Führungsperson angepasst**. Häufig entscheidet sie sich dafür, dass Social-Media-Beiträge oder Event-Auftritte durch das interne oder externe Kommunikationsteam entsprechend der eigenen Positionierung vorbereitet werden. Die Inhalte werden anschließend durch den Leader freigegeben, sodass dieser die Sicherheit und Kontrolle über das eigene Auftreten behält. Um eine authentische Kommunikation zu gewährleisten, erlernen die Kommunikationsteams die Tonalität und das Auftreten der Führungsperson. Am Ende dieses Prozesses steht eine Leader-Kommunikation, die maßgeschneidert für die Führungsperson ist, strategisch zu den Unternehmenszielen beiträgt und die Zielgruppen inspiriert.

5 More Story. More Glory: Wie Sie die richtige Story für die eigene Positionierung nutzen

Katja Schleicher, Kommunikations-Coach

Katja Schleicher ist fest davon überzeugt, dass Reden Gold ist und Schweigen der Anfang von allem Unglück. Und dass Reden mit Geschichten leichter gelingt. Sie sorgt dafür, dass das Herz dem Kopf die richtigen Worte in den Mund legt. 20 Jahre lang hat sie in Agenturen, im TV und in der internationalen Konzern-Kommunikation, heute als Kommunikations-Coach, Keynote-Speaker, zu Gender- und Leadership-Kommunikation sowie als Storytelling-Trainerin gearbeitet. Ihre internationalen Kundinnen und Kunden schätzen sie für Klarheit im Denken, Kompetenz im Didaktischen und Konsequenz in der Umsetzung.

In ihrem Beitrag für dieses Buch zeigt sie, wie Sie Ihrer eigenen Geschichte auf die Spur kommen und narrative Elemente gezielt einsetzen. Damit der Einstieg in die C-Suite leichter gelingt, Sie besser verstanden werden und Sie sich langfristig etablieren können.

Geschäfte werden von Menschen gemacht. Und Menschen interessieren sich für Menschen und deren Geschichten. Darüber verbinden wir uns miteinander. Das gilt besonders für alle Bereiche der C-Suite: in der Bewerbungsphase oder als durchgewinterter Vorstand, der schon alles erlebt hat. Nirgendwo aber wird es so gern vergessen oder bewusst ignoriert. Deshalb ist die Arbeit am eigenen Narrativ elementar für den Erfolg im Boardroom. Wirkungsvolle Storys heben Ihre Persönlichkeit so hervor, dass Sie für andere besser greifbar werden, ohne sich zu entblößen.

Die Arbeit mit Narrativen im Führungskontext ist darauf ausgerichtet, stärker mit dem Publikum in **Resonanz** zu gehen, Botschaften **relevanter** zu machen und so **Kongruenz** zu schaffen. Geschichten sind Türöffner zu Emotionen und Kreativität des Publikums und schaffen so eine Basis, die stärker ist als Business-Kennzahlen. Erst emotionale Verbindungen schaffen (Wow), danach kluge Zahlen, Daten und Fakten anbieten (Aha), die erst ihre Wirkung entfalten können, wenn emotionales Vertrauen da ist. Dieser Beitrag enthält einige Handlungsanleitungen und viele hilfreiche Fragen, um Narrative zu finden, zu entwickeln, auszubauen und zu erzählen.

5.1 Storys finden: Der Teufel steckt im Detail. Geschichten auch

Wer weiß, woher er kommt, wer er ist und wohin er will, schafft **Stabilität** und **Klarheit** sich selbst und anderen gegenüber. Erfahrungsgemäß lassen sich Geschichten leichter finden, wenn Sie mit sich selber ins Gespräch gehen. Selbstgespräche geben dem »inneren Team« eine Stimme. Wenn Sie diese hör- oder fühlbar machen, lässt sich z. B. eine Geschichte über Verletzlichkeit oder Schwäche in einen Kontext stellen, der für andere nutzbar wird.

Als Einstieg helfen einfache Fragen wie: Was genau ist es, was meinen Lieblingsfilm ausmacht? Was berührt Sie ganz konkret daran? Was verbindet Sie damit emotional?

Kommen Sie neu in eine Führungsposition in einem Unternehmen, sind Herkunfts, Identitäts- und Werte-Geschichten besonders interessant: Wes Geistes Kind sind Sie? Welche Erlebnisse haben Sie charakterlich geprägt? Welche Prinzipien kennzeichnen Ihren Führungsstil? Warum tun Sie, was Sie tun? Aus welchem Holz sind Sie geschnitzt? Welche Erfahrungen haben Sie genau zu dem gemacht? Was war in Ihrer Karriere der größte Schritt der Veränderung? Auf welche Innovation sind Sie besonders stolz? Wie wollen Sie in Ihrer Rolle als Vorgesetzte wahrgenommen werden? Einsamer Cowboy? Harter Hund? Bundestrainer? Mentorin? Weise Mutter? Um – zielgerichtet – in Erinnerung zu bleiben, müssen Sie wissen, welche Geschichten Sie in Ihr »Schaufenster« legen möchten: Was soll von außen sichtbar sein?

So entwickeln Sie eine Art Geschichtenkorridor für sich: persönlich genug, um zu illustrieren, worum es Ihnen geht, ohne so privat zu werden, dass Sie sich unwohl fühlen. Sie entscheiden, welche Geschichten welche Seiten Ihrer Persönlichkeit wie zum Vorschein kommen lassen. Wichtiger Schritt: diejenigen Geschichten, die Sie für Ihre »erste« Rede auswählen: vor dem Team, dem Board, im ersten Interview oder der ersten Kundenveranstaltung. Nach den berühmten 100 ersten Tagen kommt dann für C-Suite-Newcomer eine Zäsur: Das erste Fazit und die weiterentwickelte Vision: auf diese Geschichten warten Ihre Teams.

Fragen Sie schon beim Vorstellungsgespräch und in den ersten Informationsrunden nach dem bestehenden unternehmerischen Narrativ. Wie hat es sich entwickelt? Wie relevant ist es? Für Ihre persönliche Karriere? Die Branche? Gesellschaftlich? Oft erleichtert dieser Abgleich auch, die Entscheidung für oder gegen eine C-Position leichter zu treffen. Erfolg heißt ja nicht per se Erfüllung. Begeben Sie sich als alter Führungshase auf die Story-Reise, dann geht es stärker um Ihre Identität und Ihre Legacy: Wofür wollen Sie erinnert werden?

Ihre Geschichten sollten immer auf drei Konten einzahlen:

- persönliche Authentizität
- Verbindung zum Image der Marke, des Unternehmens, des Projektes oder der Idee
- gesellschaftliche Relevanz und Sinnstiftung

Folgende Cluster eignen sich für die Suche nach den geeigneten Geschichten:

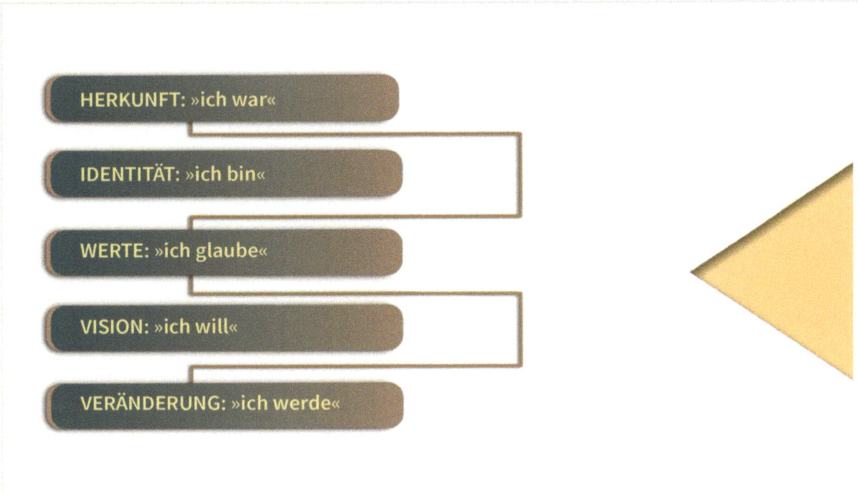

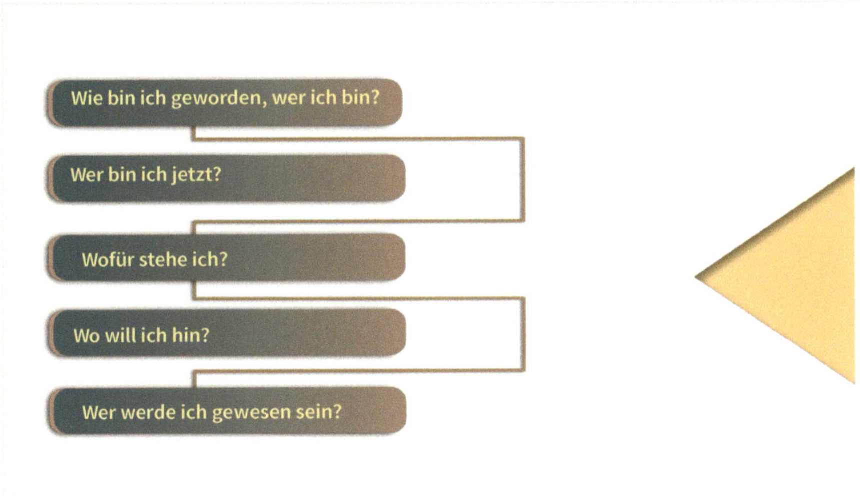

Im Laufe eines beruflichen Weges entwickeln Sie zwischen sechs und zwölf »Signature Storys«. Menschen, die Ihre Karriere begleitet haben, sind dafür eine wertvolle Quelle:

Wie nehmen die Sie wahr? Was erzählen die über Sie? Fragen Sie besonders Menschen danach, die Ihnen kritisch gegenübergestanden haben. Deren Wahrnehmung ist oft spannender (kritischer Spiegel) als das Feedback von Freunden (wohlwollender Spiegel). So wird das daraus entstehende Narrativ lebendiger.

Fragen Sie beispielsweise: Welche Wendepunkte haben Sie gemeistert? Welche Entscheidungsparameter haben Sie zugrunde gelegt? Wofür oder wogegen mussten Sie sich entscheiden? Wie hat sich die Situation dann geändert? Wie haben Sie sich geändert? Welche »heiligen Kühe« haben Sie geschlachtet?

Besonders in Phasen von Veränderung (Sabbatical, Elternzeit, Urlaube, »Inbetween Jobs«) entstehen die für die Karriereplanung spannenden Geschichten. Schenken Sie dabei dem inneren Dialog Gehör und zeichnen Sie die Veränderungen nach. Nancy Duarte hat für diese »Reise« mehrere Stationen identifiziert, die die Geschichten-Reise erleichtern:

- »Ich träume von ...«
- »Ich wage es ...«
- »Ich kämpfe gegen ... «
- »Ich strenge mich an für ...«
- »Ich habe es geschafft ...«

Diese Story-Trigger helfen Ihnen, in der C-Suite und auf dem Weg dahin sowohl eigene Storys zu aktivieren als auch die von anderen zu initiieren.

Neben persönlichen Geschichten lassen sich weitere Quellen nutzen, um sich selbst narrativ auf die Spur zu kommen:

- externe Storys (Trends, Agenden, News)
- Storys von Dritten (»Huckepack-Geschichten«, an die Sie andocken können)
- interne öffentliche Storys aus Ihrer Organisation, (die sie dann mit Ihren eigenen matchen können)

Der lohnende Preis	Sie werden für etwas Bestimmtes erinnert (»Das ist doch die, die immer ...«).
Wo es wehtun kann	Es dauert, vor allem am Anfang. Bleiben Sie geduldig.
Vorsicht bei ...	Zu großen Geschichten. Man bekommt sie nicht richtig zu fassen. Kleiner ist genauer und wirkungsvoller.

Gut zu beobachten und leicht zu üben	Im Einzelgespräch. Wie wirkt die Story überhaupt? Wie auf jemandem, der mir wohl will? Auf jemanden, der mir skeptisch gegenübersteht?
Ganz ehrlich	Wir erachten unsere Geschichten oft zu gering. Das ist schade.

5.2 Storys destillieren: Bei aller Liebe zum Detail: Der Blick auf das Wesentliche entscheidet

Geschichten beginnen, wenn etwas passiert. Passende Storys zu entwickeln, beginnt mit dem Umdenken im eigenen Kopf. Eine Geschichte ist eine Novelle, eine »unerhörte« Begebenheit. Warum war das, was mir widerfahren ist, nicht alltäglich? Was genau war daran besonders? Werfen Sie Schlaglichter auf die Aspekte der Geschichte, die ein »Aha« oder »Wow« beim Publikum auslösen sollen.

Worum geht es eigentlich? Was soll das Publikum *fühlen*?
Die Antwort sollte Ihnen individuell ein emotionaler Art Leitstern sein, wenn Sie die Story entwickeln. Denn die Antwort darauf ist ausnahmslos ein Gefühl. In wirkungsvollen Geschichten geht es um Tieferes als »boy meets girl« oder »Produkt-Markt-Preis-Launch«. Eher geht es um Gewinnen, Freundschaft, Sich-Trauen und noch nie betretene Pfade.

Was soll das Publikum *denken*?
Mit welchen Themen, Sachverhalten und Details unterfüttern Sie die Geschichte, um relevant zu werden? Wer nur emotional Kontakt aufbaut, wird schnell als Schwätzer gesehen. Content ist nach wie vor King & Queen gleichermaßen. Gute Argumente fallen aber erst auf fruchtbaren Boden, wenn zuvor durch Narrative emotionale Verbindungen möglich geworden sind.

Was soll das Publikum *tun*?
Durch die Story allein passiert noch nichts: Erst die ausgelöste Emotion schafft einen gemeinsamen Nenner, löst Verständnis aus und ermöglicht durch konkrete Handlungsanleitungen letztendlich Veränderung.

Wenn Sie als Führungskraft welche Geschichte auch immer nur »einfach so«, intentionsfrei erzählen, ist es immer noch eine nette Geschichte und Sie eine nette Chefin. Der »Auftrag« jedoch, für den Sie in der C-Suite angetreten sind, bleibt unerfüllt. Denn an der Tür zum C-Suite-Konferenzraum steht »Veränderung«. Jede Geschichte sollte einen verändernden Impuls unterstützen.

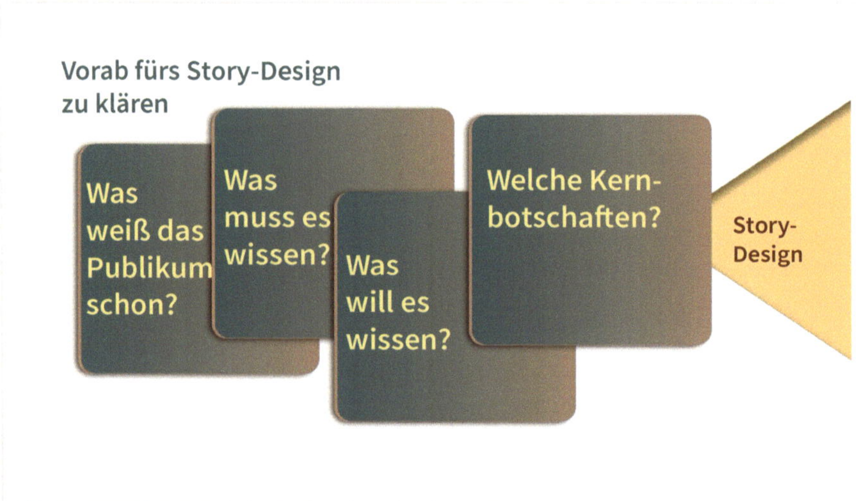

Der lohnende Preis	Klarheit. Über sich selbst. Für die anderen: mehr Transparenz über das, was Ihnen wichtig ist.
Wo es wehtun kann	An der dritten Story-Kurve feststellen, dass man sich verfranst hat und den halben Weg wieder zurück muss, um sich selbst und alle anderen wieder ins Boot zu holen.
Vorsicht bei	Nebenschauplätzen. Wenn Sie vom Thema ablenken oder die Richtung ändern, korrigieren Sie lieber frühzeitig den Kurs.
Gut zu beobachten und leicht zu üben	Sich fragen: Was zahlen alle aufgenommenen Aspekte auf das Story-Ziel ein? Je konkreter Sie das benennen, desto besser bleiben Sie auf Kurs.
Ganz ehrlich	Wie oft fragen Sie sich: Warum erzählt der- oder diejenige mir diese Story? Und wie schnell haken Sie diejenigen innerlich ab, denen Sie nicht mehr folgen wollen?

5.3 Storys aufbauen: Rational schauen, wohin die Emotionen sollen

Je deutlicher und emotionaler Ihre Narrative sind, je besser verankert, desto stärker kann das Publikum Ihre Storys für sich nutzbar machen (»Mein erster Chef hat immer gesagt, …«).

Archetypen ankern. Schnell. Bei allen

Wir alle arbeiten tagtäglich unbewusst mit Archetypen: der fürsorglichen Mutter, einem Mentor, dem Entdecker, dem Drang nach Freiheit, dem Aufbruch ins Unbekannte ... Mit diesen emotionalen Kategorien können sich **alle schnell** verbinden. Mit Archetypen legen Sie die Basis für die Wirkung der Story und sorgen für die erste Resonanz zwischen Erzähler und Publikum. Geben damit Halt, um sich weiter an die Handlungsstränge und Konflikte der Story binden zu können. Archetypen sind die gemeinsame Verankerung, auf der Sender und Empfänger aufbauen können. Sie helfen außerdem, Kernbotschaften zu verstärken.

No drama – no story

Nachvollziehbare Wendepunkte und Konflikte erfüllen Geschichten genauso mit Leben wie miterlebbare Höhepunkte. Was Lösung und Moral anbetrifft, muss kein Happy End her. Aber wer sich nicht ans **Drama** traut, spare sich das Erzählen. Und wer sich ans Erzählen traut, spare nicht am Drama. Betreten Sie gemeinsam mit Ihrem Publikum einen emotionalen Raum: den Flur der Neugier, das traurige Kämmerlein oder den Festsaal des Stolzes.

Wer spielt? Gegen wen?

Eine Geschichte braucht einen Helden. Sie selbst, einen gefährlichen Sturm oder eine kleine Katze. Diese sind die Identifikationsfiguren für das Publikum. Je stärker der Gegenspieler, desto besser für die Hauptfigur: James Bond wäre nichts ohne Dr. No, Batman nichts ohne den Joker. Das Publikum braucht dabei nicht unbedingt eine Heldengeschichte. Oft ist es unspektakulär spannender. Wenn Sie den Fokus auf die richtigen Momente legen.

Welcher Konflikt wird ausgetragen?

Ohne Konflikt keine Story. Aus dem Kampf zwischen Spieler und Gegenspieler entsteht beim Publikum der Wunsch, zu wissen, wie es weitergeht. Je deutlicher sicht- und spürbar (gut gegen böse, arm gegen reich, gegen die Zeit etc.), desto stärker der Sog, durch den man Ihnen bis zum Ende folgt. Aneinandergereihte Fakten erreichen das nie.

Wirksam werden Geschichten im Erzählen nur dann, wenn das Publikum mit auf die Reise durch die nachvollziehbaren Konflikte darf: Ein Unternehmen kaufen oder nicht? Die Entwicklungsabteilung auslagern oder behalten? Was hat Sie gequält? Was haben Sie dagegen getan? Wie haben Sie das Dilemma beseitigt? Wenn Sie zeigen können: Das ist der Auslöser, der mich veranlasst hat, genau diesen Weg zu gehen, wirkt das Narrativ.

Der lohnende Preis	Eine solide Struktur. Die ist Gold wert, weil man sich danach besser auf die echten Emotionen konzentrieren kann.
Wo es wehtun kann	Wenn die Emotionen gefaked sind.
Vorsicht bei	Zu großen Schritten. Weniger ist im Narrativ oft wirkungsvoller.
Gut zu beobachten und leicht zu üben	Bei den überzeugenden C-Suite-Rednern, die am Ende, bei der Moral der Geschichte, den Bogen zum Anfang ganz natürlich wiederaufnehmen. Welchen Titel bekommt Ihre Geschichte? Welchen Untertitel?
Ganz ehrlich	Wie oft haben Sie sich schon in Ihrer eigenen Geschichte verirrt?

5.4 Storys anreichern: Aufmerksamkeit geht dahin, wo die Energie ist

Die meisten Geschichten liegen bereits in den Organisationen verborgen. Aktivieren Sie Ihr Geschichten-Ohr, freuen Sie sich auf alles Neue, was Sie zu hören bekommen. **Durch Story-Listening lassen sich Erfahrungen austauschen, Wissen implizit weitergeben und der Wissensschatz erweitern.** Zuhören ist im Sinne von Resonanz und Relevanz genauso wichtig wie selber erzählen. Wenn sich alle um das selbe narrative Lagerfeuer versammeln, **lassen sich die Organisationsgeschichten leicht extrahieren.**

Mit Storys Veränderungen in Gang setzen

Wenn es darum geht, **Halt** und **Haftung** zu schaffen, Gemeinsames zu stärken; wenn alle Augen in eine Richtung schauen sollen, funktionieren Geschichten hervorragend als Leuchttürme: geben **Licht** und **Orientierung**, um das gemeinsame Ziel nicht aus den Augen zu verlieren. Storys stärken **Verbindungen** – egal, ob aus dem »Bei uns ist das auch so«- oder aus dem »Das habe ich noch nie so gemacht«-Impuls.

Eine praktische Vorbereitung kann sein, ein Blatt Papier zu nehmen, auf die linke Seite zu schreiben, **was** Sie sagen wollen, und auf die rechte Seite, **wie** Sie es sagen wollen. Dabei sollten Sie die externe Wirkung immer im Hinterkopf haben und zitierbar sein: auch für Medienvertreter und andere Stakeholder.

Teams hinter sich versammeln und in eine unbekannte Zukunft führen

Als angehender oder etablierter CxO sollten Sie zu jedem teamrelevanten Aspekt eine Geschichte parat haben. Um Teamarbeit organisch zu ermöglichen und Zusammenarbeit zu erleichtern. Am besten aus dem eigenen Erleben, gern in allen Schattierungen von großartig bis düster. Mit welchen Geschichten …

- schaffen Sie Vertrauen?
- motivieren Sie Ihre Mitarbeiterinnen und Mitarbeiter?
- bringen Sie Ihr Team in Bewegung?
- bringen Sie alle hinter sich?
- schaffen Sie ein kooperatives Klima?

Folgende Teamaspekte können relevante Storys ergeben:

- **Status**
  z. B. Ihre Geschichte davon, wie Sie das erst Mal Ihre Macht bewusst eingesetzt haben und wie sich das angefühlt hat.
- **Sicherheit**
  z. B. die Geschichte davon, sich in einem Team komplett ausgeschlossen zu fühlen und allein zu stehen.
- **Autonomie**
  z. B. die Geschichte Ihrer abenteuerlichen Radtour über die Alpen.
- **Verbundenheit**
  z. B. wie Sie eigentlich am liebsten alles hingeschmissen hätten und warum Sie am Ende doch geblieben sind.
- **Fairness**
  z. B. eine Geschichte, die erzählt, wann Sie sich ungerecht behandelt gefühlt haben.

Dabei darf Unsicheres und Unklares deutlich werden: »Ich muss mich noch entscheiden zwischen x und y und suche noch xx und yy«. Das an sich ist schon eine Geschichte, mit der man sich gut verbinden kann, weil sie Klarheit schafft, indem sie Widersprüche aufzeigt. Niemand erwartet eine Führungskraft, die alles weiß. Wohl aber eine, die sagen kann, wo sie gerade steht.

Der lohnende Preis	Schneller und intensiver beim Publikum ankern.
Wo es wehtun kann	Unpassende Beispiele oder verkehrte Kontexte, die beim Publikum das Gegenteil bewirken (wie SUV-Beispiele bei einem ökologisch sehr bewussten Publikum).
Vorsicht bei	• Allgemein bekannte Beispiele bieten sich zwar an, haben aber oft einen Beigeschmack, der sich nicht immer kontrollieren lässt. • Nicht vergessen: Storys laden zum Dialog ein. Überlegen Sie sich, wie gern Sie die Antwort-Geschichten hören wollen. • Allen C-Suite-Speakern, die Steve Jobs als einzigen Reference Case haben.

Gut zu beobachten und leicht zu üben	• Mehr beobachten, mehr lesen. • Verschiedene Referenzbeispiele auf ihre Wirkung bei unterschiedlichem Publikum ausprobieren.
Ganz ehrlich	Übertreiben Sie nicht auch ganz gern mal?

5.5 Storys ausrichten: Qui bono? Wem außer dem Erzähler nützt es?

Denken Sie Ihre Geschichten bereits vor dem Anfang vom Ende her. Stellen Sie sich vor, Ihre Story hat eine Fortsetzung. Wie ginge es nach dem Ende weiter? Worauf wollen Sie neugierig machen? Wie beeinflusst das die Geschichte rückwirkend? In der antizipierten Rückschau lassen sich Wendepunkte genauer herausarbeiten und Nebenschauplätze, die der Botschaft abträglich sind, eliminieren. Immer im Auge behalten: Die Aufmerksamkeit des Publikums geht dahin, wohin die Energie gelenkt wird. Es lohnt sich also, vorher zu prüfen, worüber welche Zielgruppe nachher reden soll, ohne den Story-Nukleus zu verlieren.

Nach innen ist es ratsam, ein persönliches Story-Reservoir anzulegen und konstant zu befüllen: Im Laufe der Zeit entwickeln Sie den Überblick dafür und müssen nicht vor jedem Auftritt den gesamten Prozess der Story-Entwicklung durchlaufen. Dann haben Sie auch die sechs bis zwölf prägenden Geschichten parat, die emotional Ihr Woher? Wohin? Was? Wie? Warum? nachvollziehbar machen. Nach außen hilft es, soziale, wirtschaftliche, gesellschaftliche und politische Trends und Agenden im Auge zu haben, die sowohl die emotionale Resonanz als auch die rationale Relevanz verstärken. Dazu hilft es,

- mittel- und langfristig ein Schlagwortregister für die verschiedenen Aspekte aller Geschichten zu erarbeiten und ständig zu aktualisieren,
- semantische Felder und Keyword-Sammlungen vorzuhalten, die Ihre Storys sprachlich stärken.

Ihr Narrativ hilft Ihnen, sich selbst zu positionieren, und anderen, Sie besser einzuordnen. Diese Orientierung ist beim erfolgreichen Navigieren durch die C-Suite unerlässlich. Intern für Kolleginnen und Teams oder mit Medienpräsenz.

Jede Geschichte, die Sie als Chefin erzählen, hat **Bedeutung**. Und wird damit vom Publikum **gedeutet**, interpretiert. Das sollte Ihnen bei der Entwicklung der Geschichte bewusst sein, ohne dass Sie diesen Umstand über- oder unterbewerten. Das Publikum ergänzt Ihre durch seine eigene Sichtweise. Checken Sie also: Wie schließt Ihre Geschichte an existierende Unternehmenswerte an? Wie trägt sie zum Unternehmens- oder Projekterfolg bei? Wie zahlt sie auf das gesellschaftliche große Ganze ein? Es wird immer ein gewisses Dilemma bleiben, die Unternehmensbotschaft und mit der persönlichen Authentizität zu matchen. Je größer und globaler der Konzern, desto schwieriger. Niemand erwartet aber, dass Sie alle unternehmerischen Kernbotschaften unterschreiben. Aber was Sie erzählen, kann emotional besser nachvollzogen werden, wenn Sie präzise das eine vom anderen trennen.

Praktisch ausgeführt

Nehmen wir an, Ihnen ist Mut ein wichtiger Wert. Dann aktivieren Sie Geschichten aus Ihrer Vergangenheit: Wann waren Sie mutig? Wozu hat das geführt? Was war Ihre Belohnung? Wie hat es Sie verändert? Danach schauen Sie in die Gegenwart: Wer ist im Moment für Sie mutig? Wodurch? Mit welchem Ergebnis? Dann projizieren Sie in die Zukunft: Wie gestalten Sie in Ihrem Team Platz für Mut? Später z. B. laden Sie die Mut-Role-Models Ihrer Teammitglieder zum nächsten Offsite-Meeting ein. Alle werden das »mutige Event« kommentieren.

Der lohnende Preis	Sie bringen Ihr Publikum hinter sich. Ihre Sache, Ihre Mission wird zur Mission Ihrer Zuhörerinnen und Zuhörer.
Wo es wehtun kann	Wenn Sie die Geschichte allein um Ihretwillen oder des Effektes willen erzählen.
Vorsicht bei	Anderen einen Nutzen unterzuschieben und der intrinsischen Motivation keinen Raum mehr lassen.
Ganz ehrlich	Hören Sie gern einem Moralapostel zu?

5.6 Storys (weiter-)erzählen: Nur was weitererzählt wird, ist wirklich verankert

Kurz und kräftig, lang und stetig

Starke narrative Kommunikation entfaltet ihre Wirkung emotional zwar sofort (und führt zum Einsatz von Taschentüchern), braucht aber immer eine langfristige Perspektive. Beim Story-Work ist es elementar wichtig, weiterzumachen, wenn es am schönsten ist. Damit das gefundene, entwickelte und mitreißend erzählte Narrativ nicht bereits kurze Zeit später in den Mühlen des Alltags versandet (Quartalsziele! Umsatzeinbruch! Managerwechsel! …), heißt Nachhaltigkeit in der narrativen Kommunikation vor allem: nachhalten. Zu früh beendete narrative Projekte sind wie abgebrochene Antibiotika-Kuren: Sie schaden mehr als sie nutzen. Für Ihr Narrativ bedeutet das: null Return on Investment und böses Blut in der Kaffeeküche. Vor allem die Vertreter der Bulletpoint-Fraktion sind dann fix mit ihrem Urteil »Bringt ja alles nichts, hab ich ja gleich gesagt!«. Sie aber sollten noch Jahre später, wenn Sie längst

Vorständin in einem ganz anderen Unternehmen sind, mit Stolz und gutem Gewissen auf diese Geschichte zurückblicken.

Darum wird jede Story für verschiedene Zielgruppen adaptiert, bevor sie erzählt wird. Auch wenn der narrative Nukleus unangetastet bleiben sollte, die emotionalen Synapsen sind je nach Stakeholder-Gruppe unterschiedlich: Ein Investor hat andere emotionale Trigger als die eigenen Vorstandskolleginnen und -kollegen. Ein Narrativ ist dann wirkungsvoll, wenn es sich leicht und logisch symbiotisch erweitern lässt, also skalierbar ist. Als altgediente Chefin sollten Sie in der Lage sein, Ihre verwirklichte Vision als Geschichte zu erzählen. Wollen Sie erst noch in die C-Suite, sollten Sie Geschichten erzählen, die zeigen, wie Sie Menschen in eine unbekannte Zukunft mitnehmen können.

Behalten Sie außerdem die Deutungshoheit. Sie dürfen Details weglassen oder Abläufe vereinfachen. Erzählen Sie nur das, was für das Verständnis der Geschichte wichtig ist. Nebenschauplätze lenken eher ab.

Analogien als kleinste Story-Einheit, Sinneswahrnehmungen als Ihre Unterstützer

Sinneswahrnehmungen und Analogien sind bereits kleine Storys in sich. Oft reicht es, beim Publikum eine Sinneswahrnehmung aufzurufen, die ein bestimmtes Gefühl auslöst. Trifft das Bild, lässt die entsprechende Emotion beim Publikum nicht lange auf sich warten. Seien Sie so kurz und präzise wie nötig und so anschaulich wie möglich. Dabei sind alle Sinneswahrnehmungen hilfreich, die für wirkungsvolle Analogien genutzt werden können: Was für eine Musik stellen Sie sich im Hintergrund vor, wenn Sie die Geschichte erzählen? Welche Textur spüren Sie unter Ihren Händen? Rau? Warm? Welche Farben soll Ihr Publikum vor Augen haben? All diese scheinbar zweitrangigen Aspekte sorgen dafür, dass Sie leichter richtig verstanden werden.

Erzählen Sie von innen nach außen. Vom Konkreten zum Allgemeinen. Trauen Sie den anderen ruhig zu, ihre eigenen Beispiele gedanklich zu ergänzen. Dabei ist es hilfreich für Ihre Vorbereitung, wenn Sie mit einem kommunikationserfahrenen Sparringspartner Feedback-Schleifen einbauen: Wie kongruent sind Botschaft, Körpersprache und Stimme? Je mehr Missverständnisse Sie reduzieren, desto präziser kann Ihre Geschichte eine Wirkung entfalten.

Jonah Berger zeigt in seinem hervorragenden Buch »Contagious« auf, wann was wie intensiv weitererzählt wird:[1]

- **öffentliche Interessen / Agenden:** Je dichter dran an dem, worüber alle im Moment reden, desto größer die Chance der Weiterverbreitung.

1 Jonah Berger: *Contagious, Why Things Catch On*, Simon & Schuster, 2013.

- **soziale Währung (Geheimnis, News):** Wenn Sie das Geheimnis des TikTok-Algorithmus kennen oder wissen, wie man am Türsteher eines angesagten Clubs vorbeikommt, erhöht das die Chancen aufs Weitererzählen.
- Wieviel **Staunen** erzeugt das Erzählte? Begegnungen mit Mächtigen, Übersinnlichem und Unerklärlichem scheinen eine größere Anziehungskraft aufs Publikum auszuüben.
- **praktischer Nutzen**: Wie gut kann es nachgemacht oder imitiert werden? Tipps und Tricks, Lifehacks und Abkürzungen sind beim Weitererzählen erfolgreich.
- Wie beispiellos ist das **Drama** in Ihrer Geschichte? Je verrückter und auf den ersten Blick unglaublich, desto lieber werden solche Geschichten weitererzählt.

Der lohnende Preis	Andere reden so über Sie, wie Sie es intendiert haben. Sie erzählen Ihre Storys weiter und verbinden sich mit Ihrer Sache, teilen Ihre Mission.
Wo es wehtun kann	Das Publikum ist launisch. Ablehnung auszuhalten ist schwer.
Vorsicht bei	Großen Worten und großen Gesten. Faustregel: Außergewöhnliches mit gewöhnlichen Worten sagen. Nicht umgekehrt.
Gut zu beobachten und leicht zu üben	Im Konversationston bleiben.
Ganz ehrlich	Wie oft waren Sie schon peinlich berührt, wenn jemand beim Erzählen übertreibt?

6 »Warum lässt sich BMW nicht von einem Tom Ford im Design inspirieren?«

Interview mit M. Jon Nedelcu, Nedelcu & Company Leadership Consultants

M. Jon Nedelcu ist ausgewiesener Automotive-Experte: In seiner ersten Karriere arbeitete er in leitenden Positionen bei Ford of Europe und der BMW Group sowie als Vorstand Vertrieb und Marketing bei Porsche. Nach dem Wechsel in die Beratung führte der in Argentinien aufgewachsene Manager seine Karriere in der Geschäftsleitung bei Roland Berger & Partner und dann bei Spencer Stuart & Associates fort. 1993 machte er sich selbstständig: Nedelcu & Company Leadership Consultants gehört bis heute zu den etablierten Boutique-Beratungen in Deutschland. Um die C-Suite für morgen fit zu machen und Unternehmen bei der digitalen Transformation zu unterstützen, gründete er 2020 die Academy for Exponential Change.

Christiane Wolff: Sie sind seit über 40 Jahren mit der Top-Management-Ebene im Gespräch und Austausch. Erst selbst als Manager und Vorstand, dann haben Sie die Seiten gewechselt und vermitteln bis heute Top-Positionen – mit Fokus auf die Automobilbranche. Was sind die drei wichtigsten Veränderungen in Bezug auf Einstellungskriterien bei Top-Managern, die sich aus Ihrer Sicht ergeben haben?

Jon Nedelcu: Neben der Automobilindustrie haben wir Klientinnen und Klienten in den Branchen Konsumgüter, Finanzdienstleistung, Unternehmensberatung, Handel u. a. In den letzten Jahren hat sich der Fokus unserer Beratung gewandelt. Heute bieten wir unseren Klienten »Leadership Advisory« an. Zusätzlich zu Executive Search umfasst dies ganzheitliche Leadership-Lösungen, um in Zeiten exponentieller Veränderungen führend zu sein. Dieses sehr breite Umfeld beinhaltet den Einsatz vieler Instrumente, zu denen auch die Einstellungskriterien für Managementpositionen zählen. Es geht um »Führung in einer neuen Welt«. Führungsqualität hat heute einen deutlich höheren Stellenwert als Fachwissen.

Christiane Wolff: Was muss ein Manager oder eine Managerin heute können und welche Skills dürfen oder müssen in die Schublade?

Jon Nedelcu: Der durch schnelle Entwicklung neuer Technologien hervorgerufene Wandel (Digitalisierung, moderne Telekommunikation, Social Media) erfordert agile Methoden. Kernkompetenzen, die zu einer zukunftsorientierten zeitgemäßen agilen Führung gehören, sind: Bescheidenheit, das Agieren als Trainer, Beraterin, Mentor und Mitglied des Teams.

Der agile Leader ist anpassungsfähig, er fördert selbstorganisierte Teams, verträgt Feedback, ist zugänglich, sucht nach Input von Mitarbeitenden, setzt sich aktiv mit Kundinnen und Kunden auseinander. Somit verändert sich in einem agilen Umfeld das traditionelle Rollenverständnis. Die Arbeit findet zunehmend in Teams statt, die sich selbst organisieren, es gibt flache Hierarchien und eine größere Selbstbestimmung.

Was muss in die »Schublade« ? Einfach formuliert: Kommando und Kontrolle, Aufrechterhaltung von Statussymbolen.

Christiane Wolff: Welche Rolle spielen heute die interne und die externe Kommunikation?

Jon Nedelcu: Nach unserer Erfahrung wird in den meisten Unternehmen die Bedeutung der Kommunikation unterschätzt. Vor allem die der internen Kommunikation. Unternehmen müssen Veränderungen in der Kultur und im Arbeitsumfeld (»New Work«) schnell und konsequent vorantreiben. Hier müssen Personalwesen und Unternehmenskommunikation sehr eng und hochprofessionell zusammenarbeiten.

Die interne Kommunikation ist entscheidend, um sicherzustellen, dass alle Mitarbeiterinnen und Mitarbeiter in die Veränderungen einbezogen werden, und dies mit hoher Motivation und der Förderung von Eigeninitiativen.

Auch die Kommunikation nach außen soll sicherstellen, dass die Werte des Unternehmens laufend und effizient kommuniziert werden. Dies auf allen Ebenen: im lokale Umfeld des Unternehmens (Behörden) sowie bei Kunden, Lieferanten und in den Medien.

Jedes Unternehmen sollte sich zum Ziel setzen, im Wettbewerb der »100 Best Companies to Work For« führend zu sein.

Christiane Wolff: Veränderungen lassen sich nicht einfach umsetzen, weder bei sich persönlich noch im Unternehmen. Müssen Managerinnen und Manager per se veränderungsagiler sein oder kann man das lernen?

Jon Nedelcu: Das Signal und der Wille für erforderliche Veränderungen müssen Aufsichtsrat und Vorstand vorgeben. Beispiel: Estée Lauder in New York: Jeder Vorstand wurde verpflichtet 30 % seiner Zeit dem Thema Change-Management zu widmen. Dies wird auch im Bonussystem berücksichtigt.

Christiane Wolff: Wer oder was kann Managerinnen und Manager dabei unterstützen, agil zu bleiben und den Prozess im Unternehmen zu begleiten?

Jon Nedelcu: Hier können Unternehmen viel vom Mannschaftssport lernen. Erfolgreiche Trainer von Spitzenmannschaften (z. B. Fußball, Basketball) setzen stark auf Teamspirit. Bewährt haben sich in erfolgreichen Unternehmen Maßnahmen wie der Einsatz moderner Eignungsdiagnostik, Coaching und vor allem das Reverse-Mentoring.

Christiane Wolff: Die Basis von Transformation ist Kommunikation. Gerade in der Automobilbranche noch eine unterentwickelte Disziplin. Von welchen Branchen kann diese Branche lernen?

Jon Nedelcu: Gerade die Automobilindustrie wird bei uns noch stark vom Maschinenbau geprägt. Es ist eine Tatsache: Hochbegabte Maschinenbauingenieure haben unsere Autoindustrie zur Weltspitze geführt. Was heute gefragt ist: Software, Dienstleistung, Design … die Erwartungen der um die Jahrtausendwende geborenen Generation verstehen … der Millennials.

Ich empfehle den Automobilherstellern Erstausrüster-Talente zu gewinnen, die heute bei Google, Uber, Salesforce, auch in der Modebranche erfolgreich sind. Warum soll Tom Ford nicht das Design von BMW beeinflussen? Im Oktober 2021 hat Ferrari eine Partnerschaft mit dem ehemaligen Apple Designchef Jony Ive angekündigt.

Christiane Wolff: Und wenn – wer sollte den Prozess kommunizieren? Und wie?

Jon Nedelcu: Auch hier geht es um »Change« und um »Transformation«. Kommunizieren muss dies der Vorstand, idealerweise durch eigenes Verhalten und aktives Vorleben.

Christiane Wolff: Zu guter Letzt: Wie halten Sie sich persönlich agil und wandlungsfähig und wie hat sich Ihre Art zu kommunizieren in den letzten Jahren verändert?

Jon Nedelcu: Meine drei Söhne im Alter von 21, 24 und 28 helfen mir, engen Kontakt zur jungen Generation zu haben. Das ist sozusagen mein »Reverse-Mentoring«. Auch bemühe ich mich, alle zwei bis drei Monate Projektarbeit im Silicon Valley zu betreiben.

Meine Kommunikation habe ich schon immer der vorhandenen Technologie und auch Social Media angepasst. So geht alles unkonventionell, sehr schnell und absolut im Einklang mit den hohen Ansprüchen meiner Geschäftspartner, Klientinnen und Klienten.

Christiane Wolff: Lieber Herr Nedelcu, vielen Dank für das Gespräch!

7 Chefin sein und auch so aussehen

Katharina Starlay, Modedesignerin, Image-Coach, Stil-Autorin

Katharina Starlay ist ihren Lesern durch die Kolumne »Starlay Express« bei *manager magazin Online* und ihre Bücher bei *Frankfurter Allgemeine Buch* bekannt. Ihre jüngsten Publikationen befassen sich mit brandaktuellen Themen wie »Stilvoll älter werden – Erfolgreich über 50« oder »Die 12 Gebote für Frauen im Business«. Durch ihre Jahre als Führungskraft im Einzelhandel (Branchen Mode und Kosmetik) verfügt die studierte Modedesignerin über einen großen Schatz an gelebtem Praxiswissen. Sie hält Vorträge, gibt Seminare und coacht rund um Kleiderstil und Businessknigge – manchmal auch direkt vor dem Kleiderschrank ihrer Kundinnen und Kunden. Seit 2002 berät sie Menschen und Unternehmen für ihren Außenauftritt und entwickelt für diese Style Manuals sowie Firmenkleidung (Corporate Fashion). Denn Aussehen und Auftreten von Mitarbeiterinnen und Mitarbeitern sind ein Baustein jedes Vertriebskonzepts. Seit 2014 ist sie Mitglied im Deutschen Knigge-Rat.
In ihrem Beitrag »Chefin sein und auch so aussehen« beschreibt sie, wie man den eigenen Stil überhaupt findet, und schlägt die Brücke zum (Selbst-)Marketing, wenn sie über Sympathiepunkte im textilen Auftritt schreibt.

Der Siegeszug des Homeoffice hat den textilen Ausdruck des Chef-Daseins keineswegs überflüssig gemacht: Auch nach Monaten zwischen Videokonferenz und Waschmaschine wollen Mitarbeiterinnen und Mitarbeiter jeder Couleur stolz auf jene sein, denen sie ihre Qualifikation anvertrauen. Auf Sie. Ihr Auftritt ist das Gesicht der Marke für die Welt – und nicht zuletzt Teil des Employer Brandings, mit Aussage und Anziehungskraft von betriebswirtschaftlicher Wirkung. Es ist ein bisschen wie in der Politik: Menschen wählen nicht nur die Partei, sondern immer auch die Persönlichkeit.

Das Bild hat sich zwar gewandelt, bleibt aber ein Image, das im Gedächtnis haftet, positiv wie negativ. Denn auch im lässigen Start-up-Zeitalter ist die Kraft der visuellen Wahrnehmung bedeutend: Aussehen spielt eine besondere Rolle, wo die Bereitschaft des Betrachters, sich auf tiefere Informationen hinter der Fassade einzulassen, gering ist. Und in unserer schnelllebigen Zeit wird sie das zwangsläufig: Informationen werden heute in höchstem Tempo durch Bilder vermittelt. Damit ist Kleidung Kommunikation auf der ganzen Linie.

> *»Style is a way to say who you are without having to speak.«*
> Sprichwort

Stil ist ein Weg, ohne Worte mitzuteilen, wer Du bist, heißt es auch. Daher müssen Ihre Kleidung und Ihr Äußeres Ihre Sprache sprechen und über Sie sagen, wozu Sie oft keine Gelegenheit haben, sozusagen stellvertretend für Sie. Wer in den Top-Etagen ankommen möchte oder dort schon ist, sollte sich also genug Zeit für die Inszenierung der eigenen Person nehmen.

Formeln erfolgreicher Kleidung

Einen Promi-Look aus einem Magazin nachzustylen kostet wenig Zeit – das allein sollte Sie schon misstrauisch machen. In Ihrer Karriere geht es um Stil, nicht um Mode. Neben klassischen Statussymbolen, die übrigens ebenfalls einem Wandel unterliegen, lassen sich ein paar **Formeln erfolgreicher Kleidung** formulieren – sozusagen als »Prinzip dahinter« –, die auch über den Zeitenwandel hinaus gültig bleiben, weil sie die Sicht des Empfängers einnehmen:

- Die Erscheinung strahlt Wohlbefinden aus, wirkt gekleidet statt verkleidet.
- Das Äußere lässt Sorgfalt und Stilempfinden erkennen.
- Die Passform entspricht dem Bewegungsmuster.
- Stoffe, Schnitte und Muster passen zur individuellen Körperlinie.
- Frisur und Bart sind perfekt – entspannt, aber nicht zufällig.
- Als Chefin oder Chef entwickeln Sie ein Markenzeichen.
- Details sind edel und nie protzig.
- Ein Bruch ist erlaubt – Perfektion ist langweilig.

Das ist der Stoff, aus dem wahre Führungskräfte gewebt sind.

»Du sollst Deine Zuschauer nicht langweilen.«
Billy Wilder

Ihnen wird aufgefallen sein, dass diese Betrachtung den Dresscode und die Frage, ob Anzug und Krawatte nun notwendig sind oder nicht, offen lässt. Diese Wahl hängt von Ihrer Branche und Position sowie Ihren Mitarbeitern und Kundinnen als Zielgruppen ab – den Empfängern der Botschaft. Denn die Gepflogenheiten Ihrer Sparte, die Erwartungshaltung Ihrer Geschäftspartner und die Frage, wann es strategische Statussymbole braucht, das alles wissen Sie besser als ich.

Ihre Aufgabe ist es, die Insignien der Macht mit Ihrem persönlichen Stil zu verbinden, damit der Eindruck nachhaltig wirkt. Man blickt auf Sie, womit Sie einem Vorbild verpflichtet sind.

Die Welt der Konzerne hat in der Vergangenheit kompromisslose Anpassung verlangt, auch stilistische. »Unterwegs zur Macht« kann es auch förderlich sein, sich kollegial zu zeigen und auf keinen Fall schicker als die Chefin oder der Chef zu sein.

Heute aber ist Persönlichkeit gefragt. Der Kunde der Zukunft will genauso kompromisslose Integrität, um den ermüdeten Begriff der Authentizität nicht weiter zu strapazieren. Das verlangt von Ihnen, dass Sie Ihren Stil und das, wofür Sie stehen, greifbar machen und das Auge des Gegenübers unterhalten.

Achtung Anpassung

Eine frei überlieferte Anekdote über Dieter Zetsche schildert mit einem Augenzwinkern, worum es nicht selten in der Kleidung der Vergangenheit ging: Es war die Zeit, als Vorstände, die Jeans und Turnschuhe trugen, noch Schlagzeilen machen konnten, die sie weidlich für ihren *Brand* nutzten. Zu einer Vorstandssitzung allerdings beschloss Zetsche, sich doch einmal wieder in Schale zu werfen: Dreiteiliger Anzug, Krawatte, Manschettenknöpfe und rahmengenähte Schuhe ... das ganze Programm. Als er als Letzter dort eintrifft, weiten sich die Augen der Empfangsperson, die ihm in heller Aufregung zuflüstert: »Um Gottes Willen, Herr Zetsche, ziehen Sie die Krawatte aus! Die anderen sind Ihretwegen alle in Jeans gekommen!«

So viel zum »Bild in den Köpfen der anderen«, das nicht selten zu einer Schublade werden kann, in der man unfreiwillig landet. Aber auch dieser Top-Manager hat seinen öffentlichkeitswirksamen persönlichen Stil erst im Zenit seiner Macht entfaltet.

Anzug contra Fashion-Statement

Lange galt er als Uniform ganzer Generationen von männlichen Managern. Aber auch die Kraft des weiblichen Auftritts ist hier gemeint: Der Kragen und die (mit Einlagen versehene) Verarbeitung von Jacke oder Sakko geben der Schulter Linie und Format – auch im engen Bildausschnitt einer Kamera! Ein Strick-Ensemble oder das neueste *Fashion-piece* beispielsweise kann das nicht leisten, genauso wenig wie der angesagte Turnschuh einer im Moment gehypten Marke. Denn die Fotos, die von Ihnen im Netz landen, sind dort länger zu finden als die Halbwertzeit jedes noch so hippen Sneakers.

Ist die ganze Silhouette zu sehen, ist der Anzug aus einheitlichem Stoff auch heute ein (international) anerkanntes Signal, das Achtung erzeugt. Er stand und steht symbolisch für gute(s) Wirtschaft(en).

In den Jahren der Armut nach dem Zweiten Weltkrieg wurden Anzüge meist nur noch zweiteilig ohne Weste gefertigt, um Stoff zu sparen. Daher entwickelten findige Schneider die Kombination für den Mann mit unterschiedlichen Stoffen bei Sakko und Hose, denn sie erlauben mehr Abwechslung, auch bei kleiner Garderobe. Diese Historie könnte erklären, warum der Anzug unserer heutigen Zeit seinen Stellenwert bekam: Man musste ihn sich leisten können.

Für viele Managerinnen und Manager sind Kostüm und Anzug auch in Zeiten der *Casualisierung* – also der lässiger werdenden Dresscodes im Berufs- und Straßenbild – das Kernelement ihrer Businessgarderobe, weil der einheitliche Stoff »angezogen«

wirkt und mental schützt. Mit der oft gesehenen Kombination aus farbiger Jacke mit dunkler Hose ist diese Wirkung von Klasse nicht zu erreichen.

Nur wird das Ensemble heute vielfach anders kombiniert, darf strukturiert, gemustert oder farbig sein und sollte Modernität sowie den persönlichen Stil sichtbar machen. Außer »klassisch« kann ein Anzug oder Kostüm nämlich auch avantgardistisch, leger oder sportlich ausfallen. Zudem wird die Zusammenstellung bedeutsamer, zum Beispiel ob eine Doppelumschlagmanschette zum Kragen ohne Krawatte oder ob eine Weste kombiniert wird. Die Vielfalt der Bekleidungsteile wird im Business bisher viel zu wenig ausgeschöpft. Aber das ändert sich langsam. Auch Frauen können eine Weste erfolgreich in ihren Look integrieren, im Sommer auch anstelle eines Blazers. Und viele Männer sehen in der Weste einfach großartig aus.

Die Passform sollte nicht nur in der Größe richtig gewählt werden, sondern perfekte Maße haben, so perfekt wie das, was von Ihnen zu erwarten ist. Denn welche Qualität schreibt man jemandem zu, dessen Kleidung verrät, dass ihn Qualität nicht interessiert?

Nur maßgenaue Kleidung strahlt eine Würde aus, die optisch nicht zu überbieten ist, und macht größer. Das gilt besonders für Frauen im Etuikleid oder dem untaillierten, gerader geschnittenen Shift-Kleid mit Jacke. Kleidung dagegen, die zu klein ist, lässt unförmig oder breiter wirken, Kleidung, die zu groß ist, kleiner – Effekte, die Sie im Geschäftsleben nicht gebrauchen können.

Durch die Verwendung von Elastan auch in der Herrenmode ist die Bewegungszugabe in den letzten Jahren allerdings immer mehr einer körperengen Silhouette mit vergleichsweise kurzem und schmalem Hosenbein gewichen, welches den Träger beim Aufstehen immer wieder dazu zwingt, mit dem Fuß aufzustampfen oder es bückend glatt zu ziehen. Souverän wirkt beides nicht. Eine perfekte Passform berücksichtigt daher nicht nur das individuelle Bewegungsmuster – raumgreifend oder nahe am Körper –, sondern auch einen natürlichen Spielraum, damit der Körper nicht eingeengt wird. Denn nur, wer sich wohlfühlt, kann wirklich effizient wirken.

Sieht man mir an, wofür ich stehe?

Wirklich überzeugend wird der Eindruck erst, wenn Wort und Bild harmonieren. Dann zieht er Menschen in mein Leben, die dazu passen. Diese Sprache zu erlernen und einen eigenen Stil zu entwickeln, ist vielleicht die schönste Form des Ego-Marketings. Weil sich die Botschaft wortlos überträgt.

Oft unterschätzt werden aber auch das Selbstbewusstsein und der Wert, den sich ein Mensch innerlich gibt. Einen entsprechend souveränen körpersprachlichen Ausdruck nennt man auch **Hochstatus**. Dieses schöne Gefühl von Ermächtigung – im Gegensatz zur Ohnmacht – ist mit ganz klaren körpersprachlichen Signalen verbunden, die auch im Schauspiel geläufig sind:

Die Körperhaltung ist aufrecht, der Blick gerade und nicht ausweichend, die Stimme kommt aus dem Bauch und ist gut hörbar, die Bewegungen sind raumgreifend (aber nicht übergriffig) und meist sind beide Füße fest auf dem Boden. Diese Symbolik kann man auch umgekehrt von außen nach innen nutzen, um schwierige Situationen zu meistern oder sich bei Bedarf innerlich aufzurichten. Denn letztlich sind wir alle Menschen – und gelegentlich an Tiefpunkten. Vor Präsentationen und schwierigen Gesprächen lohnt es sich, ganz bewusst in die Körperhaltung des Hochstatus zu gehen.

Dennoch ist ein ständiger Hochstatus im Geschäftsleben nicht immer erfolgsversprechend: In einem Modell von Tom Schmitt und Michael Esser[1] wird die Auswirkung von innerem und äußerem Status auf das Team- und Konfliktverhalten so definiert:

- innerlich und äußerlich tief: Teamplayer, vermeidet Konflikte
- innerlich tief, äußerlich hoch: Arrogant, verschärft Konflikte
- innerlich hoch, äußerlich hoch: Macher, sucht Konflikte
- innerlich hoch, äußerlich tief: Charismatiker, löst Konflikte

Es kann also im Interesse des eigenen charismatischen Selbst manchmal besser sein, sich ein bisschen zurückzunehmen, um andere für sich zu gewinnen. Als Bild im Inneren eines Menschen wird der Tiefstatus durch diese körpersprachlichen Signale sichtbar: Die Körperhaltung ist eher in sich gekehrt, der Blick meistens gesenkt. Dadurch kann auch die Stimme, die Resonanzraum braucht, nicht klangvoll sein. Bewegungen sind kontrolliert, und derjenige reagiert, anstatt zu agieren. In einer solchen Körperhaltung verliert man schnell das innere Selbstbewusstsein, das dann auch körperlich fühlbar wird. Sie erhöhen Ihren Status aber generell, wenn Sie sich gut kleiden und Ihre Stimmung in Einklang mit dem stilvollen Äußeren bringen. Denn gute Kleidung hebt.

Den eigenen Stil finden

Unterwegs zu einem eigenen, unverwechselbaren Stil, der es sich leisten kann, allgemeine (und damit austauschbare) Trends auf sich beruhen zu lassen und einen eigenen Weg zu gehen, kommt man an der Selbstreflexion nicht vorbei. Am Beginn mögen Sie diese Fragen bewegen:

- Wie zufrieden bin ich mit mir und meinem Äußeren?
- Erinnert man sich an mich und meine Marke?
- Kann ich selbst meine Kleidung vergessen?
- Welche drei Begriffe beschreiben meine Ausstrahlung?
- Wie lange brauche ich morgens, um mich anzuziehen?

---

1 Schmitt, Tom; Esser, Michael: *Statusspiele – Wie ich in jeder Situation die Oberhand behalte*, Fischer Scherz Verlag, 2009.

- Welche Geschichte erzählt die Verarbeitung meiner Kleidung über mich?
- Bin ich als Frau oder Mann attraktiv?

Die letzte Frage mag unsachlich klingen, ist es aber überhaupt nicht: Das älteste Spiel der Welt, es mischt auch im Berufsleben munter mit. Wir können nicht, was ursächlich zu uns gehört, an der Job-Schwelle ablegen. Aber wir können unseren Blickwinkel ändern.

In anderen Ländern ist der Sinn für Schönes sehr viel ausgeprägter als ausgerechnet bei uns. In Italien oder im Tessin etwa kann man ganze Trauben von Menschen bewundernd und gestikulierend um einen nagelneuen Ferrari herumlaufen sehen – aber in Deutschland? Das ist nahezu undenkbar. Dort unterliegen schöne Dinge, stilvolle Kleidung oder auch schicke Autos weniger dem Neidgedanken als der Erkenntnis: Es ist einfach schön! Es ist schön, von anderen für Stil, Eleganz und Ausstrahlung bewundert zu werden. Denn Auge und Seele genießen Schönes.

Der erste Schritt zum eigenen Stil beginnt mit der Grundsatzfrage, wie viel Zeit ich bereit bin, dem Thema Kleidung und Styling im eigenen (Berufs-)Alltag einzuräumen. Es gibt Menschen, für die das nicht so wichtig ist. Dann sollte das Konzept Ihrer Garderobe dem Rechnung tragen, etwa durch spannende und typgerechte Gewebe, die einfach mit der Kleidung angewendet werden wie ein »Rezept«, das mühelos funktioniert und dafür sorgt, dass sich die Zuschauer nicht langweilen. Das sind die natürlichen Typen.

Aufwendige Stiltypen dagegen verwenden mehr Energie auf Styling, Details und deren Zusammenstellung, weil sie eine höhere Bereitschaft mitbringen, dem eigenen Äußeren Zeit zu widmen. Hier darf Ihre Garderobe auf die Kunst der Kombinationen und mehr Accessoires setzen, welche Teil des morgendlichen Rituals sind. Der Kleiderschrank funktioniert immer dann, wenn er uns dient – nicht umgekehrt.

Ein weiterer Schritt ist die Betrachtung der Körperlinie und die Abstimmung mit den verwendeten Stoffen. Ein elastischer Körper mit geschwungenen Konturen macht sich im gerade geschnittenen Kostüm aus starren Stoffen nun mal schlecht. Genauso, wie zu leichte, softe Tuche an einem stattlichen Mann einfach »zu wenig« wirken.

Symbole für Sympathiepunkte und Achtungserfolge

Lassen Sie mich zum Schluss noch drei naheliegende Empfehlungen beleuchten, die genauso plausibel wie unterschätzt sind. Im Sinn des Empfängerbezugs wird oft übersehen, dass nun eine neue Generation von Kundinnen und Mitarbeitern nachrückt, die neue Maßstäbe anlegt:

- Bodykult und Basis-Fitness – der Körper selbst wird zum Statussymbol.
- Werte wollen nicht nur propagiert, sondern auch gelebt werden.
- Nachhaltigkeit steht über allen Handlungen.

Diese Themen lenken den Blick weg von materiellen Werten hin zur Gestaltung des eigenen Selbst. Junge Menschen schätzen Styling und die Wertschätzung, für die es steht.

Mit kleinem Aufwand und großer Wirkung können Sie als Start an diesen Stellschrauben drehen, um eben jene Modernität zu signalisieren:

- **Fokus Frisur**
  Der wandernde Publikumsblick bleibt von je her an den Anfangs- und Endpunkten der Erscheinung haften und bewertet diese insgeheim. Haarschnitt und Make-up sowie die Schuhe sollten daher eine Geschichte erzählen – eine gute!
  Oder kennen Sie diese Frauen, denen man am Make-up ansieht, wann sie jung waren? Das darf nicht passieren. Das Internet ist voll mit Tutorials, wie man verschiedene Looks schminkt. Entscheidend ist aber zudem, ob Sie selbst damit auch im Alltag zurechtkommen. Im Zuge des natürlichen Looks setzt man den Akzent heute entweder auf die Lippen oder die Augen – beides zusammen wirkt oft überladen. Und nicht zuletzt sind es auch die verwendeten Farben, die nur dann schöner machen, wenn sie mit der Haut- und Augenfarbe harmonieren.
  Genauso sollte die Frisur eher *mit* dem arbeiten, was die Natur mitgegeben hat, nicht dagegen. Konstruierte Schnitte und Farben sind im täglichen *Handling* nicht nur anstrengend, sondern wirken auch gekünstelt. Der Look sollte einerseits bewusst gewählt, andererseits unangestrengt sein, um das Gesicht in den Mittelpunkt zu stellen. Genauso verhält es sich übrigens mit Kopf und Bart, die heute als Einheit gesehen und wie eine individuelle Skulptur entsprechend der Kopfform gestaltet werden.
- **Fokus Markenzeichen**
  Viele Personen des öffentlichen Lebens, Kunst- und Kultfiguren, zeigen, dass wiederkehrende Symbole oder unverkennbare Merkmale funktionieren – wie ein Logo, das immer wieder auftaucht und im Gedächtnis bleibt. Denken Sie an den Zopf und Vatermörder-Kragen, welche den großen Karl Lagerfeld adelten.
  Ob eine besondere Brille, ein spezielles Kleidungsstück oder eine Kopfbedeckung, Schmuck oder etwas anderes: Authentisch wird es dann, wenn Sie instinktiv immer wieder danach greifen. Sonst fragen Sie bitte Ihre Freunde, was sie gerne an Ihnen sehen.
- **Fokus Stilbruch**
  Seien Sie nicht zu perfekt – ein kleiner Bruch gibt Ihnen eine entspannte Aura. Damit meine ich nicht die Laufmasche zum Etuikleid, die ist allenfalls eine Panne. Ein Chef von mir zum Beispiel war stets wie aus dem Ei gepellt entlang der Spielregeln der gehobenen Herrengarderobe gekleidet, mit Fliege, Herrenweste und Manschettenknöpfen. Wenn er aber beim Kunden war, packte er sein altes, geschichtenerzählendes Federmäppchen mit Tintenklecksen aus der Schulzeit aus, in dem er seinen Markenfüller für die Notizen aufbewahrte. Es war jedes Mal wieder ein Hingucker – und der Beginn eines wunderbaren Gesprächs über das Leben, »Gott und die Welt« und persönliche Werte, aus dem nicht selten tiefe Kundenbeziehungen entstanden.

8 »Wer selbst nicht weiß, wofür er steht, wird sich beruflich schwer tun«

Interview mit Marietta Pütz, Salesforce

Marietta Pütz arbeitet seit 20 Jahren in der IT-Branche und verantwortet heute das Partnergeschäft von Salesforce in 25 europäischen Ländern. Im Laufe ihrer Karriere hat sie diverse Positionen in den unterschiedlichsten Unternehmen durchlaufen. Für ihr Engagement für mehr Weiblichkeit in der IT-Branche gewann sie 2020 und 2021 den ICT Channel Champion Award »Channel Managerin des Jahres« – eine neu geschaffene Kategorie, um die Leistung von Frauen in diesem Business auszuzeichnen.
In ihrem Interview geht Marietta Pütz auf die Herausforderungen und Chancen ein, die diese Männerdomäne Frauen bietet. Am Beispiel ihrer eigenen Karriere zeigt sie, wie Frauen erkennen, was sie wirklich wollen, um dann die sich bietenden Chancen zu ergreifen.

Christiane Wolff: Ihr Karriereweg ist geprägt durch Stationen in der IT-Branche. Was waren die größten Herausforderungen?

Marietta Pütz: Meine Karriere in der IT begann am 1. Oktober 2001, als ich nach meinem erfolgreich absolvierten internationalen BWL-Studium bei IBM in der Beratung anfing. Durch mein duales Studium mit IBM kannte ich das Unternehmen bereits gut und war auch von Kolleginnen umgeben gewesen. Um so überraschter war ich, als ich im Dezember 2001 das erste Review-Gespräch mit meinem neuen Vorgesetzten (Kaliber graue Eminenz, kurz vor der Rente) hatte und dieser im ersten Satz sagte »Frau Pütz, ich weiß gar nicht, was Sie als Frau in der IT wollen«. Ich entgegnete damals leicht irritiert: »Ihr Chef hat mich eingestellt und er wird es wohl wissen.«

Woher diese heute recht keck wirkenden Worte kamen, kann ich nicht sagen. Rückblickend bin ich froh, dass ich damals zumindest so reagiert habe, statt nur zu schweigen. Der Vorgesetzte von damals sagte daraufhin nichts weiter und wir konnten in das eigentliche Gespräch konstruktiv einsteigen.

Für mich war es eine Art »Augenöffner« direkt zu Beginn meines Berufslebens. Er hat mir gezeigt, wie wichtig es ist, eine Stimme zu haben, an sich und seine Fähigkeiten zu glauben und sich nicht in seinem Weg beirren zu lassen. Auch nicht als Frau.

Christiane Wolff: Welche Chancen bietet diese Branche Frauen, die dort immer noch unterrepräsentiert sind?

Marietta Pütz: Die IT-Branche war damals noch stärker eine Männerdomäne, als sie es heute ist. Die vor Kurzem von *eco – Verband der Internetwirtschaft* in Kooperation mit dem Institut für Innovation und Technik (iit) veröffentlichte Studie »Frauen in der Internetwirtschaft« besagt, dass der Frauenanteil in der IT-Branche in Deutschland mit 16 % auch im internationalen Vergleich gering ist. Das Potenzial hingegen ist so groß. Und das ist schade. Denn keine Branche bietet so vielfältige Jobmöglichkeiten, Entwicklungs- und Karrieremöglichkeiten bei großer Flexibilität und diversen Einstiegswegen.

Aus meiner Sicht ist es grundsätzlich wichtig, zu verstehen, dass es nicht *die* IT-Branche gibt. IT-Branche bedeutet nicht automatisch, zu programmieren oder hoch komplex technisch zu arbeiten. IT-Branche bedeutet auch Vertrieb, Pre-Sales, Marketing, Strategie, Operations etc. Alles Bereiche, in denen Frauen ebenso erfolgreich sein können – und sind. Wer Spaß am Lernen hat, sich stetig weiterentwickeln möchte, der ist in der IT-Branche bestens aufgehoben.

Ich erlebe weibliche Führungskräfte, die eine 80-Prozent-Stelle haben, um sich um ihre Familie kümmern zu können; ich sehe Kolleginnen und Weggefährtinnen, die nach der Elternzeit zurück in spannende Aufgaben kommen. Ich erlebe bestens ausgebildete IT-Architektinnen. Diese Aufzählung ließe sich lange fortsetzen. Was am Ende stehen bleibt, ist das Umfeld, welches die IT bietet – Männern wie Frauen – und in das ich Frauen nur ermutigen kann, einzusteigen.

Christiane Wolff: Was hat Ihnen dabei am meisten geholfen, wer oder was hat Sie unterstützt?

Marietta Pütz: Rückblickend auf meinen Karriereweg der letzten 20 Jahre haben mich unterschiedlichste Menschen aber auch Situationen geprägt und mir geholfen, mich zu entwickeln.

Ich habe von sehr guten Führungskräften in meinem Umfeld gelernt wie auch von weniger guten. Wobei »gut« sicherlich subjektiv ist. Beide hatten rückblickend ihre Daseinsberechtigung, beide haben mich geprägt. So wie ich früh gelernt habe, meine Stimme einzusetzen und für mich einzustehen, so hat es mir auch geholfen, meinen Werten treu zu bleiben und meinen Weg zu gehen.

Elementar wichtig war und ist aber das Feedback. Sicher nicht von jedem, aber für mich selbst zu entscheiden, welchen Menschen ich vertraue und von wem ich Feedback einfordere und annehme und daran arbeite und wachse. Man braucht diese Vertrauten in jeder Station seiner Karriere, da sie zugleich Förderer darstellen. Ihnen zu vertrauen, weil sie meine Herausforderungen durch die professionelle Brille sehen, als Sparringspartner zur Seite stehen, mich herausfordern, war immer hilfreich und ist es noch heute.

Neben Feedback war es für mich hilfreich, auch eigene Grenzen kennenzulernen, diese mir ehrlich einzugestehen und mir punktuelle Unterstützung in Form eines Coaches zu holen. Es schadet nie, Themen durch eine neutrale, firmenexterne Brille zu betrachten und mit neuem Input und Ideen die Dinge anzugehen.

Christiane Wolff: Welche Rolle spielte und spielt das Thema Eigen-PR und Positionierung bei Ihnen?

Marietta Pütz: »Tue Gutes und rede darüber« ist ein altbekanntes Sprichwort und dennoch wird es immer noch unterschätzt. Gerade von jungen Menschen und Frauen. Einfach einen guten Job zu machen hilft jedoch leider nur bedingt, wenn man beruflich aufsteigen möchte.

Wer selbst nicht weiß, wofür er steht und was ihn ausmacht, der wird sich beruflich schwer tun. Eine IBM-Studie ermittelte vor einigen Jahren, dass beruflicher Erfolg maßgeblich von drei Faktoren abhängig ist. Aufstieg hängt demnach

- zu 10 % von der Leistung und Qualität der Arbeit,
- zu 30 % vom Eindruck, den er/sie auf Vorgesetzte und Kollegen macht, und
- zu 60 % von der Bekanntheit in der Branche ab.

Über die Jahre habe ich gelernt, dass andere nicht über meine Erfolge und das Erreichte sprechen, also darüber, für was ich stehe und was ich kann, sondern dass ich es selbst tun muss. Das Forum und das Medium müssen natürlich entsprechend passen. Aber nur so entwickelt sich Sichtbarkeit und nur so werden Potenziale erkannt. Auch hier spielte für mich immer meine Stimme eine große Rolle. Wenn ich nicht klar artikuliert hätte, was ich möchte, woher hätte meine Führungskraft es wissen sollen und wie hätte sie mit mir entsprechend daran arbeiten können? Das bedeutet nicht, dass der Weg dann gradlinig verläuft. Aber der erste Schritt ist damit schon getan, um anschließend Feedback-basiert an sich zu arbeiten.

Deshalb: Gute Eigen-PR setzt voraus, dass man sich kennt, dass man klar seine Stärken benennen kann, dass man sagen kann, wofür man steht, welche Werte einem wichtig sind.

Christiane Wolff: Und wie setzen Sie dies intern und extern um? Welche Bühnen nutzen Sie?

Marietta Pütz: Heute muss ich klar zwischen Eigenmarketing und PR für meine Mitarbeiterinnen und Mitarbeiter unterscheiden. Ich bin ganz klar auch in der Verantwortung, mein Team und seine Leistung hervorzuheben und zu positionieren. Meine PR-Arbeit hat sich demnach erweitert.

Persönlich mache ich mir weiterhin das Business Netzwerk LinkedIn zunutze. Da sich mein Umfeld in den letzten 20 Jahren stark internationalisiert hat, habe ich mich entschlossen, mich darauf zu konzentrieren und hier aktiv zu sein.

Darüber hinaus stelle ich regelmäßig Inhalte für unseren Corporate Blog zur Verfügung und versende interne und externe Newsletter bzw. poste in entsprechenden internen Foren. Weiterhin macht es mir wahnsinnig viel Spaß, immer mal wieder kleine Vorträge zu halten oder auch Presseinterviews zu führen bzw. Pressemitteilungen zu veröffentlichen.

Christiane Wolff: Netzwerken ist in allen Branchen wichtig. Welche Bedeutung hat es in der IT-Branche und welche Tipps geben Sie anderen, die genau in dieser Branche Karriere machen möchten?

Marietta Pütz: Für mich ist beim Thema Netzwerken die Branche erstmal sekundär. Ein Netzwerk zu haben, Lebenswege zu verfolgen und locker Kontakt zu halten schadet in keiner Branche.

Die Business-Portale Xing oder LinkedIn haben das Netzwerken vereinfacht und es ist so leicht geworden, mit Weggefährten im Kontakt zu bleiben oder sich in fachlichen Foren zu bewegen. Interessant ist sicherlich, dass es in den meisten Fällen unerheblich ist, wie lange man sich unter Umständen nicht gesprochen hat. Unterstützung und Austausch wurden nie verwehrt. Ich finde es persönlich auch inspirierend, Beiträge aus meinem Netzwerk zu sehen und auch darüber in den Austausch zu kommen. Ich kann daher nur empfehlen, das eigene Know-how ebenso zu teilen und so die Expertise für das Eigenmarketing zu nutzen und darüber die eigene Reputation zu stärken.

Sich klar zu machen, wohin man möchte, was die nächsten Schritte dafür sein müssen und was ich noch benötige, hilft immer. Als Berufsanfänger kann es zudem hilfreich sein, sich Gruppen anzuschließen, die im gleichen Umfeld tätig sind. Im besten Fall bin ich Spezialist für ein bestimmtes Thema und engagiere mich stark in sachbezogenen Netzwerken oder Berufsverbänden, verfasse regelmäßig Beiträge und/oder trete bei Tagungen als Referentin auf – es gibt viele Möglichkeiten.

Christiane Wolff: Liebe Frau Pütz, vielen Dank für das Gespräch!

Teil 3: Sichtbarkeit und Kommunikation

1 Einführung: Entwickeln Sie Ihre (digitale) Kommunikationsstrategie

Interview mit Christiane Wolff und Nicole Kremer

Katja Schleicher: Geht heute ohne Sichtbarkeit gar nichts mehr, um in die Führungsetagen zu kommen?

Nicole Kremer: Performance ist nach wie vor der ultimative Schlüssel zum Erfolg. Diese auch sichtbar zu machen kann die Karriere beflügeln. Tue Gutes und sprich darüber. Gerade bei den weiblichen Führungskräften beobachte ich, dass sie vor lauter Bescheidenheit oft wenig für sich tun, während die männlichen Kollegen interne Netzwerke aufbauen, ihre Ergebnisse teilen und sich rechtzeitig für neue Positionen bei den relevanten Stakeholdern ins Spiel bringen. Intern wie extern kann man etwas für seine Visibilität tun, ob über entsprechendes Stakeholder-Management oder heutzutage auch extern über Online-Kongresse und die sozialen Medien. So können potenzielle Arbeitgeber, Investoren oder auch Personalberater auf Sie aufmerksam werden.

Katja Schleicher: Wie finde ich die wichtigen Stakeholder in meinem Umfeld?

Christiane Wolff: Mit wem ich mich »connecte«, hat viel mit persönlicher Sympathie zu tun, sonst bringt es einen auch nicht weiter. Viele junge Managerinnen und Manager »trauen« sich aber nicht, auch mit den Vorständen direkt Kontakt aufzunehmen. Dennoch darf ich mich fragen: Wer sind die »Influencer« im Unternehmen, wer sollte mich wahrnehmen? Die wiederum freuen sich oft, den Kontakt zur Basis nicht zu verlieren. Es sind aber auch die nicht so offensichtlichen Funktionsträger, wie z. B. Human Ressources, die bei Personalentscheidungen involviert sind, mit denen ich eine Beziehung pflegen sollte. Also gilt: Never lunch alone!

Katja Schleicher: Wie geht Beziehungsmanagement mit Stakeholdern?

Christiane Wolff: Zunächst muss ich mir die Frage stellen, wer für mich die wichtigsten internen Stakeholder sind: Kolleginnen und Kollegen auf Geschäftsführungsebene, Betriebsrat, direkte Fachabteilungen, eigene Mitarbeiterinnen und Mitarbeiter, Auszubildende und auch die externen Mitarbeiterinnen und Mitarbeiter.

Aufgrund der Veränderung der internen Medien durch Social Media – geboostet durch die Pandemie – und durch die Zunahme der Transparenz sowohl im Innen- als auch im Außenverhältnis kommt der internen Kommunikation immer mehr Bedeutung zu. Interne Kommunikation hat dabei zahlreiche Funktionen: Information, Kontaktaufbau und -pflege, Führung, Image, Harmonisierung, Stabilisierung und Kontinuität. Daneben muss ich mir meiner Ziele bewusst sein und entsprechend sowohl die Kanäle als auch die Frequenz wählen.

Die gestärkte Rolle und Funktion der internen Kommunikation hat zur Folge, dass ich als CEO und auch als CxO intern so früh wie möglich, so umfassend wie möglich und so ehrlich wie möglich kommuniziere, bevor es extern verbreitet wird. Die interne Vertrauensbildung mit Stakeholdern ist die Grundlage für meine Positionierung.

Katja Schleicher: Wie kann ich intern mehr Sichtbarkeit erlangen?

Christiane Wolff: Meines Erachtens geht es bei der CEO-, aber auch der CxO-Kommunikation nach innen zum Glück nicht mehr um die Frage des Ob. Diese Frage stellt sich nicht mehr. Transparenz und Authentizität in der internen Kommunikation werden heute von Mitarbeiterinnen und Mitarbeitern nicht nur erwartet, sondern vorausgesetzt. Und das ist für die eigene Positionierung auch eine großartige Chance! Dafür gibt es heute zahlreiche Kanäle, Tools und Formate wie das Intranet mit zahlreichen Funktionen wie Chats, Blogs oder Kommentarfunktionen, die wir von den Social Media kennen. Vom Townhall Meeting bis zum Networking Lunch, vom internen Podcast bis zum Business TV – die Kommunikationskanäle sind vielfältig und müssen nicht nur sorgsam und strategisch gewählt, sondern auch regelmäßig bespielt werden.

Vor zwei Jahren habe ich das Münchner Start-up StoryBox (www.storybox.cloud) kennengelernt. Es hat eine Bewegtbild-App entwickelt, die sowohl für die interne als auch für die externe Kommunikation ein Booster sein kann. Es lohnt sich also, regelmäßig den Markt zu scannen, um zu erfahren, welche neuen Tools und Lösungen es gibt – nicht nur bei TikTok und Co!

Die interne Vermittlung von Unternehmensstrategie und Werten kann Mitarbeiterinnen und Mitarbeitern nicht nur Sicherheit geben, sondern auch die eigene Positionierung stärken. Daher sollte die interne Kommunikation in der heutigen und zukünftigen CxO-Kommunikation eine noch stärkere Rolle spielen!

Katja Schleicher: Welche Erfolge oder Erkenntnisse sind es wert, kommuniziert zu werden?

Nicole Kremer: Es gibt die vielen, kleinen, täglichen Erfolge, die es wert sind, kommuniziert zu werden. Dazu hilft es, ein Erfolgstagebuch zu führen. Das macht es auch bei den Jour Fixes oder Annual Reviews mit den Vorgesetzten einfacher, zu reporten oder bei entsprechenden Meetings davon zu berichten, ganz sachlich und dennoch mit viel Enthusiasmus, um sympathisch zu bleiben. Es sind dann eher die Erfolge aus Leuchtturmprojekten, die auf die größeren Bühnen gehören, ob ins Intranet oder auch in die sozialen Medien. Auch hier gilt es, spannende Insights zu teilen, die anderen mit den eigenen Learnings zu unterstützen. Diese Erfolgsgeschichten sind auch für einen performanceorientierten CV oder bei einem Bewerbungsinterview sehr wichtig.

Katja Schleicher: Mentor oder Sponsor – oder beides?

Christiane Wolff: Am besten beides: *Mentors advise you, sponsors advocate you.* Beide geben Navigationshilfe. Der Mentor unterstützt bei der persönlichen Weiterentwicklung aus der berufserfahrenen und funktionsbereichsunabhängigen Brille, gibt wertvolle Tipps für wichtige Meetings, Präsentationen oder Eins-zu-eins-Begegnungen, ist mehr der interne Coach. Der Sponsor ist in einer einflussreichen Position mit einem starken Netzwerk im Unternehmen, der dir den Zugang in dieses Netzwerk ermöglicht, dich für wichtige Leuchtturmprojekte oder weiterführende Positionen vorschlägt oder auch Gehaltserhöhungen beflügelt.

Katja Schleicher: Wieso brauche ich überhaupt ein Kompetenzteam?

Nicole Kremer: Ein gutes Beispiel dafür, wie wertvoll ein Kompetenzteam sein kann, findet man in der Welt der Popstars. Um an die Spitze der Charts zu gelangen, haben sie ein Team aus externen Expertinnen und Experten um sich geschart. Allein Talent zu haben, reicht eben nicht. Nicht jeder bringt auch die entsprechenden Fähigkeiten für alles mit. Auch beim oftmals als allwissend gewünschten, aber nicht immer allwissenden Unternehmenslenker gilt das Prinzip der Schwarmintelligenz, um zu kollektiven und damit zu besseren Problemlösungen zu gelangen.

Als Managerin, die glaubt oder der sogar schon bestätigt wurde, mehr Potenzial in sich zu tragen, macht es Sinn, rechtzeitig darüber nachzudenken: Wo sind meine blinden Flecken? Wen brauche ich in meinem Kompetenzteam, um meine Ziele noch besser oder auch schneller zu erreichen. Mit wem fühle ich mich dabei wohl und zu wem habe ich vor allem Vertrauen? Viele der erfolgreichen CEOs holen ihre Peers aus vorherigen Stationen in den Vorstand, wählen bewusst diejenigen Kolleginnen und Kollegen mit Fachkompetenz und »Erfolgs-Track-Record« aus den verschiedenen Funktionsbereichen. Viele wählen bewusst kompetente externe Mentorinnen oder professionelle persönliche Sparringspartner. Auch macht es Sinn, für bestimmte Themen externe Agenturen für Unternehmenskommunikation oder externe Unternehmensberater anzuheuern.

Katja Schleicher: Was bedeutet für Dich Dein Kompetenzteam?

Christiane Wolff: Mein Netzwerk und mein persönliches Kompetenzteam sind für mich wichtige Säulen für meinen beruflichen Weg und auch meinen Erfolg. Ohne diese beiden Komponenten wäre ich nicht dort, wo ich heute bin. Und viele Schritte hätte ich ohne diese Unterstützung weder gemacht noch hätte ich mich überhaupt getraut, sie zu gehen.

Für mich bedeutet mein Kompetenzteam der Aufbau und die Pflege eines *Inner Circles* aus Persönlichkeiten und Menschen, die ich bewusst ausgewählt habe und die mir in beruflichen Fragen zur Seite stehen. Ich kann das gut mit den Boardmembers aus meinem Frauennetzwerk vergleichen. Hier habe ich auch ganz gezielt ein Board mit unterschiedlichen Expertisen und Erfahrungen zusammengestellt, die sich inhaltlich ergänzen und im Miteinander ein Ganzes ergeben.

Nicole Kremer: Im Rückblick muss ich sagen: Die erste Hälfte meines beruflichen Weges habe ich überwiegend alleine bewältigt. Als sehr auf Performance »getrimmtes« Baby-Boomer-Wesen stand ich dann auch oftmals ganz schön alleine da, dachte aber, ich muss das so schaffen.

Erst seitdem ich selbstständig bin, habe ich mir neue Kooperationswege eröffnet. Es bedeutet mir sehr viel, Menschen an meiner Seite zu haben, die etwas besser können als ich, die mich in meinen Fähigkeiten ergänzen oder mich »aufschlauen«. Ich weiß, ich kann mich zu 100 Prozent auf meine »Kompetenzträger« verlassen, ihnen absolut vertrauen. Da ist über die Jahre ein Band zwischen uns gewachsen, wir verstehen uns sozusagen blind. Zusammen schaffen wir vor allem die besseren Ergebnisse.

Katja Schleicher: Wie hast Du Dein Kompetenzteam aufgebaut?

Christiane Wolff: Netzwerken scheint in meinen Genen fest verankert zu sein. Im Studium war ich bereits bei MTP (Marketing zwischen Theorie und Praxis) aktiv, habe vor über 20 Jahren das Frauennetzwerk *Nettwerk* aufgebaut und auch in meinen jeweiligen beruflichen Stationen und in Berufsverbänden wie dem Marketingclub meinen Kreis an relevanten Expertinnen und Experten erweitert. Aus diesem Kreis habe ich bewusst für meine Themen und Fragestellungen ein Kompetenzteam gebaut. Als Berufsanfängerin hatte ich dazu auch einen Mentor an meiner Seite, der mich stark unterstützt hat.

Ich glaube, jede Führungspersönlichkeit muss für sich den eigenen Weg wählen und entscheiden, wie groß dieses Kompetenzteam sein soll und wer dazugehört. Persönlich folge ich einem Drei-Stufen-Plan: einen ganz engen Kreis für die sehr persönlichen Themen, ein Kompetenzteam für die beruflichen und strategischen Fragestellungen und zwei große Netzwerke – mein eigenes Frauennetzwerk und meine Mitgliedschaft beim losen Agenturnetzwerk *Three Winters*, mit dem ich über eine WhatsApp-Gruppe rasch Unterstützung erhalte.

Und auch für dieses Buch habe ich mich komplett auf mein Kompetenzteam und Netzwerk verlassen können. Die Expertinnen und Experten, die in diesem Buch zu Wort kommen, sind Teil dieser beiden Teams, und ich bin sehr dankbar und stolz auf diese größtenteils langjährigen und sehr vertrauensvollen Beziehungen.

Nicole Kremer: Als junge Managerin habe ich Expertinnen und Experten in mein Team geholt, sobald ich bei mir Lücken identifiziert habe, auch wenn es im Organigramm so nicht vorgesehen war. Ich selbst war stark im Bereich Marketing und Vertrieb. Meinen ersten »eigenen« Controller habe ich als Geschäftsführerin für die Analyse des P&Ls und der KPIs geholt, um mit ihm gemeinsam daraus die richtigen Schlüsse für unsere Maßnahmen zu ziehen. Eine wirklich gute Entscheidung. Das Reporting an die EMEA-Leitung war so viel professioneller und aussagekräftiger.

Über die Jahre der Selbstständigkeit, insbesondere durch Aus- und Weiterbildung, sind viele professionelle Weggefährten hinzugekommen und zu Freunden geworden oder auch umgekehrt. Ein starkes Netzwerk aus vielerlei Fachbereichen ist entstanden. Heute unterstützen wir uns gegenseitig, um unsere Projekte gemeinsam zu bearbeiten oder unser persönliches Fortkommen zu beflügeln. Und immer wieder connecte ich auch gerne andere Expertinnen und Experten, damit auch sie sich gegenseitig unterstützen.

Darüber hinaus geben mir auch meine Netzwerkaktivitäten – sei es beim *Nettwerk*, bei der *HBA – Womens' Healthcare Asscociation* oder dem von mir mitgegründeten *Bavaria-Chapter* und neuerdings beim *Premium Leaders' Club* – die Möglichkeit, mich mit Menschen zu vernetzen, die alle sehr nach vorne, in die Zukunft ausgerichtet sind und diese auch gestalten wollen.

Katja Schleicher: Wer unterstützt Dich wann und wie?

Christiane Wolff: Mein Kompetenzteam besteht aus drei Stufen. Und da ich die Expertinnen und Experten dort teilweise schon seit zwanzig Jahren kenne und einen regelmäßigen Austausch mit ihnen habe, gibt es eine ganz klare Definition für mich, wer wann für welche Themen und Fragen zuständig ist. Ich mache es gerne an einem Beispiel fest. Wenn ich auf der Suche nach einer Location für eine Veranstaltung oder ein Fotoshooting bin, stelle ich diese Anfrage in meine beiden Kommunikationsnetzwerke und habe innerhalb von wenigen Minuten eine professionelle Auswahl. Geht es um die Einordnung eines heiklen und persönlichen Themas, eine wichtige berufliche Entscheidung oder die gezielte Anfrage zum Beispiel für eine Stimmtrainerin, habe ich meinen *Inner Circle*, den ich dann auch telefonisch kontaktiere.

Besonders wichtig ist es, sich bewusst zu machen und offen und transparent zu sein, wie mit der Unterstützung umgegangen wird. Wann ist es ein faires und relativ ausgeglichenes Geben und Nehmen? Wann erfrage ich Unterstützung, die auch monetär anerkannt werden sollte? Darum gibt es bei mir noch eine dritte Stufe: Die bewusste und zielgerichtete Unterstützung durch professionelle Expertinnen und Experten, die ich für ein konkretes Projekt oder aber langfristig in einer professionellen Beziehung an mich binde.

Nicole Kremer: Für unser erstes Buch »Marketeer in Transformation« und nun auch das zweite haben Christiane Wolff und ich unser jeweiliges Kompetenzteam an Bord geholt. Unsere Co-Autorinnen und Co-Autoren haben Textbeiträge geliefert oder sie standen für Interviews zur Verfügung. Denn auch wir behandeln nicht alle Themen in einer Tiefe, wie es Expertinnen und Experten tun. Für meine berufliche Weiterentwicklung lasse ich mir aus den verschiedenen Netzwerken oder meinem Expertenkreis zu den verschiedensten Themen spannende Tutorials oder Seminare empfehlen. Ich nutze aber auch andere starke Businesspartner sowie Personal Coaches oder Kommunikationsexpertinnen und experten. Privat habe auch ich einen *Inner Circle* aus langjährigen Freundinnen und Freunden. Bei beiden Netzwerken, beruflich und privat, stößt immer mal wieder jemand Neues dazu, was mir persönlich sehr wichtig ist.

Katja Schleicher: Wie findet man als CxO die richtige externe Unterstützung?

Christiane Wolff: Ich glaube, fast jede Führungspersönlichkeit hat sich im Laufe ihrer Karriere einen Kreis an Expertinnen und Experten aufgebaut, auf den sie sich verlassen kann. Diesen gilt es einerseits zu pflegen, andererseits genau zu analysieren, bei welchen Themen oder Projekten sie punktuell oder langfristig weitere, auch externe Unterstützung benötigt. Daher gilt zunächst: Welche Ziele habe ich und an welcher Stelle benötige ich demzufolge externe Kompetenz und Expertise? Für mich ist auch hier das persönliche Netzwerk bei der Auswahl das Wichtigste. Wenn ich meine Ziele kenne, frage ich gezielt bei Menschen nach, denen ich vertraue. Darüber hinaus können es Berufsverbände, -netzwerke und organisationen sein, die ich anfragen kann.

Nicole Kremer: Die externe Unterstützung lässt sich meines Erachtens nur durch Ausprobieren ermitteln. Dafür muss ich für gleiche oder ähnliche Themen unterschiedliche Expertinnen und Experten einsetzen, um deren Herangehensweise und Arbeitsweise kennenzulernen und festzustellen, wer für mich die besseren Ergebnisse bringt. Über mehrere Projekte baut sich dann das Vertrauen auf. Gleichzeitig muss man auch ab und zu frischen Wind hineinlassen, neue externe Unterstützer finden, um wieder auf neue Pfade zu gelangen.

Katja Schleicher: Braucht es heute noch Kommunikation in den Medien oder genügt die Eigen-PR auf allen Kanälen?

Christiane Wolff: Wie bei so vielem im Leben: Der gute Mix ist meines Erachtens die beste Lösung. Die eigene und persönliche Darstellung von Themen und Zielen bildet heute über die sozialen Medien und anderen Plattformen eine großartige Ergänzung zu den klassischen Medien. Die Einordnung in das große Ganze, die differenzierte Diskussion in der Branche und der Gesellschaft, der professionelle Blick von außen und natürlich auch die Reichweite der klassischen Medien ist durch keinen LinkedIn-Post zu ersetzen – für eine funktionierende freiheitliche Demokratie und die freie Meinungsbildung ist diese öffentliche Kommunikation lebensnotwendig!

Katja Schleicher: Was wäre Deine Lieblingsheadline über Dich?

Christiane Wolff: »Mit Tiefgang und Weitsicht – strategisch, vertrauensvoll und erfolgreich begleitet Kommunikations- und Positionierungsexpertin Christiane Wolff CxO-Persönlichkeiten.«

Nicole Kremer: »Nicole Kremer verleiht Flüüügel … – die Personalberaterin, die die richtigen Top-Talente auf die richtige Spielwiese bringt und damit Arbeitgeber wie Kandidaten erfolgreich macht.«

2 »Social Media ist eine bildhungrige Kommunikationsmaschinerie«

Interview mit Claudia Cornelsen, Parnass GmbH

Als Pionierin der Personality PR und »Bodyguard der Reputation« macht **Claudia Cornelsen** die Kompetenz ihrer Kundinnen und Kunden in der Öffentlichkeit sichtbar. Schon um die Jahrtausendwende avancierte ihre Mannheimer Agentur »Art d'Eco« mit namhaften Kunden zur größten PR-Agentur der Region. Als Einzelberaterin arbeitete sie intensiv mit prominenten Wirtschaftsgrößen zusammen – Heinrich von Pierer, Werner Seifert, Götz Werner und viele andere. Heute wenden sich besonders Frauen im Top-Management an Cornelsens Berliner Agentur Parnass. Denn Frauen werden auf vielfältige Weise kritisch betrachtet und müssen darum einen besonders überzeugenden Kommunikationsstil entwickeln.
Im Interview beschreibt sie das Spannungsfeld von Medienpräsenz und Authentizität und spricht über professionelles Foto-Marketing, Habitus und Statussymbole.

Christiane Wolff: Sie sind eine Pionierin im Bereich Positionierung und Agenda-Setting. Wie und wann kamen Sie auf die Idee, sich in diesem Bereich zu bewegen?

Claudia Cornelsen: Schon meine Grundschullehrerin mahnte, ich müsse lernen, nicht nur zu tun, was mir Spaß macht. Eine Lektion, die ich bis heute verweigere. Ich arbeite nur, solange es mir Spaß macht – denn nur dann wird das Ergebnis meiner Arbeit richtig gut. Wenn schon ich mich langweile, wie soll ich bei anderen ein Feuer entzünden?

Dazu gehört auch, dass ich lieber für Menschen als für Maschinen oder Monster arbeite. Schon immer. Insofern war sehr schnell klar, dass ich mich in der PR-Branche weder auf Produkt-PR noch auf allgemeine Unternehmenskommunikation spezialisieren würde. Früh kam ich in Kontakt mit Familienunternehmern, Gründerinnen und Entrepreneuren, Social-Business-Start-ups und Aktivisten – und wusste: Das ist es, wofür ich brenne. Das große Glück war, dass meine Begeisterung mit einem Trendwechsel in der Medienwelt korrespondierte. In den 90er Jahren begann sich der Wirtschaftsjournalismus zunehmend weg von Zahlen hin zu Menschen zu bewegen. Mit der New Economy gab es statt alten Männern mit Glatze und Krawatte plötzlich die ersten Business-Superstars, Steve Jobs, Bill Gates und Elon Musk werden heute gefeiert wie Fußball- oder Popstars.

So gehörte ich zu den Pionieren der Personality-PR, die den Managerinnen und Managern erstmal beibringen mussten, wie man sich in der Öffentlichkeit präsentiert – und zwar jenseits von Hauptversammlung und Geschäftsbericht. Ein Dauerbrenner meiner Beratung war und ist noch das Ghostwriting von Wirtschaftsbestsellern, aber ich habe auch bei der Gründung von Stiftungen oder dem Aufbau ganz neuer Marketingaktivitäten beraten. Inzwischen gehört ein professionelles Foto- und Video-Marketing zur Erstausstattung meiner Beratung. Social Media ist eine bildhungrige Kommunikationsmaschinerie.

Christiane Wolff: Die Welt hat sich in den letzten Jahren extrem verändert und die Digitalisierung ermöglicht Personen und Unternehmen, eigenständig zu kommunizieren. Was bedeutet diese Entwicklung für Sie und Ihre Arbeit?

Claudia Cornelsen: Digitalisierung ändert nichts an unseren Bedürfnissen. Kommunikation ist der Austausch mit anderen Menschen. Verstehen und verstanden werden. Sprache ist wichtig. Aber auch viele andere kulturelle Techniken, mit denen wir im Laufe unseres Lebens lernen, uns auszudrücken und andere zu »lesen«. Stimme und Melodie, Frisuren und Haartracht, Kleidung und Accessoires, Gestik, Mimik und Körperhaltung insgesamt, kurz: Habitus. Digitalisierung ist nur eine weitere Facette im großen Instrumentarium der Kommunikation. Jetzt denken wir über Bildhintergründe nach, über Lichtverhältnisse und Bildausschnitte. Wir schauen nicht in die Augen, sondern in die Kamera. Wir fühlen und füllen nicht den Raum, sondern fantasieren ihn uns. Am Ende geht es aber immer darum, verstanden zu werden. Wir wollen auf eine bestimmte Art gesehen werden, in der Regel wünschen wir uns positive Resonanz. Fast niemand beginnt ein Gespräch mit dem Ziel, am Ende gehasst oder verabscheut zu werden. Trotzdem passiert das. Mein Job ist es, solche Misserfolge zu verhindern. Derzeit entwickeln sich die sozialen Medien leider immer stärker zum kommunikativen Minenfeld; zumal sich hier bedauerlicherweise eine gewisse Form der Hassverbreitung als rhetorische Kriegsführung etabliert hat. Stichwort: Shitstorm. Als Bodyguard der Reputation kümmere ich mich darum, dass meine Kundinnen und Kunden nicht allzu sehr ins Kreuzfeuer von Trollen und Aktivisten geraten. Besonders Frauen sind hier extremen Angriffen ausgesetzt, die leider nicht nur verbal bleiben. Das ist Krisen-PR auf allerhöchstem Niveau, weil hier nicht nur ein abstraktes Unternehmen durch negative Berichterstattung angegriffen wird, sondern konkrete Menschen sehr aggressiv attackiert werden, und zwar in ihrem privaten familiären Umfeld. Diese Entwicklung besorgt mich, weil ich erlebe, dass sich immer mehr Menschen aus der Öffentlichkeit zurückziehen. Wichtige zivilgesellschaftliche Expertise ginge damit für den öffentlichen Diskurs verloren. Insofern begreife ich meine Arbeit zunehmend als Verteidigungskampf eines demokratischen Rechtsstaats mit Meinungs- und Redefreiheit. Das klingt furchtbar pathetisch. Ist aber leider sehr realistisch.

Christiane Wolff: Es wird ganz viel über Authentizität und Persönlichkeit gesprochen, wenn es um Social Media und besonders LinkedIn für Managerinnen und Manager geht. Was ist Ihre Meinung? Dürfen oder müssen Führungspersönlichkeiten

in den sozialen Medien anders auftreten als in den klassischen Medien. Wie privat oder persönlich dürfen oder sollen Unternehmer-Persönlichkeiten dort agieren?

Claudia Cornelsen: Selbstverständlich ist ein Auftritt in den sozialen Medien anders als in klassischen Medien. Egal worüber ich rede, immer muss ich den Kontext berücksichtigen, in dem ich spreche. Es geht um Passung. Je starrer ich an einem bestimmten Kommunikationsmuster festhalte, desto öfter werde ich unpassend sein.

Die Herausforderung sozialer Medien ist es, dass sich der Kontext rasend schnell verändert; das Statement aber bleibt zeitlos stehen. Und plötzlich wird ein Satz, den man vor Jahren unbemerkt geäußert (getwittert, gepostet) hat, aus der Versenkung gezogen und in neuem aktuellen Kontext präsentiert und erhitzt diskutiert. Diese permanente Rekontextualisierung erschwert die Kommunikation und führt dazu, dass sich Menschen hinter immergrüner Kalenderblatt-Poesie verstecken. In Summe langweilt das schnell und gibt im Gesamtbild einer Person ein nichtssagendes Profil. Am Ende braucht es Mut und Training, Dinge so zu formulieren, dass sie eine Meinung, eine Beobachtung, einen Gedanken auf den Punkt bringen, ohne die Worte schon eine Woche später zu bereuen.

Was die Frage der Authentizität angeht, bin ich überzeugt davon, dass niemand jemals authentisch ist. Menschen sind soziale Wesen und benehmen sich stets in Erwartung einer Resonanz. Wie sehr wir davon abhängig sind, haben wir doch in den einsamen Phasen der Corona-Pandemie erfahren. Wir lechzen doch alle nach spiegelnden oder reibungsvollen Begegnungen. Ohne Gegenüber verkümmern wir. Allerdings hat sich in den letzten Jahrzehnten der Umgangston verändert. Vor einem Jahrhundert haben Kinder noch ihre Eltern gesiezt, vor einem halben Jahrhundert siezten sich die Studierenden untereinander. Heute sind wir in jeglicher Hinsicht sehr viel offener und zutraulicher im Umgang miteinander. Es gibt keine »gute Stube« mehr, in der wir unsere Gäste empfangen; wir ziehen uns nicht zu jedem Anlass spezielle Kleider an. Und trotzdem gibt es unzählige Konventionen, die unser Miteinander bestimmen – und zwar bis in den letzten Winkel unseres Lebens hinein. Ich nenne das »professionelle Privatheit«. Wir kontrollieren immer stärker, wie wir auf andere wirken. Am Ende soll alles »natürlich« wirken, ist aber eigentlich für das Auge der Anderen inszeniert. Der Wellness-Styling-Boom in den heimischen Badezimmern zum Beispiel ist Ausdruck einer solchen Inszenierung von vermeintlich intimen Orten. Auch der verbreitete Social-Media-Tonfall »Ich plaudere ein bisschen aus meinem Leben« ist hart erarbeitete Erzählprosa, die nur scheinbar lässig und spontan daherkommt.

Christiane Wolff: Joe Kaeser gilt als das Vorbild in Sachen politische Statements. In welchen Bereichen sollten oder müssen Unternehmerinnen und Unternehmer eine Meinung haben?

Claudia Cornelsen: Eine Meinung haben »müssen« wir wohl alle. Die Frage ist, ob wir sie laut äußern (müssen). Auch hier ist der Kontext und die Erwartung der Öffentlichkeit an die eigene Rolle von größter Bedeutung. Der CEO eines DAX-Konzerns ist nicht unbedingt schlauer als eine mittelständische Unternehmerin, aber wir sind wahnsinnig neugierig auf Menschen mit Geld und Macht – deswegen weckt deren Rede größere Aufmerksamkeit. Früher gab es Kaiser und Könige, deren Meinung wir wissen wollten; heute sind an ihre Stelle Managerinnen und Unternehmer getreten. Das kann man als Kulturverfall beklagen. Aber ich bin nicht sicher, ob Kaiser Wilhelm ohne Berater einen vernünftigen Satz zustande gebracht hätte. Auch John F. Kennedy und Nelson Mandela hatten ihren Ghostwriter, übrigens denselben und einen, den ich sehr bewundere: Ted Sorensen.

Christiane Wolff: Sehen Sie Unterschiede zwischen der Positionierung von weiblichen und männlichen Führungspositionen und Kräften? Auch hinsichtlich der Wahrnehmung bei den Medien?

Claudia Cornelsen: Weil wir kulturell gelernt haben, unterschiedlich auf Frauen und Männer zu blicken, müssen Frauen und Männer auch unterschiedlich agieren. Bestimmte Attribute werden Frauen zugeschrieben, andere Attribute Führungskräften. Leider sind diese verschieden. Insofern »stört« eine Frau auf einer Führungsposition immer noch grundsätzlich. Andersherum sind Männer per se eine Führungsperson. Kulturell arbeiten wir an diesen Geschlechterklischees. Ich fürchte, es wird noch eine Weile dauern, bis wir Frauen mit genau dergleichen Selbstverständlichkeit als Chefin betrachten, mit der wir Männer als Chefs identifizieren. Das ist übrigens auch eine ikonografische Herausforderung: Woran erkennen wir einen erfolgreichen Manager? Teurer Anzug, Krawatte, Standbein/Spielbein, Kinn gerade, Arme vor der Brust verschränkt – fertig ist das Managerportrait. Eine Frau im Anzug oder Kostüm könnte auch die Stewardess oder Messehostess sein. Standbein/Spielbein wirkt bei ihr kokett. Kinn gerade gilt als hochnäsig und verschränkte Arme kollidieren mit der Körbchengröße. Also: Woran erkennen wir eine erfolgreiche Managerin? Ich habe jahrelang mit einem Profiteam gearbeitet, um das herauszufinden. Heute wissen wir intuitiv, wie es geht. Aber wirklich erklären kann ich es nicht. Aber die Leute sehen es in den Bildern, die wir von meinen Kundinnen machen – egal welche Klamotten sie tragen.

Wir haben andere Vorstellungen von Frauen, aber zum Glück inzwischen auch andere Vorstellungen von Führung. Die US-Vizepräsidentin Kamela Harris lachte bei ihrer Vereidigung. Lachen bei einem derart ernsthaften Ritual? Das wäre vor Jahren weder für einen Mann noch für eine Frau opportun gewesen. Heute erleben wir das als »authentisch«. Und wir sind dankbar, dass eine schwarze Frau die fast militärische Steifheit von Machtinszenierungen »stört« und die Vereidigung zu einem Freudenfest der Demokratie umgestaltet. Insofern ist ihr Bild eine Befreiung und wirkt ikonografisch. Ich bin sicher, bald werden auch Männer bei der Vereidigung lachen!

Christiane Wolff: Wie eng ist die Zusammenarbeit mit Ihren Klientinnen und Klienten und können Sie hier einen typischen Ablauf skizzieren?

Claudia Cornelsen: Die Zusammenarbeit ist vertrauensvoll und entsprechend eng, ohne zeitlich intensiv zu sein. Es ist mehr ein innerer Prozess, eine Geisteshaltung. Wir gehen gemeinsam auf eine Wanderung. Am Anfang spazieren wir in der Ebene, dann machen wir uns über ausgeschilderte Wege langsam an den Aufstieg und irgendwann erklimmen wir den Gipfel. Blöd ist, wenn jemand erst zu mir kommt, nachdem er bereits abgestürzt in der Schlucht liegt. Da muss ich Nothilfe leisten, ohne die Person zu kennen. Wie soll ich entscheiden, über welchen Weg wir aus der Schlucht herausklettern, wenn ich nicht weiß, welche Kraft und Kondition jemand hat? Deswegen: Je früher wir anfangen, desto besser. Karriere braucht Training.

Christiane Wolff: Führungspersonen sind in der Regel sehr ungeduldige Persönlichkeiten. Wie lange dauert es in der Regel von der ersten Kontaktaufnahme bis zu einem ersten relevanten Ergebnis?

Claudia Cornelsen: Reicht die Geduld für eine Woche?! Okay, wenn es wirklich schnell gehen muss, kann ich auch in einer Stunde ein Ergebnis liefern. Es kommt halt darauf an, in was für einer Situation jemand was genau erreichen will: Gibt es bereits eine konkrete Medienanfrage für ein Interview? Dann muss es schnell gehen. Redaktionen haben Fristen, die unbedingt eingehalten werden müssen. Also heißt es, entsprechend schnell eine Antwort zu finden. Im Notfall irgendetwas Geschmeidiges, das professionell und sympathisch klingt und doch in der Sache unverbindlich ist. Hat jemand dagegen noch gar keine öffentliche Resonanz, vielleicht noch nicht mal einen Twitter-, LinkedIn- oder Xing-Account, dann kann es ein Jahr dauern, bis man in der Liga spielt, in der man sich selbst sieht. Man wird auch nicht über Nacht vom Couch-Potatoe zur Marathonläuferin. Das braucht Zeit und vor allem Trainingswillen. Niemand wird als Medienstar geboren. In den USA lernen Kinder schon in der Schule, Vorträge zu halten, Interviews zu geben und vor der Kamera so zu posieren, dass ein ordentliches Bild dabei herauskommt. Doch auch was Hänschen nicht gelernt hat, kann Hans noch lernen – man muss es nur wollen!

Interessanterweise sind nach meiner Erfahrung Frauen hier deutlich lernfähiger als Männer. Vielleicht weil sie unbewusst gewohnt sind, in sehr unterschiedlichen Rollen zu agieren, in ihrem Beruf, als Ehefrau, als Mutter etc., und schnell von einem Fach ins andere wechseln können. Denn natürlich redet man mit einem wichtigen Kunden anders als mit seinem kleinen Kind, wenn auch mit der gleichen Zielsetzung: nämlich von einer Sache zu überzeugen und zu einem bestimmten Verhalten zu motivieren.

»Kommunikation ist nur so gut, wie sie verstanden wird.« Das ist mein Mantra, egal ob in der allersten Stunde der Zusammenarbeit oder nach vielen Jahren. Und das Ziel ist es, meine Kundinnen und Kunden so zu beraten, dass sie mit jedem Tag besser darin werden, nicht nur klug zu reden, sondern vorher genau zu lesen, welche kluge Frage das Gegenüber eigentlich in sich trägt.

Christiane Wolff: Liebe Frau Cornelsen, vielen Dank für das Gespräch!

3 CxO-Positionierung auf LinkedIn

Christiane Wolff, Positionierungs- und Kommunikationsexpertin für CxOs

Ob Volkswagen-Vorstandsvorsitzender oder Douglas-Chefin – CEOs sind heute auf LinkedIn eine rasant wachsende Klientel. Und sie verstehen es – immer besser –, diesen Kanal nicht nur für sich, sondern auch gezielt für ihr Unternehmen zu nutzen. Dieser Beitrag enthält nicht nur die unmissverständliche Botschaft, sich auch auf der Businessplattform anzumelden, sondern sie auch strategisch für die Positionierung in eine Kommunikationsstrategie zu integrieren. Praxisnahe erste Schritte der CxO-Positionierung und erprobte Tipps, um auf LinkedIn erfolgreich zu sein, runden den Beitrag ab.

Der Trend zur CxO-Positionierung auf Social Media ist nicht (mehr) zu leugnen. LinkedIn erlebt durch Corona einen unglaublichen Hype – sowohl um die interne als auch die externe Kommunikation zu stärken. Noch vor 18 Monaten wäre die persönliche Darstellung vieler Spitzenführungskräfte bei ihren Posts kaum vorstellbar gewesen. Dennoch ist die Umsetzung ist in vielen Unternehmen sicher weiter ausbaufähig. Hier ist also durchaus noch Luft nach oben und vor allem eine erkennbare Chance für CxOs, als Thought Leader voranzugehen.

Damit Sie diesen Beitrag nicht überblättern, weil LinkedIn bislang nicht auf Ihrer To-do-Liste stand, möchte ich Sie gleich zu Beginn davon überzeugen, nicht nur dieses Kapitel zu lesen, sondern auch LinkedIn in Ihre persönliche Kommunikationsstrategie zu integrieren.

3.1 Acht Gründe, warum Sie auf LinkedIn nicht verzichten sollten

1. Schnelligkeit

Die digitale CxO-Positionierung auf Social Media wird immer wichtiger. Ist sie strategisch gut geplant und umgesetzt, kann sie sich positiv auf den gesamten Unternehmenserfolg auswirken. Sichtbarkeit und Nahbarkeit sind die Basis dafür, dass Führungskräfte heute als glaubwürdig wahrgenommen werden und eine Vertrauensbasis entsteht. Und wo und wie funktioniert das schneller und besser als auf LinkedIn? Denn diesem Businesskanal vertrauen User nachweislich mehr als anderen Social-Media-Kanälen.

2. Transparenz

Mitarbeiterinnen und Kunden fordern heute geradezu Transparenz. Unternehmen dürfen und müssen zeigen, wofür sie stehen und welche Werte ihnen wichtig sind.

Nachhaltigkeit gehört hier zu den aktuell besonders relevanten Werten. Unternehmensprofile bieten die Möglichkeit, über das Geschäft, die Branche, Unternehmenswerte, die Marke, über Stellenangebote etc. zu informieren. Persönliche Profile der CxO-Riege bieten die Chance, Haltung zu zeigen, Mehrwert zu bieten und eine emotionale Bindung an das Unternehmen zu entwickeln. So werden heute modern und zweigleisig bestehende und potenzielle Kundinnen und Kunden, Geschäftspartner und Arbeitnehmer erreicht.

3. Potenzial

Klassische Unternehmenskommunikation bleibt weiter wichtig. Daneben gewinnen die digitalen Kanäle zunehmend an Bedeutung. Dieses noch neue Potenzial können und sollten CxOs als zusätzliches Kommunikationspotenzial nutzen. Hier besteht erstmals die Chance, aktiv mit der eigenen Zielgruppe zu diskutieren und zu kommunizieren, neue Kontakte zu knüpfen und zu pflegen und sogar Geschäfte und Kooperationen zu initiieren und abzuschließen.

4. Zukunftsfähigkeit

Nicht auf den digitalen Kanälen aktiv zu sein, heißt, nicht zukunftsfähig zu sein. Doch es genügt heute nicht mehr, nur angemeldet zu sein und ein Profil zu haben. Echte Innovation zu zeigen und Zukunftsfähigkeit nach innen und außen zu signalisieren bedeutet heute, die digitalen Kanäle für sich und das Unternehmen gezielt zu nutzen und Stellung zu beziehen. Zeigen CxOs hier glaubhaft und authentisch Präsenz, positionieren sie sich bei Mitarbeiterinnen und Mitarbeitern, Kunden und Geschäftspartnern glaubhaft mit einer digitale Vorreiterrolle und zeigen sie authentisch die Strategie ihres Unternehmens?

5. Netzwerken

Gerade seit dem Ausbruch der Corona-Pandemie wissen wir: Businesskontakte knüpfen wir heute mehr und mehr digital und pflegen sie auch zunehmend dort. Auch wenn der persönliche Kontakt weiter wichtig bleiben sollte. Das professionelle Umfeld von Business-Netzwerken wie LinkedIn ist wie geschaffen, um das persönliche Netzwerk aufzubauen, zu erweitern und auch zu pflegen. Darüber hinaus können Sie Ihren wichtigsten Geschäftspartnern und Kunden folgen, deren Aktivitäten verfolgen, mitdiskutieren und auch neue Ideen und Inspiration entwickeln.

6. Thought Leadership

LinkedIn bietet die perfekte Möglichkeit, Ihren Expertenstatus aufzubauen und Thought Leadership zu demonstrieren. Sei es durch eigene Inhalte – Beiträge oder Artikel – oder auch mit Kommentaren bei anderen Usern. Laut LinkedIn ist die oder der CxO bis zu fünfmal glaubwürdiger als das eigene Salesteam.

Wichtig: Gerade auf Social-Media-Kanälen muss die Kommunikation gut geplant sein, um Fehltritte und mögliche »Shitstorms« zu vermeiden. Konkrete Ziele und vorab definierte Kommunikationsrichtlinien helfen dabei, eine durchgehend seriöse und abgestimmte Positionierung über alle Kanäle hinweg sicherzustellen.

7. Good to know
92 % der B2B-Entscheider treten eher mit Führungskräften in Kontakt, die in der jeweiligen Branche als »Thought Leader« gelten. Expertenwissen auf LinkedIn zu teilen und somit Thought Leadership aufzubauen ist extrem wirksam!

8. Reputation und Reichweite steigern
Das Gute an LinkedIn ist: Wenn Sie relevante Inhalte und Mehrwerte teilen, können Sie nicht nur Ihre Reputation in Ihrem eigenen Netzwerk steigern, sondern auch Ihren Bekanntheitsgrad außerhalb des Netzwerks vergrößern. LinkedIn-User teilen gerne nützliche Inhalte. So fördern Sie nicht nur Ihren persönlichen Bekanntheitsgrad, sondern auch die Markenbekanntheit Ihres Unternehmens.

3.2 Der CxO von heute braucht ein neues Mindset

Aber jetzt zu Ihnen! Sie als Führungskraft, Managerin, Unternehmenslenker stehen heute ganz anders im Rampenlicht als früher und sind auch ganz anders »gefragt« als früher. Der Manager, CEO oder die Expertin muss heute ein völlig neues Mindset und auch Skillset mitbringen. Hat es früher genügt, ein Unternehmen zu führen und Ziele zu setzen und diese zu erreichen, bedarf es heute einer völlig neuen und umfassenden Aufstellung. Der CxO muss intern visibel und dabei empathisch sein und seine Mitarbeiterinnen und Mitarbeiter mitnehmen. Das geht heute nicht mehr mit einem hierarchischen, sondern bedarf eines sympathischen und auf Werte basierenden Führungsstils. Die Mitarbeiterinnen und Mitarbeiter müssen mitgenommen werden im wahrsten Sinne des Wortes. Und der Arbeitsmarkt hat sich trotz Corona nicht dahingehend verschoben, dass es nun einfacher geworden wäre, gute Arbeitskräfte zu finden. Im Gegenteil. Corona hat die Ansprüche der Arbeitnehmer weiter verstärkt. Flexibilität und Eigenverantwortung stehen noch höher im Kurs.

Nicht nur nach innen hat sich die Rolle massiv verändert, nach außen ist es fast eine Revolution. So wie die Aldi-Gründer es jahrzehntelang betrieben haben, funktioniert es in der Regel nicht mehr. Den Discounter Aldi kennt vermutlich dennoch jeder. Alleine in Deutschland gibt es über 4.000 Läden. Doch nicht nur in Deutschland ist der Discounter sehr beliebt: Auch im Ausland findet man die Filialen wieder. So ist Aldi mit über 11.000 Filialen weltweit der größte Discounter.

In einem Artikel der *brand eins* heißt es: »Das Thema Kommunikation«, sagt Brandes [ehemaliger Aldi-Manager, Anm. d. Autorin], »war für Aldi nie ein Thema. Es war immer klar: Wir sagen nichts. Wenn Anfragen kamen, wurden sie höflich per Brief abgebügelt. Das war schon vor 30 Jahren so. Da brauchte Theo Albrecht gar nichts zu sagen.«[1]

Eine offizielle Erklärung aus dem Unternehmen oder gar von den Gründern gibt es bis heute nicht. Ein dramatisches Ereignis fand 1971 statt, als Theo Albrecht Opfer einer Entführung wurde. Ein Rechtsanwalt mit hohen Spielschulden und ein vorbestrafter Tresorknacker verschleppten den damals 49-Jährigen und hielten ihn mehr als zwei Wochen in einem Schrank gefangen. Nach einer Lösegeldzahlung von sieben Millionen Mark kam Theo Albrecht frei. Die beiden Kidnapper wurden wenig später gefasst. Als Folge dieses traumatischen Erlebnisses sprach Albrecht seitdem nie wieder mit Reportern und ließ sich nicht mehr fotografieren, um seine Privatsphäre zu schützen. Der Rest der Familie hielt es ähnlich und mied ebenfalls die Öffentlichkeit. Doch zu einem sehr späten Zeitpunkt wurde auch den Aldi-Gründern bewusst, dass eine Marke ein Gesicht braucht:

»Den sehr späten Schritt an die Öffentlichkeit begründet Müller von Blumencron [der FAZ-Redakteur, der das Interview geführt hat, Anm. d. Autorin] in seinem Text mit einem naheliegenden Anliegen: Der Handelskonzern sollte endlich ein Gesicht bekommen.«[2]

Ein Unternehmen muss heute anfassbar und persönlich sein. Die Kundinnen, Konsumenten und die Gesellschaft verlangen geradezu nach einer Sichtbarkeit der Menschen, die für eine Marke oder für ein Unternehmen stehen. Man hat das Gefühl, ohne eine gewisse Menschlichkeit, Nahbarkeit und auch Empathie kann eine Marke heute nicht mehr überleben. Es gibt immer auch andere Beispiele, bei denen die Führungsriege in den sozialen Medien nicht präsent ist und es trotzdem funktioniert. Bei BMW stehen bis heute die Marke und das Produkt an erster Stelle. Aber die meisten Unternehmen haben gelernt und oft schon an vielen Stellen umgesetzt, was der Markt und die Gesellschaft fordern: Sichtbarkeit, Transparenz sowie eine persönliche Meinung und öffentliche Repräsentation der Führungsriege.

Durch die sozialen Medien werden neue Bilder von Marken geschaffen, nämlich die von Menschen, die für eine Marke stehen. Überlegen Sie einmal selbst: Niemand kann aus dem Gedächtnis sagen, wie das letzte Quartalsergebnis von Siemens oder VW lautet. Dazu nutzen wir in der Regel Google. Dennoch posten viele Managerinnen und Manager weiter Zahlen und Fakten, ohne verstanden zu haben, dass die sozialen Me-

---

1 Vgl. https://www.brandeins.de/magazine/brand-eins-wirtschaftsmagazin/2009/kommunikation-pr/reden-ist-silber-schweigen-ist-gold.

2 Vgl. W&V: »Das erste und letzte Interview mit Aldi-Gründer Karl Albrecht«, https://www.wuv.de/marketing/das_erste_und_letzte_interview_mit_aldi_gruender_karl_albrecht.

dien dafür nicht der richtige Kanal sind. Menschen sind emotional und möchten selbst auf dem Businessportal LinkedIn keine Studien und Quartalsberichte lesen, sondern Persönliches. Daran erinnern wir uns. Und so bleibt nicht nur der Mensch, sondern auch die Marke im Gedächtnis. Das ist ein urmenschlicher Trieb, den sich der Social CEO heute zunutze machen kann und sollte.

Entscheidet sich der CEO oder die Expertin für diese Sichtbarkeit und persönliche Kommunikation gegenüber den Stakeholdern, hat er oder sie eine große Aufgabe vor sich. Was sind meine Ziele? Wie möchte ich sichtbar werden, auf welchen Kanälen muss ich sichtbar sein? Und wie sehe ich am besten dabei aus? In welcher Situation ist es angemessen, heute noch einen Anzug oder ein Business Dress zu tragen? Wie wirke ich auf Bildern und wie sollte meine Frisur aussehen? Was sich zunächst völlig oberflächlich anhört, ist ein wichtiger Bestandteil meiner Darstellung nach außen. Erinnern wir uns daran, wie Angela Merkel für jedes ihrer Jacketts in den Medien rauf und runter diskutiert wurde. Oder erinnern wir uns an das Aufblitzen der Rolex auf dem Foto eines Siemens-Managers.

Wie wirke ich mit meiner Stimme? Habe ich eine beruhigende oder eine aufgeregte Stimme? Verbreitete ich durch mein Auftreten eine motivierende Stimmung oder traut man mir nicht zu, meine Vision umzusetzen?

Und auf welche Bühnen sollte ich heute gehen? Muss ich bei den Rotariern sein oder genügt es, einen Auftritt auf dem SZ-Wirtschaftsgipfel anzustreben? Auf welchen Kanälen bin ich im Internet unterwegs unsichtbar? Und wer managt das für mich? Denn als Führungskraft habe ich sicher nicht die Zeit, mich um alle Kanäle zu kümmern und im Worst Case auch einen eventuell auftretenden Shitstorm aufzufangen und kommunikativ zu begleiten.

Der CxO hat heute die schwierige Aufgabe, angesichts dieser Fragen eine Entscheidung zu treffen. Viele Führungskräfte wählen heute bereits den Weg der persönlicheren Kommunikation, die Marke und Mensch in Einklang bringt. Und für diesen Weg benötigt es eine umfassende Strategie, eine Vision, ein Ziel und auch ein Kompetenzteam, um dieser 360°-Aufgabe wirklich gerecht werden zu können.

Ich habe im Laufe meiner Kommunikationskarriere eine Führungsriege begleiten dürfen, die durch Social Media noch nicht primär geprägt war. Heute ist das kaum mehr vorstellbar.

Was bedeutet es, heute CxO zu sein?

Wenn man sich als CxO entschieden hat, auf den sozialen Kanälen präsent zu sein, fällt die Wahl aktuell auf LinkedIn, statt Business-Facebook. LinkedIn bleibt wahrscheinlich für die nächsten Jahre der relevante Social-Media-Kanal neben den vielen anderen Schauplätzen und Plattformen, auf denen Managerinnen und Manager heute präsent sein müssen.

! **Followerzahlen der DAX-Chefs auf LinkedIn**[3]

Herbert Diess (Volkswagen): 198.000
Christian Klein (SAP): 108.000
Tim Höttges (Telekom): 103.000
Ola Källenius (Mercedes): 86.000
Bernd Montag (Siemens Healthineers): 62.000
Oliver Bäte: 50.000
Belén Garijo (Merck): 47.000
Werner Baumann (Bayer): 40.000
Niklas Östberg (Delivery Hero): 31.000
Roland Busch (Siemens): 30.000

In Herbert Diess' »Verabschiedungsvideo« in den Urlaub zeigt er sich als Supersportler auf einem just auf den Markt gekommenen Sportutensil von Audi – einem *Audi e-tron Foil*. Das ist für mich die perfekte Inszenierung als empathischer, innovativer und nahbarer CEO. Diese Form der Selbstinszenierung ist ein Paradebeispiel für gelungene LinkedIn-Kommunikation.

Herbert Diess schreibt zu seinem Clip: »Ich möchte mich bei unseren Mitarbeitern für ein sensationelles erstes Halbjahr bedanken! Es war schwierig, aber wir haben gemeinsam enorm viel erreicht. Vielen Dank für Ihre Bemühungen. Ich hoffe, dass Sie sich in Ihrem Urlaub erholen – ich werde in meinem Urlaub Sport treiben. Auch mit der e-tron Foil – es ist wirklich der Knaller! Ich hatte gerade einen Ride mit Franz Hofmann in Wolfsburg zwischen der Autostadt GmbH & unserem Kraftwerk – tolle Erfahrung!«

Herbert Diess bekam dafür bis Mitte August 14.000 Likes, 588 positive Kommentare und über 563.220 Ansichten. Aus der klassischen Werbung wissen wir: Ein View kann mit 15 Cent berechnet werden. Was waren die Kosten für den Clip? Die Rechnung ist hier einfach zu machen. Und fällt extrem positiv und effektiv aus.

Hier hat ein CEO nicht nur seine 200.000 Follower mit einem sehr emotionalen Video für sich begeistert, er hat es zugleich in wenigen Sekunden geschafft, seinen Mitarbeiterinnen und Mitarbeiter zu danken, Unternehmens- und Produktwerbung zu integrieren, und darüber hinaus ist es ihm gelungen, mit anderen CEOs wie Dr. Martin Brudermüller (BASF) zu kommunizieren. Damit ist der Vorstandsvorsitzende von VW für mich das perfekte Beispiel, wie heute gelungene CEO-Kommunikation geht.

---

3 Quelle: *Manager Magazin*, Juli 2021.

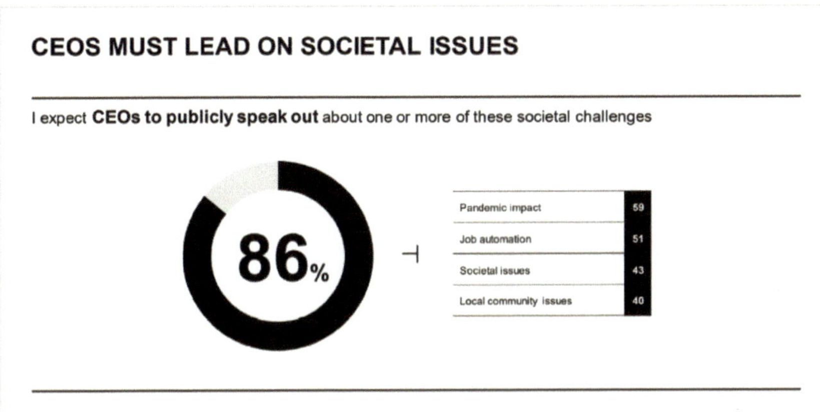

Abb. 1: CEOs müssen bei gesellschaftlichen Themen vorangehen (Quelle: www.edelman.com)

Wie persönlich darf oder soll CxO-Kommunikation sein?

Wie persönlich und politisch darf oder soll CxO-Kommunikation sein? Wir haben gelernt, dass Marken heute anfassbar sein müssen. Und sie müssen sowohl in der internen als auch in der externen Kommunikation einen Purpose haben und diesen auch kommunizieren. Denn dieser vermittelt sowohl Sinn als auch Sicherheit für Mitarbeiterinnen, Mitarbeiter und andere Stakeholder eines Unternehmens. Und er muss sich heute auch politisch und gesellschaftlich positionieren. Hier war sicher Joe Kaeser, der frühere Vorstandsvorsitzender von Siemens, ein Vorreiter in Deutschland. 2018 ist er deutlich und persönlich in die Integrationsdebatte in Deutschland eingetreten. Auf Twitter reagierte der Siemens-Chef auf Alice Weidels verbale Entgleisung im Bundestag. »Lieber Kopftuch-Mädel als Bund Deutscher Mädel. Frau Weidel schadet mit ihrem Nationalismus dem Ansehen unseres Landes in der Welt. Da, wo die Hauptquelle des deutschen Wohlstands liegt«, twitterte Joe Kaeser.

Abb. 2: Joe Kaeser bezieht auf Twitter Stellung in der Integrationsdebatte (Quelle: twitter.com/JoeKaeser)

Dabei bezog sich der Siemens-Chef auf die verbale Entgleisung der AfD-Fraktionsvorsitzenden Alice Weidel. Diese kritisierte in der Generalaussprache im Bundestag die Bundesregierung dafür, mit ihrer Einwanderungspolitik den Wohlstand in Deutschland zu gefährden. Dabei sagte die AfD-Politikerin: »Burkas, Kopftuchmädchen und alimentierte Messermänner und sonstige Taugenichtse werden unseren Wohlstand, das Wirtschaftswachstum und vor allem den Sozialstaat nicht sichern.«

In einem Interview mit turi2 am Rande einer Konferenz des horizont Verlags sagte Joe Kaeser: »Es gibt Dinge, die kann man nur für sich selbst verantworten.« Deswegen habe er den Tweet im Mai 2018 auch nicht mit seiner Kommunikationsabteilung abgesprochen. Der ehemalige Siemens-Chef sorgte sich um das Bild Deutschlands im Ausland: Wer vor dem Bundestag spreche, müsse einen »Grund-Anstand« und einen »Grund-Respekt« mitbringen.

Thought Leadership mit LinkedIn: Der CxO als Experte

LinkedIn bietet aktuell die wichtigste Business-Plattform, um sich als Führungskraft und CxO im eigenen Fachbereich oder in der Branche als Expertin oder Experte zu positionieren, da sich der digitale Businesskanal in kurzer Zeit von einer klassischen Jobplattform zu einer Business-News-Plattform entwickelt hat. Nutzerinnen und Nutzer verbringen ihre Zeit auf LinkedIn, um mit relevanten Inhalten versorgt zu werden, die sie im Arbeitsleben bei der Entscheidungsfindung unterstützen oder sie mit neuen Inhalten oder Ideen inspirieren. Aufgabe für CxOs ist es nun, sich die Frage zu stellen, welche Kommunikationsziele sie haben und welche Inhalte für bestehende und potenzielle Kundinnen und Kunden, Geschäftspartner oder Arbeitnehmer einen Mehrwert bieten – und diesen konsequent und regelmäßig verbreiten.

Die aktuell dominierenden Inhalte auf LinkedIn sind Branchennews, Tipps und Best Practices sowie Informationen über Jobs und Karriere. Bevor Sie nun Ihre persönliche LinkedIn-Karriere starten, sollten Sie eine LinkedIn-Strategie festlegen. Darum geht es im nächsten Abschnitt.

3.3 Ihre persönliche LinkedIn-Strategie

1. Was sind Ihre Kommunikationsziele auf der Business-Plattform?

LinkedIn bietet viele Möglichkeiten, sich als CxO zu positionieren. Doch zu viele Ziele zu haben kann für Ihr Netzwerk auch verwirrend sein. Bevor Sie starten, sollten Sie sich unbedingt über Ihre relevanten Kommunikationsziele klar sein: Möchten Sie sich innovativ und als Thought Leader für Ihre Kundinnen und Kunden positionieren? Eine Themenführerschaft in der Branche anvisieren? Persönlicher und empathischer auf Ihre Mitarbeiterinnen und Mitarbeitern wirken oder neue gewinnen? Oder ist das primäre Ziel, neue Kundinnen und Kunden zu gewinnen. Alles ist möglich, aber sicher nicht alles gleichzeitig. Darum sollten Sie für die ersten 12 Monate bis 1,5 Jahre eine klare Strategie erarbeiten.

2. Wie persönlich möchten Sie sich repräsentieren?
Überlegen Sie sich parallel zu Ihren Kommunikationszielen, wie stark Ihre Persönlichkeit nicht nur in Ihr Profil, sondern auch in Ihre Posts einfließen darf. Sie sind hier am Schalthebel und haben immer die volle Kontrolle darüber, was Sie wie teilen. Aus den aktuell erfolgreichen CxO-Profilen ist ablesbar, dass eine gewisse persönliche Note, ein dezentes Sichtbarmachen des Menschen hinter der Jobposition Vorteile haben kann. Vergessen Sie daher nicht den Wert von Bildern und Emotionen – aber bleiben Sie immer authentisch und klar bei sich und Ihren Werten. Überlegen Sie, welche Ihrer Hobbys eventuell zu Ihrem Führungsstil passen – und binden Sie diese strategisch in Ihre Kommunikation ein. Diese sollten zu Ihren Kommunikationszielen passen und nur einen kleinen Teil Ihrer Posts umfassen.

3. Wie viel Zeit möchten Sie in Ihren LinkedIn-Kanal investieren?
Eine digitale Personenmarke entsteht nicht von einem Tag auf den anderen, sondern ist wie alle Kommunikationsmaßnahmen als langfristige Strategie zu bewerten und muss selbstverständlich auch mit den weiteren Kommunikationsplattformen und -kanälen abgestimmt sein. Analysieren Sie auf LinkedIn regelmäßig Ihr Umfeld, positionieren Sie sich einzigartig und erstellen Sie Inhalte, die auf Ihre Positionierung einzahlen. Dazu benötigen Sie Zeit und eventuell interne oder externe Unterstützung. in Form von Community Management, Outreaches und Target Engagement. Erstellen Sie Redaktionspläne, nehmen Sie sich Zeit für Ihre Community, treten Sie in Kontakt mit Ihren Followern und Kommentatoren. Viele der aktiven Social CEOs haben ein unterstützendes Team, sehen aber LinkedIn als so relevant an, dass sie sich selbst regelmäßig Zeit dafür in ihrem Terminkalender blocken.

Bei professioneller und strategischer Nutzung von LinkedIn kann aus Ihrer Präsenz langfristig ein nachhaltiges Kommunikationstool werden, mit dem Sie die Bilder in den Köpfen Ihrer Mitarbeiterinnen, Kunden und Businesspartner nach Ihren Wünschen beeinflussen können. So kann LinkedIn nicht nur zu einem wertvollen Positionierungstool, sondern auch Ihrem wichtigsten Customer-Relationship-Managementtool werden.

3.4 Ideensammlung für Ihren LinkedIn-Content

Regelmäßiger Content ist die Basis für Ihren LinkedIn-Erfolg. Gemeinsam mit Ihrem Kommunikationsteam – intern oder extern – kann diese Ideensammlung als Basis für Ihren Redaktionsplan dienen.

1. Branchen- und Unternehmenseinblicke
Erzählen Sie die Geschichte, die Ihr Netzwerk über Ihre Branche oder die Mitarbeiterinnen und Mitarbeiter Ihres Unternehmens erfahren sollen. Verbreiten Sie Inhalte, die interessante Fakten und Einblicke liefern, die sie sonst vielleicht nicht erfahren hätten.

2. Trends, Berichte und Vorhersagen

Als CxO Ihres Unternehmens werden potenzielle und aktuelle Kundinnen und Kunden auf Sie schauen, um die neuesten Branchentrends aus erster Hand und ganz persönlich zu erfahren. Sie und Ihr Unternehmen werden als Vordenker vertrauenswürdiger, wenn Sie Ihre Branche im Blick behalten, Trends setzen und Vorhersagen treffen. Hier dürfen Sie gerne Ihre Meinung sagen und Haltung zeigen.

3. Gewonnene Erkenntnisse

Die Verbindung zu Ihrem Netzwerk ist sozial wichtig, nicht nur beruflich. Teilen Sie während Ihrer Reise als CxO Ihre Erfahrungen mit Ihrem LinkedIn-Netzwerk. Teilen Sie Lektionen, Erfahrungen, Projekte, aus denen Sie gelernt haben, und Herausforderungen, vor denen Sie standen oder stehen, von denen andere profitieren können.

4. Erfolge und Unternehmens-Updates

Halten Sie Ihr LinkedIn-Netzwerk über die Geschehnisse in Ihrem Unternehmen auf dem Laufenden. Haben Sie keine Angst, sich auch ein wenig zu rühmen, vielleicht sogar mit anderen Mitarbeiterinnen, Mitarbeitern oder Partnern. Bieten Sie aber auch hier immer einen Mehrwert: Was genau hat dazu geführt? Was waren die wichtigsten Milestones? Welche Technologie, welche Innovation, welche menschliche Leistung hat das positive Ergebnis gefördert?

5. Serien

Gemeinsam mit Ihrer Kommunikationsabteilung oder Agentur können Sie auch über ein regelmäßiges Format nachdenken und hier gerne kreativ sein: von wöchentlichen Tipps und Tricks bis hin zu Podcast-Interviews mit internen oder auch externen Expertinnen und interessanten Gesprächspartnern.

6. Ergänzende Inhalte

Ziel Nr. 1 bei einem LinkedIn-Post muss also immer sein, einen Mehrwert zu kommunizieren, der interessant und vielleicht auch nützlich bzw. hilfreich für Ihre Community ist. Wenn Sie darüber hinaus in der Lage sind, Ihrer Branche mit scheinbar nicht verwandten Themen neue Inhalte zu vermitteln, zeigen Sie Ihren persönlichen Blick für die komplexen Probleme, die Sie für Ihre Mitarbeiterinnen, Kunden und Geschäftspartner angehen. So kann Thought Leadership aufgebaut werden!

Zu guter Letzt dürfen Sie nicht vergessen, dass Sie nach dem Aufbau Ihrer Personal Brand als CxO auch eine sehr große Reichweite entwickeln können – manche Posts erreichen die Auflagen von relevanten Medien. Vergessen Sie nicht, dass so manches Thema oder mancher Gedanke auch über diesen Kanal bereits in den Medien aufgenommen und weitergetragen wurde.

3.5 LinkedIn-Tipps zur Steigerung Ihrer Reichweite

Vorab ein Mindshift – das ist der wichtigste Tipp, um erfolgreich auf LinkedIn zu sein: Nehmen Sie die Perspektive eines LinkedIn-Algorithmus-Entwicklers ein. Seine Ziele sind mit hoher Wahrscheinlichkeit die folgenden: Engagement erhöhen, Verweildauer in der LinkedIn-App erhöhen, Vollprofile erhöhen. LinkedIn verdient mehr Geld, wenn es viele engagierte und aktive Nutzer gibt, die viel Zeit auf ihrer Plattform verbringen, weil sie dann mit Werbung mehr Geld verdienen können. Sie müssen also kein LinkedIn-Guru sein, es geht um gesunden Menschenverstand.

- Es ist eigentlich einfach: Bei LinkedIn wäscht quasi eine Hand die andere. Tun Sie, was gut für LinkedIn ist, und sie werden tun, was gut für Sie ist. Das ist alles. Hier gilt es, neugierig, up-to-date zu sein und aufzupassen, welche Aktualisierungen des Algorithmus es gibt. Zu diesem Thema gibt es auch viele Foren – aber Sie merken in der Regel selbst, wenn sich bei LinkedIn etwas verändert. Reagieren Sie darauf!
- **Organische Reichweite und Social Selling Index (SSI)** korrelieren: Überprüfen Sie Ihren persönlichen SSI-Index: Niedriger SSI bedeutet geringere organische Reichweite und umgekehrt. Erhöhen Sie Ihren SSI durch die Teilnahme an Diskussionen, Networking und ein regelmäßig gepflegtes persönliches Profil. LinkedIn hat ein großes Interesse an Diskussionen und vollständigen persönlichen Profilen.
- **Extra-Tipp:** Ihr persönlicher SSI
  Loggen Sie sich hierzu bei LinkedIn ein und rufen Sie die Seite www.linkedin.com/sales/ssi auf. Sofort zeigt Ihnen das Tool Ihren Social-Selling-Wert an.
- **Hashtags:** Verwenden Sie immer Hashtags. Ich empfehle drei bis fünf, nicht mehr, denn das schadet Ihrer Reichweite!
- **Tagging:** Sie können Personen markieren, aber das sollten Sie nur tun, wenn diese auch wirklich mit Ihnen befreundet sind, bei diesem Thema eine Rolle spielen und am besten auch auf Ihren Post reagieren. Mindestens 25 bis 50 % sollten reagieren. Taggen Sie daher nur Menschen, bei denen Sie sicher sind, dass sie antworten. Ansonsten wird LinkedIn Sie auch hier mit einer geringeren Reichweite des Posts »bestrafen«.
- **Timing:** Testen Sie die beste Uhrzeit und den besten Wochentag. Denn die beste Zeit hängt von Ihrem ganz persönlichen Publikum ab. Es kann ein sehr guter Reichweitenhebel sein, wenn Sie wissen, wann Ihre Beiträge am besten funktionieren. In der Regel funktioniert wochentags – außer Freitag – zwischen 8 Uhr und 20 Uhr am besten.
- **Seien Sie schnell!** Die erste Stunde nach dem Posten eines Beitrags ist entscheidend. Wenn ein Beitrag nicht in der ersten Stunde erfolgreich ist, funktioniert er nicht. Am wichtigsten sind nicht nur viele Likes in den ersten 60 Minuten, verfassen Sie auch Kommentare. Kommentieren Sie jeden Kommentar, den Sie erhalten. Das ist besonders wichtig für den Algorithmus. Und wenn es nicht auf jeden Kom-

mentar eine schlaue Antwort gibt: einfach ein »Daumen hoch« oder ein »Danke«. Das ist besser als nichts!

- **Tools:** Sie benötigen keine LinkedIn-Tools, denn diese sind weder notwendig noch nützlich. Im Gegenteil: Es gibt sogar eine geringe Reichweitenstrafe für Ihre Beiträge, wenn Sie mit Tools posten.
- **Seien Sie authentisch!** Keine Werbung. Posten Sie wirklich nur Inhalte mit Mehrwert. Schlüpfen Sie in die Rolle eines Verlegers oder Redakteurs und stellen Sie inspirierende, interessante Inhalte und solche mit Mehrwert zur Verfügung und sprechen Sie nicht zu viel über das Unternehmen, Ihre Produkte oder sich selbst.
- **Kommentieren Sie!** Denn ein Kommentar ist viel wertvoller als ein Like, mindestens Faktor 10. Ermutigen Sie Ihre Follower, zu kommentieren, anstatt zu liken. Likes sind nett – bringen aber nicht viel für Ihre Reichweite.
- **Teilen Sie keine Beiträge mit der LinkedIn-Share-Funktion!** Denn dies vermindert Ihre Reichweite. Der LinkedIn-Algorithmus möchte, dass Nutzer in der App bleiben. Wenn Sie bestehende Inhalte teilen, hilft das LinkedIn nicht, es gibt keinen Mehrwert für LinkedIn, wenn Sie etwas wieder teilen, das bereits existiert. Besser ist es, den ersten Beitrag mit Ihren eigenen Gedanken zu kommentieren. Oder posten Sie es in Ihren eigenen Worten und geben Sie dem ersten Beitrag Credits, indem Sie den ursprünglichen Autor erwähnen und markieren. Ein solcher Repost gewinnt bis zu fünfmal mehr Reichweite als geteilte Beiträge.
- **Posten Sie nicht mehr als einen Beitrag am Tag.** Jedes Mal, wenn Sie einen neuen Beitrag teilen, wird der vorherige Beitrag verlangsamt. Besonders wenn der vorherige Beitrag erfolgreich war, warten Sie 24 Stunden mit dem nächsten. Diese Regel gilt nicht für Kommentare und Likes.

  Ausnahme: Wenn ein Beitrag nicht funktioniert, können Sie kurz darauf einen anderen posten.
- **Menschen folgen Personen, nicht Marken!** Nur etwa 5 % der Follower einer Unternehmensseite haben die Chance, den Inhalt dieser Seite zu sehen. Wenn Sie den gleichen Inhalt von einem persönlichen Profil statt von einer Unternehmensseite veröffentlichen, erhält der Beitrag aus dem persönlichen Profil eine sehr viel höhere Reichweite. Wichtig zu wissen: Die Unternehmensseite ist nur ein Content-Hub, kein Distributionszentrum für Inhalte. Darum sind Ihre persönliche LinkedIn-Strategie und Ihre Aktivitäten für Sie und Ihr Unternehmen auch so relevant!

4 Erfolgsgeheimnisse einer LinkedIn-Mitgliedschaft

Interview mit Selena Gabat, Marketingleiterin von LinkedIn

Selena Gabat arbeitet seit mehr als 20 Jahren als Brand Enthusiastin für B2B- und B2C-Marken. Als Marketingleiterin von LinkedIn für Europa, den Mittleren Osten und Afrika verantwortet Selena Gabat die Bereiche Brand Strategie, Digital Marketing & Social Media. Vor ihrer Zeit bei LinkedIn hat sie den Social-Media-Bereich für Sky Deutschland aufgebaut und wurde zusammen mit ihrem Team mit zahlreichen Preisen für innovative Markenführung ausgezeichnet.
Selena Gabat hat zwei Herzensthemen, die für sie eng miteinander verbunden sind. So setzt sie sich für die Gleichberechtigung am Arbeitsplatz ein und leitet die *Women@LinkedIn Mitarbeiter:innen-Initiative* für Deutschland. Außerdem schreibt sie bei LinkedIn über das Hochstaplergefühl und teilt unbefangen ihre eigenen Erfahrungen. Sie hält nichts davon, anderen vorzuspielen, sie hätte die perfekte Karriere und Familie. Im Gegenteil, je mehr wir unsere Erfahrungen »ohne Farbfilter« teilen, unsere Schwachstellen zeigen und uns auch mal trauen, um Unterstützung zu bitten, umso glücklicher und erfolgreicher empfindet sie ihre berufliche Entwicklung.

Christiane Wolff: Welchen Mehrwert bietet LinkedIn, den andere Kanäle nicht haben?

Selena Gabat: LinkedIn bietet ein Netzwerk für beruflichen Austausch, Inspiration und gegenseitige Unterstützung. Darüber hinaus ist LinkedIn natürlich auch als Weiterbildungsplattform sehr spannend. Über unser stetig wachsendes LinkedIn-Learning-Kursangebot zu Themen rund um berufliche Weiterentwicklung können sich unsere Mitglieder mit einem breiten Set an Skills erfolgreich auf neue Arbeitsmarktanforderungen vorbereiten. Kurse liegen in den Bereichen Business, Kreativität und Technologie – und sie werden von ausgewählte Expertinnen und Experten mit umfassender Praxiserfahrung geleitet. Aber auch Marketing und kreative Bereiche werden nachgefragt.

Christiane Wolff: Wie verbindet LinkedIn digitale und physische Netzwerke (z. B. über Events und Aktionen)?

Selena Gabat: Bei vielen Kontakten, die in der analogen Welt entstehen (z. B. mit Kollegen, Kundinnen, Kommilitonen), hilft LinkedIn dabei, diese Kontakte auch weiter im Blick zu behalten und damit sein eigenes Netzwerk zu pflegen.

Bis vor Kurzem haben wir immer wieder gehört, dass ein echter Kontakt ausschließlich über einen physischen »Handshake« entsteht. Nachdem wir seit zwei Jahren auf viele Events, Messen und Konferenzen verzichten mussten, wissen wir, ein digitales und ein physisches Netzwerk gehen Hand in Hand. Es ist einfach, sich ein digitales Netzwerk über LinkedIn aufzubauen und zu pflegen, denn viele Hürden aus dem physischen Raum, wie Distanz oder Zeitverschiebung, fallen weg. Durch einige Funktionen erleichtern wir ein virtuelles Zusammenkommen, wie durch die Funktion »LinkedIn Events«. Diese bietet Mitgliedern eine einfache Möglichkeit, professionelle Events zu erstellen und daran teilzunehmen, wie z. B. Online-Workshops oder Seminare. LinkedIn-Mitglieder können die Funktion nutzen, um Communities zu finden und ihnen beizutreten, ihr Geschäft auszubauen, sich mit anderen zu vernetzen und neue Fähigkeiten zu erlernen.

Um neue Kontakte zu knüpfen, helfen auch die LinkedIn-Gruppen, denn hier kann man sich mit anderen Mitgliedern mit ähnlichen Interessen vernetzen, die dann wiederum auch das physische Netzwerk bereichern.

Christiane Wolff: Was sind die drei wichtigsten Erfolgsgeheimnisse für einen LinkedIn-Kanal?

Selena Gabat: Das kommt darauf an, was man mit seinem LinkedIn-Kanal erreichen möchte – aber ein starkes und vollständig ausgefülltes Profil ist essenziell. Je mehr Informationen Nutzerinnen und Nutzer in ihrem Profil angeben, desto besser kann ihnen LinkedIn beim Aufbau eines Netzwerks helfen, beispielsweise auch dabei, sich optimal zu positionieren, neue Kontakte oder einen Job zu finden. Für ein starkes Profil sind folgende drei Aspekte, neben einem Profilfoto und der Angabe der beruflichen Stationen, wichtig:

1. Eine Zusammenfassung, welche die beruflichen Erfahrungen kurz und bündig auf den Punkt bringt,
2. die Angabe der eigenen Kenntnisse und Fähigkeiten, für mehr Glaubwürdigkeit gerne von anderen Mitgliedern bestätigt, sowie
3. die Einbindung von Medieninhalten wie Fotos, Interviews, Artikel oder Videos. In meinem Team beispielsweise produzieren wir viel Bewegtbild. Ich nutze mein Profil als Showreel um diese Arbeit darzustellen.

Unsere wichtigsten Tipps:

1. **Nutzen Sie LinkedIn nicht nur, wenn Sie aktiv einen neuen Job suchen.**
   Am meisten profitieren diejenigen von LinkedIn, die unsere Plattform nicht nur dann nutzen, wenn sie gerade einen neuen Job suchen, sondern regelmäßig, um sich auf dem Laufenden zu halten und um mit anderen in Kontakt zu bleiben. Wer sein Netzwerk pflegt und wer die Neugierde besitzt, täglich etwas Neues zu ler-

nen, der wird aus meiner Erfahrung seltener in die Situation kommen, überhaupt aktiv nach einem Job suchen zu müssen.

2. **Passen Sie LinkedIn auf Ihre Bedürfnisse an, denn Ihr Profil ist Ihre Story.**
   Trotz vorgeschlagener Struktur kann ein LinkedIn-Profil sehr individuell gestaltet werden. Wir bieten viele unterschiedliche Möglichkeiten – und unsere Mitglieder nutzen LinkedIn auf unterschiedliche Art und Weise, je nach Bedürfnis. Überlegen Sie sich, wie LinkedIn für Sie am besten funktioniert, sodass Sie Ihr Potenzial voll ausschöpfen können.
3. **Teilen Sie Ihre Meinung und regen Sie einen Diskurs an.**
   Wir möchten auf LinkedIn Meinungsvielfalt fördern. Am besten funktionieren deshalb Inhalte, die ein Thema von vielen Seiten beleuchten und einen Diskurs anstoßen.

Christiane Wolff: Welchen Stellenwert sollte LinkedIn Ihres Erachtens in der Kommunikationsstrategie eines CxOs haben?

Selena Gabat: LinkedIn stellt in der Kommunikationsstrategie eines CxOs einen entscheidenden Baustein dar, der auch immer intensiver genutzt wird. Auf LinkedIn können CxOs wichtige, für sie relevante Themen diskutieren und Denkanstöße geben. LinkedIn wird von Unternehmer-Persönlichkeiten gerne genutzt, weil LinkedIn einen Rahmen dafür gibt, auf direkte, authentische und gleichzeitig professionelle Art und Weise in Kontakt mit Kundinnen und Kunden, Mitarbeiterinnen, potenziellen Mitarbeitern und Stakeholdern jeder Art zu treten. LinkedIn ist eine Plattform für Information, Inspiration, Austausch und Dialog. LinkedIn ist zugleich eine Plattform, auf der Mitglieder ihre Zeit sinnvoll investieren wollen, statt sie bloß zu vertreiben.

Christiane Wolff: Wie persönlich soll oder muss ein Post auf LinkedIn sein?

Selena Gabat: In der Regel folge ich persönlich lieber Personen als Unternehmen. Deshalb dürfen Posts gerne auch etwas persönlicher sein, denn solche Beiträge sind deutlich authentischer, nahbarer und emotionaler als der Durchschnitt der Unternehmensnachrichten. Eigene Meinungen und persönliche Erfahrungen, die auf LinkedIn geteilt werden, können andere Mitglieder inspirieren und den Grundstein für einen offenen Austausch und ein starkes berufliches Netzwerk legen. Doch natürlich sollte jeder für sich selbst entscheiden, wie weit er oder sie sich auf LinkedIn öffnen möchte. Das Wichtigste ist, keiner soll sich auf LinkedIn verstellen müssen, sondern sich authentisch zeigen können.

Christiane Wolff: Welche Rolle spielt das Bewegtbild?

Selena Gabat: Bewegtbild spielt wie bei vielen anderen Plattformen auch bei LinkedIn eine immer größere Rolle. Auch wir setzen es an passender Stelle verstärkt ein – dafür gibt es zum Beispiel die Funktion LinkedIn Live. Mit dieser Funktion ermöglichen wir es, Inhalte in Echtzeit zu übertragen. LinkedIn Live eignet sich zum Beispiel, um Produkteinführungen zu zeigen und die Menschen hinter der Marke vorzustellen. Dabei ist es wichtig, die Inhalte interaktiv zu gestalten und live zur Interaktion aufzufordern, denn so erzielen Sie mehr Engagement und profitieren von einem intensiveren Austausch mit der Zielgruppe. Es empfiehlt sich hierbei, einen Moderator für das Screening der Kommentare und die Beantwortung von User-Fragen einzuplanen. Ein wichtiger Aspekt, nach dem wir immer wieder gefragt werden, ist, dass in keinem Medienformat die Reichweite durch den LinkedIn-Algorithmus bevorzugt wird. Entscheidend ist die Frage, welches Format initiiert unter meinen Followern das höchste Engagement.

Christiane Wolff: Wie schaut es mit Hatespeech und Shitstorms aus? Welche Erfahrung haben Sie auf LinkedIn gemacht und wie wird darauf reagiert?

Selena Gabat: Inhalte wie illegale Hassreden haben auf LinkedIn seit jeher nichts zu suchen und wir tolerieren keine unangemessenen Aktivitäten oder Verhaltensweisen wie Spam, Belästigung, Betrug und Fehlinformationen. Weitere Informationen dazu haben wir in unseren Community-Richtlinien festgelegt.

Darüber hinaus haben wir eine Reihe von Möglichkeiten, um anstößige Inhalte durch menschliches und technisches Eingreifen zu identifizieren. Wir arbeiten mit künstlicher Intelligenz (KI) und maschinellem Lernen, um den LinkedIn-Feed in Tonalität und Thema angemessen und professionell zu halten. Wir verwenden KI-Modelle zum Auffinden und Entfernen von Profilen mit unangemessenen Inhalten. Außerdem setzen wir KI ein, um unerwünschte Inhalte zu stoppen, auch wenn sie privat per Nachricht an einzelne Personen gesendet werden. Unsere Mitglieder sehen am Anfang einer Nachricht eine Warnung und haben die Möglichkeit, diese zu verwerfen, zu melden oder als sicher zu markieren.

Aber auch die Berichterstattung unserer Mitglieder leistet einen wichtigen Beitrag dazu, sicherzustellen, dass LinkedIn für alle Nutzerinnen und Nutzer weiterhin ein vertrauenswürdiges Umfeld bleiben kann. Deshalb klären wir unsere Mitglieder regelmäßig z. B. in Form von Kampagnen darüber auf, wie sie unpassende Inhalte melden und blocken können.

Christiane Wolff: Welche weiteren Features sind für die Zukunft geplant?

Selena Gabat: Neu ist der »Career Explorer«, den wir für Frankreich und Deutschland gelauncht haben. Dieser schlägt Nutzerinnen und Nutzern alternative Karrierewege vor, die basierend auf ihren Top-Fähigkeiten und ihrem aktuellen oder einem kürzlich ausgeübten Job in Frage kommen. Zu den alternativen Karrierewegen werden Fähigkeiten hervorgehoben, die die Nutzerinnen und Nutzer möglicherweise aufbauen sollten. Dazu bekommen sie direkte Links zu relevanten LinkedIn-Learning-Kursen und offenen Stellen in ihrer Region. Außerdem werden wir bald unseren »Discover Tab« anbieten. Analog zu den Discover-Funktionen von Instagram, TikTok und Co. werden wir damit eine Möglichkeit für unsere Mitglieder bieten, spannende Inhalte auch außerhalb ihres eigenen Netzwerks zu finden. Der Discover Tab soll ihnen auch dabei helfen, aktive Communities aufzubauen. Denn eine aktive Community ist wichtig, um in der Arbeitswelt auf dem Laufenden zu bleiben und dadurch die eigene Entwicklung voranzutreiben.

Christiane Wolff: Wem folgen Sie auf LinkedIn? Wer inspiriert Sie?

Selena Gabat: Für mich ist unsere »LinkedIn Top Voices DACH«-Liste immer wieder eine tolle Anlaufstelle, um inspirierende Mitglieder auf LinkedIn zu entdecken. Dabei handelt es sich um eine jährlich neue Übersicht der 25 Mitglieder, die im deutschsprachigen Raum im jeweiligen Zeitraum mit ihren Beiträgen relevante Diskussionen und Debatten angestoßen haben. Darüber hinaus folge ich Mitgliedern, die über Themen schreiben, die mich persönlich interessieren wie Mental Health am Arbeitsplatz (Nora Blum) oder die Frage, wie Frauen, sobald sie Mütter sind, nicht unsichtbar werden (Juliane Schreiber und Sarah Drücker) sowie alles über Diversity (Lunia Hara).

Christiane Wolff: Haben Sie einen ganz persönlichen Tipp für die CxO-Riege?

Selena Gabat: Bleiben Sie menschlich – von Ihrem Profilbild bis hin zu Ihren Beiträgen! Authentizität und Nahbarkeit sind das Wichtigste und helfen enorm dabei, ein Netzwerk aufzubauen. So können Sie einen persönlichen Einblick in Ihre Arbeitswelt gewähren und ehrliche Diskussionen mit anderen LinkedIn-Mitgliedern führen. Dabei sollten Sie unbedingt beachten, dass Ihr Profil zu Ihrer Persönlichkeit passt, besonders in der gewählten Tonalität. Und natürlich sollten sich Ihre persönlichen Botschaften auch immer mit den Unternehmenswerten decken und einen klaren Bezug zu diesen erkennen lassen. Definieren Sie, was Sie als Person ausmacht, welche Herzensthemen Sie verfolgen und für was Sie brennen. Und hierbei können Sie gern persönlich werden. Dadurch geben Sie Ihren Followern die Chance, zu verstehen, wer hinter Ihrem Jobtitel steht. Denn genau dadurch können Nähe und ein Netzwerk entstehen.

Christiane Wolff: Liebe Frau Gabat, vielen Dank für das Gespräch!

5 Die Formel für Kommunikations- und Unternehmenserfolg: Vertrauen plus X

Christiane Wolff, Positionierungs- und Kommunikationsexpertin für CxOs

Vertrauen ist die wichtigste Währung für Relevanz und Akzeptanz – und damit auch für den Erfolg einer Marke und eines Unternehmens. Vertrauen ist unbedingt auch die Basis für eine erfolgreiche und auch inspirierende Zusammenarbeit zwischen CxOs und den Kommunikationsverantwortlichen – ob im oder außerhalb eines Unternehmens.

Vertrauen + X

Es ist eine einfache Formel, die meines Erachtens für den Erfolg des CEOs und damit des Unternehmens verantwortlich ist: Vertrauen im Unternehmen und insbesondere das Verhältnis zwischen der Kommunikationsverantwortlichen und dem CEO, das dazu führt, dass eine authentische, visionäre und persönliche Kommunikation nach innen und außen gelingt. Dieses Verhältnis trägt dazu bei, dass der Blick auf das Unternehmen positiv ist, das Vertrauen in das Unternehmen und seine Produkte oder Dienstleistungen gesteigert werden kann und somit auch der wirtschaftliche Erfolg. Vertrauen ist für mich das Bindeglied, der Kitt und die unabdingbare Voraussetzung für ein so sensibles und auch wichtiges Verhältnis – dem zwischen Top-Management, CEO, CxO und der oder dem Kommunikationsverantwortlichen. Deswegen möchte ich diesem elementaren Wert hier ein wenig mehr Raum geben.

Was ist Vertrauen?

Gehen wir zunächst dem Wert Vertrauen auf den Grund und fragen wir im Anschluss, was er für den Erfolg von Unternehmen und Marken bedeutet. Was ist Vertrauen und wie wirkt sich Vertrauen auf unser menschliches Miteinander aus?

Vertrauen muss besonders heute, in einer schnelllebigen und sich immer schneller transformierenden globalen Wirtschaftswelt der Kernwert jedes Unternehmens sein. Werte können und müssen dabei einen Konsens über die Art und Weise der Zusammenarbeit bilden. Nicht zuletzt der Digitalisierungsschub und auch der Wechsel ins Homeoffice haben Unternehmen noch stärker gezwungen, sich dem Thema Vertrauen zu stellen.

Im *Gabler Wirtschaftslexikon* finden wir folgende Definition von Vertrauen:

> »Vertrauen ist die Erwartung, nicht durch das Handeln anderer benachteiligt bzw. geschädigt zu werden; als solches stellt es die unverzichtbare Grundlage jeder Kooperation dar, die sich immer dort ergibt, wo Akteure (Vertrauensneh-

> mer), die Einfluss auf andere (Vertrauensgeber) haben, über die Freiheit verfügen, in ihrem Handeln die Interessen anderer zu berücksichtigen oder nicht. Man kann zwischen Vertrauen in Personen sowie, in abgeleiteter Form, in Organisationen (korporative Akteure) und in institutionelle Strukturen, z. B. das vorherrschende Rechts- oder Währungssystem, unterscheiden.
> Komplementär zu Vertrauen ist Vertrauenswürdigkeit als Eigenschaft des Vertrauensnehmers, das in ihn gesetzte Vertrauen zu honorieren. Das ist insofern nicht trivial, da unter Umständen ein Anreiz besteht, sich selbst zu Lasten der Vertrauensgeberin besser zu stellen. Daher ist eine (glaubwürdige) Selbstbindung erforderlich.
> Als die beiden wesentlichen Eigenschaften von Vertrauenswürdigkeit werden Kompetenz und Integrität angesehen. Vertrauen steht in einem engen Zusammenhang mit Verantwortung: Akteure, denen vertraut wird, haben die Verantwortung, diese Vertrauenserwartung zu respektieren.«[1]

5.1 Das Vertrauen der Konsumenten in Unternehmen

Gehen wir nun einen großen Schritt weiter und schauen uns an, was Vertrauen in der Außendarstellung eines Unternehmens heute bedeutet. Denn hier wird das Thema fortgeführt – und auch von Konsumentinnen und Konsumenten immer stärker eingefordert.

Wir vertrauen in Kollegen, Mitarbeiterinnen, Vorgesetzte – aber wir vertrauen auch in Geschäftspartner, in Organisationen, in Produkte und in Marken. Auch die Basis für Geschäfte, Kooperationen oder Zusammenarbeit ist Vertrauen. Denn nicht nur Informationen fließen aus Vertrauen, auch Kundinnen und Kunden tätigen Käufe mehr und mehr aus Vertrauen. Martin Schweer, Professor für Pädagogische Psychologie und Leiter des Zentrums für Vertrauensforschung an der Universität Vechta, schreibt:

> »Es geht gar nicht um die Frage, ob wir vertrauen wollen oder nicht – wir müssen! [...] Wir haben eine steigende Spezifizierung, Technologisierung, Globalisierung [...] alles wird undurchschaubarer, das erhöht unsere Unsicherheit. Je komplexer eine Gesellschaft wird, desto mehr brauchen wir das Vertrauen, um sagen zu können: Es gibt Menschen und Systeme, denen ich Dinge anvertrauen kann, weil diese damit gut umgehen können.« (Schweer, 2018).

Die global agierende Kommunikationsagentur *Edelman Trust Barometer* führt seit 2000 jährlich Umfragen zu Vertrauen in Regierungen, Unternehmen, Medien und Nichtregierungsorganisationen (NGOs) durch und erhält damit immer mehr Aufmerk-

1 Quelle: https://wirtschaftslexikon.gabler.de/definition/vertrauen-50461/version-384763.

samkeit in den Medien. Die Studie untersucht die Relevanz des Themas Vertrauen in Unternehmen und damit in die Top-Managementebene: »Es gibt einen dramatischen Umschwung des Vertrauens: weg von den Regierungen und hin zur Wirtschaft«, sagte der CEO Richard Edelman.

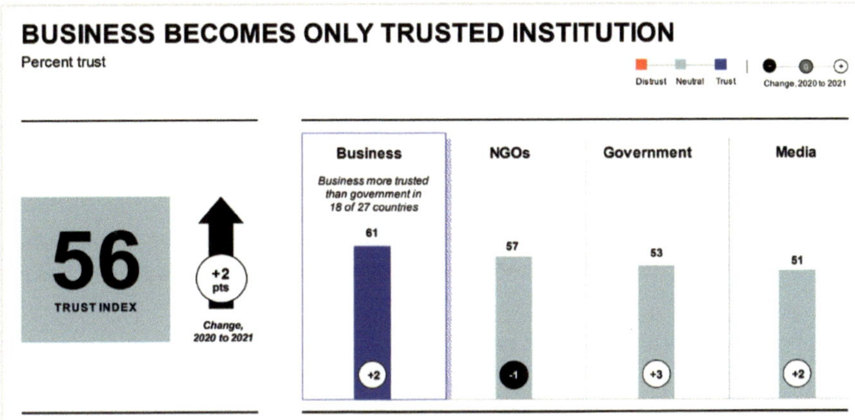

Abb. 1: Unternehmen werden zur einzigen vertrauenswürdigen Institution (Quelle: www.edelman.com)

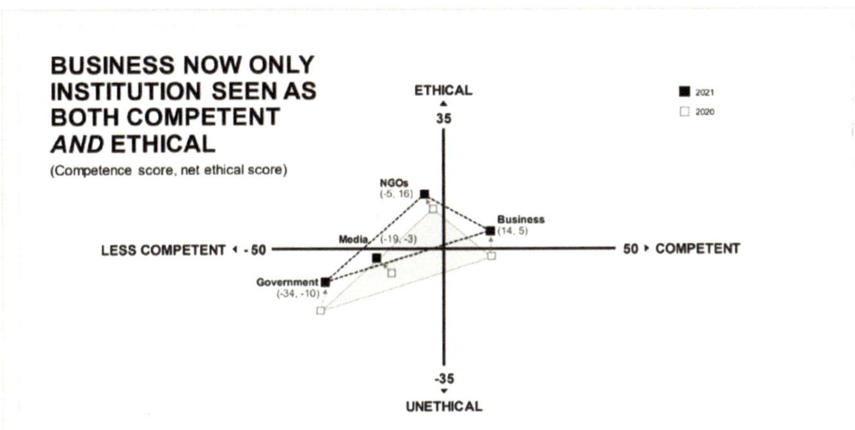

Abb. 2: Unternehmen werden weltweit am kompetentesten wahrgenommen! (Quelle: www.edelman.com)

Trotz des wachsenden Misstrauens in die wirtschaftliche Elite sei die »Wirtschaft« als Institution mit einem Vertrauensbeweis von 61 % der Befragten erneut der Teil der Gesellschaft, dem die Menschen am ehesten etwas zutrauten. »Anders als in der politischen Arena, wo die Führer mit der Regierung gleichgesetzt werden, unterscheiden die Menschen in der Geschäftswelt zwischen dem Verhalten der Top-Manager und der Wirtschaft im Allgemeinen«, so Edelman. Drei Viertel der Befragten verlassen sich demnach auf ihr Unternehmen und fast zwei Drittel vertrauen dem eigenen CEO, was dazu führt, so Edelman, dass die nächste Generation der Top-Managerinnen und -Manager sich deutlich mehr in die gesellschaftspolitische Debatte einmischen werde.

Edelman-Deutschland-Chefin Christiane Schulz schreibt dazu:

> »An diesem bleibenden Vertrauensvorschuss sind Bedingungen geknüpft: 68 % der hierzulande Befragten wollen, dass CEOs handeln, wenn die Regierung keine Antworten auf gesellschaftliche Herausforderungen findet (global: 68 %). 58 % sind der Meinung, dass CEOs selbst nicht nur gegenüber Aktionären und Vorständen, sondern auch gegenüber der Öffentlichkeit die Verantwortung (global: 65 %) tragen sollten. 57 % sagen darüber hinaus, dass CEOs bei Veränderungen die Führung übernehmen sollten, anstatt auf die Regierung zu warten (global: 66 %).«

Mehr als acht von zehn Befragten fordern, dass sich CEOs zu wichtigen gesellschaftlichen Themen wie den Auswirkungen der Pandemie, der Automatisierung von Arbeitsplätzen und gesellschaftlichen Problemen äußern, so das Ergebnis der Edelman-Studie. Mehr als zwei Drittel erwarteten von den Unternehmenslenkern sogar, dass sie einschreiten, falls die Regierung gesellschaftliche Probleme nicht löse, das heißt, CEOs haben, laut der Edelman-Studie, die Pflicht, aktiv zu werden.

5.2 Das Verhältnis von Marken und Vertrauen

Vertrauen ist die wichtigste Währung für Relevanz und Akzeptanz – und damit auch für den Erfolg einer Marke und eines Unternehmens. Das ist ein Kernergebnis des Edelman Trust Barometer 2020 Special Reports *Brand trust 2020* und des Edelman Trust Barometer 2020 Special Reports *Brands amidst crisis*. Das Thema Vertrauen zieht sich wie ein roter Faden durch diese Berichte: Vertrauen in Unternehmen und deren Mitarbeiterinnen und Mitarbeiter, Vertrauen in Marken und Produkte. Denn auch die Marken spielen bei der Kaufentscheidung deutscher Konsumentinnen und Konsumenten eine immer größere Rolle. Demnach liegt das Markenvertrauen mit 83 % nahezu gleichauf mit der Bedeutung von Produkteigenschaften wie Nutzen (87 %), Qualität (87 %), Inhaltsstoffe (86 %) und Wertigkeit (86 %).

52 % der Deutschen sind der Meinung, dass jede Marke gesellschaftliche Verantwortung übernehmen sollte. Ein Drittel der Deutschen sehen Unternehmen sogar besser in der Lage, gesellschaftliche Probleme zu lösen, als die Politik. Gleichzeitig haben jedoch bisher nur wenige hierzulande die Erfahrung gemacht, dass Markenunternehmen die Interessen der Gesellschaft ernsthaft im Blick haben (16 %). Und etwas über die Hälfte der Verbraucher hat das Gefühl, dass Unternehmen gesellschaftliche Themen lediglich als Marketing-Vehikel nutzen würden.

Wenn es einem Unternehmen gelingt, Vertrauen in der Marketingstrategie zu verankern, zahlt sich dies laut des Edelman-Reports aus. Dann sei es doppelt so wahrscheinlich, dass eine Konsumentin oder ein Konsument der Marke treu bleibt. Zudem würden sie sich vermehrt für die Marke einsetzen.

Vertrauen, so haben wir gesehen, steht im Mittelpunkt von allen Faktoren, die dazu beitragen, ob ein Unternehmen Erfolg hat. Diese Faktoren bedingen einander: Das Vertrauen der Mitarbeiterinnen und Mitarbeiter innerhalb des Unternehmens und dabei insbesondere das Vertrauen zwischen Kommunikation und CEO, das Vertrauen, das durch eine vertrauenswürdige Kommunikation und Öffentlichkeitsarbeit (und natürlich auch Werbung) nach außen aufgebaut wird. Die Menschen »draußen«, die Kundinnen und Kunden, greifen immer stärker zu Marken, denen sie vertrauen, und deren Produkten und Dienstleistungen – und sichern damit den Erfolg eines Unternehmens.

Abb. 3: Kreislauf des Vertrauens

Sollte es mit dem Vertrauen, dem Kontakt oder mit der Kommunikation nicht funktionieren, zahlt letztendlich das Unternehmen und auch das Top-Management den Preis dafür: schlechtere Qualität, falsche Geschwindigkeit, unzufriedene Kundinnen und Kunden und häufig auch frustrierte Mitarbeiterinnen und Mitarbeiter.

So ist die Keimzelle des Vertrauens im Top-Management verankert. Und nur das, was intern und extern von Seiten der CxO-Riege kommuniziert wird, kann das Vertrauen der Mitarbeiterinnen und Mitarbeiter sowie aller anderen externen Stakeholder stärken – oder eben auch das Gegenteil bewirken. Für die Kommunikation ist das Zusammenspiel zwischen CEO und den Kommunikationsverantwortlichen entscheidend. Entsprechend sollten hier ein Aufeinander-Hören, der intensive Austausch, das Mit- und Voneinander-Lernen den Grundstein einer erfolgreichen Zusammenarbeit bilden, und dies ohne große Eitelkeiten, Rechthaberei und zeitfressende »Ja, aber«- und »Man müsste mal«-Diskussionen.

Das Verhältnis der Mitarbeitenden zueinander trägt wesentlich zum Unternehmenserfolg und zur Glaubwürdigkeit der Kommunikation bei. Erfolgreiches Management basiert heute nicht nur auf der Exzellenz der einzelnen Führungskräfte, sondern immer mehr auf das gute Zusammenspiel aller Mitarbeiterinnen und Mitarbeiter, auf die wechselseitige Ergänzung der Kompetenzen und einem tiefen Verständnis von Partnerschaft – die wiederum auf Vertrauen basiert.

Diese grundlegende Einsicht gilt für den CEO und seinen Kommunikationsverantwortlichem intern und oder extern in besonderem Maße. Selbstverständlich ist das Top-Management und der CEO der wichtigste Kommunikator, aber die Kommunikationsverantwortlichen und damit auch die Agentur, die unterstützend tätig ist, haben über den inhaltlichen und fachlichen Auftrag hinaus ebenfalls großen Einfluss auf die Vision des CEOs, auf unternehmerische Entscheidungen und Strategien des Top-Managements. Schließlich hat sie oder er die Aufgabe, Themen aus dem Unternehmen intern und extern so zu vermitteln, dass sie auf größtmögliche Akzeptanz und Vertrauen stoßen. Vertrauen ist also die Währung für ein erfolgreiches Unternehmen.

Personal Branding und Positioning ist Vertrauensarbeit

Aus diesem – einem vertrauensvollen und persönlichem – Verhältnis heraus habe ich im Laufe meiner beruflichen Karriere als Kommunikationsverantwortliche im Unternehmen sowie in einer externen Kommunikationsagentur die jeweilige Kommunikationsstrategie gemeinsam mit dem Unternehmenslenker entwickelt, bei der immer schon die handelnden Personen, die Thought Leader und das Top-Management, im Mittelpunkt standen. Auch wenn es damals noch nicht *Buzzwords* wie Personal Branding, Corporate Influencer, CxO-Positioning gab und auch LinkedIn noch keine Rolle bei der Auswahl meiner Kommunikationskanäle spielte.

Vertrauen heißt für mich persönlich regelmäßige Kommunikation, Austausch, Inspiration, aber auch Diskussion, Fehler machen dürfen, Reibung und konstruktive Kritik. Als Mensch an der Seite des CEOs ist es auch Aufgabe und Pflicht, Kritik zu üben. Denn viele Personen gibt es in der Regel nicht mehr im Dunstkreis des Top-Managements, die diese wichtige Funktion des Infragestellens, der kritischen Begleitung, des mutigen Neudenkens übernehmen. Sei es eine Frage des Könnens oder des Mutes – der Elfenbeinturm des Top-Managements, der auch heute immer noch in vielen Unternehmen anzutreffen ist, wird oftmals nicht angetastet.

Dass ich als Kommunikationsverantwortliche die Klaviatur der Unternehmenskommunikation spielen kann, ist Voraussetzung für mein Tun. Der Erfolg und das Über-sich-Hinauswachsen in der Kommunikation stellt sich meines Erachtens dann ein, wenn bedingt durch das Vertrauen auch neue Wege genommen, neue Kanäle ausprobiert und für Teilbereiche oder Expertenthemen, die nicht im Unternehmen abgedeckt werden können, entsprechende Profis hinzugezogen werden. In den unterschiedlichen Positionen meiner beruflichen Karriere als Kommunikationsverantwortliche habe ich genau dies erfahren und möchte gerne anhand von Beispielen aus der Praxis zeigen, wie Thought Leadership und Personal Branding erfolgreich funktionieren.

Aus meiner Erfahrung bei Serviceplan, einer der größten inhabergeführten Kommunikationsagenturen, möchte ich gerne zwei Beispiele nennen, die sowohl auf die Marke als auch auf den CEO als auch die Thought Leader der Agentur einzahlen.

Als Chief Corporate Communications Officer habe ich gemeinsam mit internen Kolleginnen und Kollegen das Projekt Thought Leadership initiiert und an den Start gebracht. In einer 4.500 Mitarbeiterinnen und Mitarbeiter starken und internationalen Agenturgruppe mit zahlreichen Spezialdisziplinen und Agenturen gibt es sehr viele Expertinnen und Experten für die unterschiedlichen Themen und Spezialgebiete – das sind bei Serviceplan in der Regel die Geschäftsführerinnen und Geschäftsführer der einzelnen Agenturen. Diese haben wir nicht nur regelmäßig in den Medien und im agentureigenen Blog gespielt und kommuniziert, sondern eine eigene Thought Leader Landingpage entwickelt, auf der die Expertinnen und Experten mit Lebenslauf und Themen zu sehen – und auch zu buchen sind.

Wie bei der Serviceplan-Gruppe gibt es in vielen anderen Unternehmen neben dem CEO weitere Expertinnen und Experten, die durch ein strategisches Personal Branding und Positionierung auf den Erfolg des Unternehmens einzahlen. Auch hier ist Vertrauen der Schlüssel für den Erfolg. Aus meiner Erfahrung bindet ein Thought-Leader-Programm Führungspersönlichkeiten stark ans eigene Unternehmen.

So finden sich bis heute auf der Serviceplan-Seite die Expertinnen und Experten der Agenturgruppe:

»Anerkannte Thought Leader in fachlichen Schlüsselpositionen geben uns entscheidende Impulse für strategische Richtungen – von international ausgesteuerter integrierter Kommunikation über Werbewirkungsforschung unter Einbeziehung von Hirnstrommessungen bis hin zur Rückgewinnung von Konsumentenvertrauen mittels Krisen-PR. Unsere Thought Leader begeistern viele Menschen mit ihren innovativen Ideen.
Ab sofort können Sie das breit gefächerte Expertenwissen unserer Thought Leader gezielt im Rahmen von Impulsvorträgen oder Workshops einsetzen. Nutzen Sie die umfangreiche und übergreifende Expertise unserer Kompetenzträger auch als Perspektivenabgleich oder für ein Hintergrundgespräch. Wählen Sie dazu einfach Thema und Experten. Und melden Sie sich bitte bei Yvonne Wicht.
Wir freuen uns auf Sie.«

Abb. 4: Die Serviceplan-Website (Quelle: www.serviceplan.com)

Als Ergänzung zur unternehmenseigenen Thought-Leader-Seite bietet sich heute natürlich LinkedIn als Business- und Thought-Leader-Kanal an, um regelmäßig Trends, Projekte, News und Gedanken zum jeweiligen Expertenthema zu veröffentlichen (vgl. die Beiträge zur CxO-Positionierung und zu LinkedIn in diesem Buch) und damit die eigene Positionierung und die Reichweite zu stärken.

Ein weiterer Kanal sowohl zur CEO- als auch zur Thought-Leader-Positionierung ist das agentureigene *Magazin twelve*, das seit 2015 jährlich produziert und veröffentlicht wird. In enger Abstimmung mit dem CEO der Serviceplan-Gruppe wurde »TWELVE als individueller Jahresrückblick der Serviceplan-Gruppe für die Medien- und Kommunikationsbranche entwickelt. Das Magazin gibt einen Einblick, welche inspirierenden Persönlichkeiten und Themen die Serviceplan-Gruppe im letzten Jahr begleitet haben und stellt auf innovative Art das Portfolio der größten partnergeführten Agenturgruppe Europas vor.«[2] Das Magazin schafft es, mehrere Kommunikationsziele und auch Zielgruppen zu erreichen: Es wird exklusiv an Kundinnen und Stakeholder der Agenturgruppe versendet sowie an ausgewählte Medienvertreter. Und Mitarbeiterinnen und alle anderen Interessenten haben die Möglichkeit, das Magazin online zu lesen.

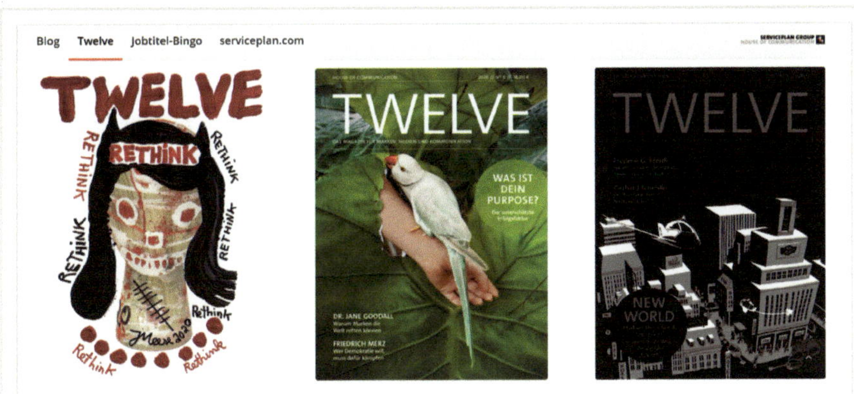

Abb. 5: Der Serviceplan-Blog (Quelle: www.serviceplan.com)

Die Auswahl der Autoren und Texte zahlt ebenso auf die Positionierung des Herausgebers und Vorwortgebers Florian Haller ein. Er unterstreicht mit dem Magazin sein Gespür für Trends, sein Wissen um die aktuellen Themen der Unternehmen, und er zeigt sein funktionierendes und starkes Netzwerk, das nicht nur auf den agentureigenen Veranstaltungen auftritt, sondern auch in *twelve* einen Beitrag leistet. Darüber hinaus haben die oben genannten internen Thought Leader auch ihren festen Platz mit eigenen Artikeln im Magazin.

Das Magazindesign unterstützt die Positionierung als Kreativagentur. Die ersten sechs Ausgaben von *twelve* wurden mit dem Red Dot Award: Communication Design 2015, 2016, 2017, 2018, 2019 und 2020 prämiert. Zusätzlich erhielt *twelve* mit dem Magazin 2020 den FOX AWARD: Gold & Silber.

2 Quelle: Twelve – Serviceplan Blog.

Neben den bekannten Kommunikationskanälen für CEO und Unternehmen ist es daher empfehlenswert, mit neuen, innovativen und inspirierenden Kanälen zu spielen. Um heute einen Unterschied in der Wahrnehmung zu machen, ist es Pflicht, Medienarbeit und Social Media zu bespielen – die Kür besteht darin, Mut und Kreativität zu haben, um neue Wege zu gehen und diese konsequent umzusetzen.

5.3 Netzwerken – Vertrauen in die Kraft der Kontakte

Mut und Kreativität waren auch die Antreiber bei der Gründung des Handwerker-Startups Crafty, das ich gemeinsam mit meinem Geschäftspartner als Geschäftsführerin und Kommunikationsverantwortliche gestartet und aufgebaut habe. Zum Portfolio einer 360-Grad-Kommunikationsexpertin und ihren Werkzeugkasten gehört auch das Thema Netzwerken. Und so habe ich im Rahmen meiner Tätigkeit als Mitgründerin und Geschäftsführerin von Crafty ein Branchennetzwerk gegründet, um relevante Kontakte in und aus der Branche zu bekommen.

! **Warum Netzwerken so wichtig für Ihre Karriere ist**

- Netzwerken hilft Ihnen, Ihre Karriere voranzutreiben und den nächsten Karriereschritt zu machen.
- Durch neue Verbindungen kann auch Neues entstehen: Projekte, Kooperationen, Geschäftsmodelle, Jobs, Veranstaltungen und vieles mehr.
- Netzwerken erleichtert oftmals Ihre Suche nach Unterstützung bei Jobthemen, beim Kontakt in ein anderes Unternehmen oder zu einem Dienstleister und dient auch einfach der Inspiration, um Ihre Kreativität und Produktivität zu beschleunigen.
- Netzwerken unterstützt Sie dabei, Ihr Wissen und Ihre Erfahrungen zu vertiefen.
- Netzwerken fördert Ihre Sichtbarkeit und Ihre Positionierung im Unternehmen, in der Branche und in den Medien.

»Das Netzwerk Handwerk 2025« wurde gegründet von der Handwerkskammer, der Internationalen Handwerksmesse sowie dem Handwerksunternehmen Crafty. Die Veranstaltungsreihe legt den Fokus auf Trendthemen im Handwerk, die von Expertinnen und Experten vorgestellt und mit ihnen diskutiert werden: New Work, Digitalisierung im Handwerk, Nachhaltigkeit.

Die Zielgruppe sind die wichtigen Player der Branche: Handwerksunternehmer, Startups, Architekten und Planungsbüros. Aufgezeigt werden unter dem Titel »Das Netzwerk Handwerk 2025« spannende Perspektiven. Die Teilnehmerinnen und Teilnehmer sollen dabei unterstützt werden, ihr Netzwerk um neue, wichtige Partner zu erweitern und ihr Unternehmen voranzubringen. Gemeinsam mit Expertinnen und Experten und anhand erfolgreicher Beispiele aus der Praxis wird an jedem Termin je ein richtungsweisendes Thema beleuchtet.

Coworking Nachhaltigkeit Digitale Kundenbeziehung Networking

Die Initiatoren der Reihe "Das Netzwerk Handwerk 2025"

Die Handwerkskammer für München und Oberbayern

Die Handwerkskammer für München und Oberbayern bietet für ihre 79.000 Mitglieder ein breitgefächertes, kostenloses Beratungsangebot. Darüber hinaus setzt sich die Handwerkskammer auch politisch für die Belange des oberbayerischen Handwerks ein, das derzeit 30 Prozent der Ausbildungsplätze stellt. www.hwk-muenchen.de

Internationale Handwerksmesse

Die Internationale Handwerksmesse ist die wichtigste Netzwerkplattform des Handwerks in Deutschland. Als gewerkeübergreifende Leitmesse weist sie der Branche und deren Betrieben den Weg in die Zukunft. Sie existiert seit 1949 und findet jedes Jahr im März auf dem Messegelände München statt.

Das Handwerksunternehmen Crafty

Das Handwerksunternehmen Crafty, 2018 in München gegründet, vereint alle Gewerke unter einem Dach und bietet Handwerksleistungen, von der Planung und Koordination bis hin zur Ausführung, mit eigenen Mitarbeitern an. Eine betont nachhaltige Arbeitsweise, die Integration von Betrieben ohne geregelte Nachfolge in die eigenen Reihen sowie die Förderung innovativer Start-ups machen Crafty zu einem Handwerksunternehmen der Zukunft. www.crafty.de

Abb. 6: Das Netzwerk Handwerk 2025 (Quelle: www.hwk-muenchen.de)

Denn auch Netzwerken heißt: Positionieren. Und als Mitinitiatorin und Gründerin des »Netzwerks Handwerk 2025« gemeinsam mit den wichtigsten Playern in der Handwerkbranche, der Handwerkskammer für München und Oberbayern sowie der Internationalen Handwerksmesse, habe ich mit und für mein Start-up Crafty nicht nur relevante Kontakte für das Unternehmen aufbauen können, sondern mich als CEO und Crafty als junges Start-up erfolgreich positionieren können.

Mit dem richtigen Narrativ haben wir es geschafft, die Geschichte von Crafty und besonders diejenige der beiden Köpfe dahinter zu positionieren und in zahlreichen Medien zu platzieren. In meiner Rolle als Co-Gründerin und Co-Geschäftsführerin habe ich mir dazu externe Unterstützung genommen. Gemeinsam mit einer Expertin für Storytelling haben wir bereits vor der Gründung der GmbH unsere Narrative, unsere USPs und unsere jeweilige persönliche Lebensgeschichte – also der Teil, der unsere beruflichen Milestones geprägt hat – herausgearbeitet (vgl. den Beitrag von Katja Schleicher in diesem Buch).

Erfolgsfaktor Kompetenzteam !

Storytelling ist einer der wichtigsten Bausteine, um konsequent und nachhaltig nicht nur die Geschichte des Unternehmens, sondern immer mehr auch die Geschichte des CEOs zu erzählen. Und um die richtige Story herauszuarbeiten, bedarf es Zeit und Expertise.
Hier ist es empfehlenswert, sich externe Unterstützung zu holen. In meinem persönlichen Kompetenzteam, das ich über einen Zeitraum von 20 Jahren aufgebaut und kontinuierlich gepflegt habe, habe ich für beinahe jede Spezialdisziplin in der Kommunikation ausgewählte Trainerinnen, Coaches und Berater, die ich je nach Bedarf hinzuziehe. Unsere Welt wird immer differenzierter und kleinteiliger – wir alle sind in einem oder vielleicht zwei Bereichen Expertin oder Experte, aber nicht in allen. So ist es für mich selbstverständlich, dass ich auch im Bereich Kommunikation mit Expertinnen und Experten zusammenarbeite, die mich ergänzen und unterstützen. Auch hier geht es um Vertrauen – nachhaltiges Zusammenarbeiten mit einem Kompetenzteam ist der Schlüssel zum Erfolg.

Abb. 7: Website der Zeitschrift *Brand eins* (Quelle: www.brandeins.de)

Unser Narrativ – Kommunikationsexpertin und Netzwerkerin trifft Handwerksmeister und erfolgreichen Unternehmer und gründet mit ihm ein Handwerker-Start-up, um die Branche zu revolutionieren – bildete die Grundlage für unsere Medienarbeit. Über diesen Hebel haben wir es geschafft, nicht nur in alle relevanten Start-up- und Handwerkermedien zu kommen, sondern auch in die *Süddeutsche Zeitung*, *Brand eins* und die *Bild-Zeitung*.

Abb. 8: Artikel in der *Süddeutschen Zeitung* zu Crafty (Quelle: www.sueddeutsche.de)

Bei dentsu, einem der fünf größten globalen Werbekonzerne, habe ich als CMO DACH, gemeinsam mit zwei weiteren Führungsfrauen aus Österreich und der Schweiz, ein internes Frauennetzwerk gestartet. Die Idee dahinter: Wir möchten den dentsu-Frauen in der DACH-Region mit einer hybriden Eventreihe Motivation, Energie und Impulse geben. Die Zahlen und Fakten in der Agenturgruppe versprechen in Sachen Diversity sehr viel Positives, dennoch braucht es auch in der Agenturbranche und in der Gesellschaft gezieltes Female Empowerment, Inspiration von Role Models und nach wie vor auch Diskussionen unter weiblichen Mitarbeiterinnen zu Themen wie Gender, Sprache und mehr. Die Veranstaltungsreihe startete unter der Schirmherrschaft der ehemaligen CEO Deutschland und DACH, Dr. Ulrike Handel, die bei der Premiere zu Gast war. So zahlt diese Eventreihe und das Format nach innen und außen nicht nur auf die Positionierung der Agenturgruppe als mitarbeiterorientiertes und diverses Unternehmen ein, sondern auch auf die Positionierung der agierenden Personen und der CEO.

Abb. 9: Einladung zum dentsu-Event (Quelle: dentsu DACH)

Diese neue Veranstaltungsreihe soll eine offene Plattform werden, die gemeinsam mit den Kolleginnen weiterentwickelt werden soll und darf. Dentsu F wird regelmäßig alle drei Monate als digitales Event reihum in DACH organisiert.

5.4 Exkurs: Thought Leadership und Medienarbeit

Wie schaffe ich es, mit meiner Person in Verbindung mit meiner Expertise und meinem Unternehmen in eines der Top-Medien in Deutschland? Auch wenn es heute mit Blogs, LinkedIn und anderen Kanälen ganz neue Möglichkeiten gibt, sich als Thought Leader und CEO zu positionieren, so ist es doch für die meisten Führungskräfte auch heute noch die Königsdisziplin, in der *Süddeutschen Zeitung*, das *Handelsblatt* oder das *Manager Magazin* zu kommen.

Neben dem sehr praxisnahen Beitrag von Eva Müller, Redakteurin des *Manager Magazins*, in diesem Buch stelle ich gerne eine weitere Möglichkeit vor, wie Sie sich die Aufmerksamkeit der Tageszeitungen und der Wirtschaftsmedien erarbeiten können. Sind Sie als CEO für ein Thema, eine Disziplin und oder eine Branche Expertin oder Experte, so kann das für Medien eine relevante Ressource sein.

Für meine Kundinnen und Kunden, aber auch in meiner Rolle als Kommunikationsverantwortliche in Unternehmen bereite ich sogenannte Speaker-Profile auf, die sie mit ihren wichtigsten beruflichen Milestones, ihren Expertenthemen und einer provokanten aktuellen These vorstellen. Diese biete ich den entsprechenden Redakteurinnen und Redakteuren gerne an – auch als Hintergrundgespräch für eine größere Geschichte im Medium. Und – ich verspreche es Ihnen – die Redakteurin oder der Redakteur wird irgendwann auf Sie zukommen (oder Ihre Kommunikationsverantwortliche!), um Sie zu zitieren oder zu interviewen!

Erfolgreiche Kommunikation bedeutet für mich Vertrauen. Und durch eine vertrauensvolle und selbstverständlich strategische Zusammenarbeit zwischen internen und/oder externen Kommunikationsverantwortlichen und CEO in Kombination mit dem Mut zu neuen Ideen und Formaten, einem ausgewählten Kompetenzteam und Netzwerk liegt der Schlüssel für den Erfolg einer erfolgreichen Positionierung. Die Formel für Kommunikations- und Unternehmenserfolg lautet für mich daher: Vertrauen plus X.

CLOUBERRY
ZEITGEISTY CORPORATE GIFTS

Jetzt ist die Zeit, den Werbemittelmarkt zu revolutionieren. Nachhaltig und zeitgeisty!

Chalwa Heigl ist Gründerin und Geschäftsführerin von Clouberry und Clouberry Consulting.

Der Werbemittelmarkt ist alleine in Deutschland durch Corona, aber auch durch fehlende nachhaltige und innovative Produkte und Konzepte in 2020 um 20 % auf 3 Milliarden zurückgegangen. Unternehmen suchen verstärkt nach der Krise nach frischen Ideen und Nachhaltigkeit, um einen Mehrwert für ihre Kunden und die Umwelt zu generieren.

Chalwas Vision ist es, mit Clouberry den Werbemittelmarkt nachhaltig zu revolutionieren und DIE weltweite Handelsplattform für nachhaltige Corporate Gifts aufzubauen. Das Besondere an Clouberry: Die Handelsplattform schlägt die Brücke zwischen etablierten Unternehmen und weltweiten Startups mit nachhaltigen Produkten.

Die Seriengründerin blickt auf zahlreiche innovative Unternehmungen zurück: Mit 23 Jahren hat sie als Autodidaktin ihre erste PR Agentur aufgebaut und zehn Jahre später erfolgreich an TBWA verkauft. Es folgte die Erfolgsgeschichte einer Lovebrand: die DerGugl Manufaktur. Mit der Kuchenpraline in Guglhupfform gelang Chalwa ein vielbeachteter Coup: Sie eroberte die Medienwelt, die Kunden, die Focus-Bestsellerliste und gewann zahlreiche Gründerpreise. Nach dem Verkauf von DerGugl kamen weitere Stationen als Start-up-Scout für die MIGROS sowie die Mitgründung der PR-Agentur HELLO LOVEBRANDS!, die sie 2019 verkaufte, um sich 100 % um die Revolutionierung der Werbemittelbranche zu widmen. Sie lebt heute auf Mallorca und in München und verbindet nachhaltiges Arbeiten mit nachhaltiger Selbstbestimmtheit.

EXPERTISE & THEMEN

- Werbemittelmarkt & Nachhaltigkeit
- Innovation & Trendscouting
- Mut & Mindset
- StartUp & New Leadership

PRESSEKONTAKT

CLOUBERRY GmbH
Christiane Wolff
christiane@clouberry.com
+49 173 9370201

Westermühlstrasse 28
80469 München

Abb. 10: Website von Clouberry

6 »Interne Kommunikation gibt Orientierung, Wertschätzung und Motivation«

Interview mit Susanne Aigner, Geschäftsführerin von Discovery

Die erfahrene Medien-Managerin **Susanne Aigner** verantwortet heute als Geschäftsführerin von Discovery einen Großteil der europäischen Märkte und hat erfolgreich umfassende Integrations- und Transformationsprozesse initiiert. Und das grundsätzlich mit einem großen Optimismus und hochgekrempelten Ärmeln: Susanne Aigner will anpacken und Dinge dauerhaft verändern. Die Teamplayerin engagiert sich für Diversität und Empowerment aller Mitarbeiterinnen und Mitarbeiter. Weil Unternehmen von gelebter Vielfalt profitieren und so zukünftig wettbewerbsfähig bleiben.

In diesem Interview spricht Susanne Aigner darüber, wie tief Kommunikation mit Verantwortung verbunden ist. Sie zeigt auf, welche Bedeutung interner Kommunikation (besonders in Krisenzeiten!) zukommt und wie sie sich als Wachstumsmotor für Unternehmen realisieren lässt. Darüber hinaus macht sie deutlich, welche Rolle Netzwerke und Diversität für Unternehmen und deren Managerinnen und Manager spielen.

Christiane Wolff: Welche Rolle spielen interne und externe Kommunikation in Ihrem Joballtag?

Susanne Aigner: Ich bin Teil einer internationalen Medienfirma und Kommunikation gehört damit schon per se zum Unternehmensinhalt und Business-Modell. In der Medienbranche – und das meine ich persönlich wie auch von Unternehmensseite her – ist interne wie externe Kommunikation nicht Kür, sondern Pflicht und spielt eine essenzielle Rolle im Miteinander von Kolleginnen und Kollegen, Geschäftspartnern, Stakeholdern, Zuschauern sowie der breiten Öffentlichkeit und Gesellschaft im Ganzen. »Man kann nicht nicht kommunizieren.« – Dieser bekannte Satz von Paul Watzlawick bedeutet für mich: Alles, was ich sage oder auch nicht sage, hat intern wie extern Wirkung und fügt sich zu einem Bild von mir und auch dem Unternehmen zusammen.

Christiane Wolff: Kommunikation hat also nicht nur mit Wahrnehmung zu tun, sondern auch mit Verantwortung?

Susanne Aigner: Absolut. Als Geschäftsführerin bin ich einerseits (mit)verantwortlich für das Bild, für das Image, das mein Unternehmen in der Öffentlichkeit hat, andererseits auch dafür, wie stark sich die Mitarbeiterinnen und Mitarbeiter mit unserem Unternehmen identifizieren. Das sind für mich Aufgaben von höchster Priorität, die durch interne wie externe Kommunikation immer wieder aufs Neue belebt und gelebt werden müssen.

Christiane Wolff: Wie hat sich besonders die interne Kommunikation seit Frühjahr 2020 verändert?

Susanne Aigner: Interne Kommunikation hat an Bedeutung nochmals zugenommen, da sie den Mitarbeiterinnen und Mitarbeitern nicht nur Informationen gibt, sondern vielmehr der Orientierung, der Wertschätzung und Motivation dient. Ein gut funktionierender, offener Austausch auf allen Ebenen des Unternehmens trägt maßgeblich zum Erfolg des Unternehmens bei. In Zeiten von Instabilität, Unsicherheit und Veränderung – so wie wir sie seit Frühjahr 2020 erfahren – ist die interne Kommunikation auf eine ganz besondere Probe gestellt. Mehr denn je ist – ohne die Möglichkeit des persönlichen Austauschs, des informellen Gesprächs, der zufälligen Begegnung auf dem Flur oder in der Küche – das Kontakthalten zu den Kolleginnen und Kollegen, das Zusammenbringen des Teams, aber auch das One-to-One-Gespräch und vor allen Dingen das Zuhören von immenser Bedeutung. Denn Kommunikation ist niemals eine Einbahnstraße. Es ist enorm wichtig, den Mitarbeiterinnen und Mitarbeitern zu zeigen: Ihr seid nicht alleine, auch wenn ihr im Homeoffice arbeitet. Gemeinsam schaffen wir es, durch die Krise zu kommen, das Business läuft weiter – und du, dein Engagement zählt.

Christiane Wolff: Wie haben Sie als CEO auf die Herausforderungen reagiert?

Susanne Aigner: Ich möchte meinen Mitarbeiterinnen und Mitarbeiter vermitteln, dass wir Verständnis für sie haben, dass wir ihnen helfen. Ich möchte sie motivieren und informieren und auch den Austausch untereinander fördern. Das ist nicht ganz so einfach, wenn von heute auf morgen alles nur noch digital möglich ist. Und es kann meines Erachtens auch nur dann funktionieren, wenn es bereits vor der Krise eine gelernte interne Kommunikation und eine entsprechende Unternehmenskultur der Offenheit und des Austauschs auf allen Ebenen gegeben hat.

Christiane Wolff: Welche Tools sind hinzugekommen und haben sich als erfolgreich etablieren können?

Susanne Aigner: Bei Discovery arbeiten wir in der internen Kommunikation schon lange mit Workplace und haben hier zahlreiche Gruppen – international wie lokal, für unternehmensweite Announcements ebenso wie für spezifische Themen kleiner Interessensgemeinschaften. Hier erfahren die Mitarbeiterinnen und Mitarbeiter nahezu alles, was im Unternehmen gerade passiert und was wichtig ist. Es ist eine offene Plattform, jeder kann und soll dieses Tool nutzen, das gerade in der Krisenzeit extrem wichtig ist. Hier verabreden sich Leute zum gemeinsamen digitalen Lunch, bekommen

Informationen zu Beratungsmöglichkeiten in Familien- und persönlichen Angelegenheiten, finden aktuelle Infos zu Corona-bedingten Maßnahmen oder auch Wellbeing-Angeboten wie Online-Pilates-Kursen. Wir sind seit letztem März im Homeoffice, und gleich zu Beginn haben wir ein regelmäßiges Town-Hall-Meeting initiiert, bei dem ich die Mitarbeiterinnen und Mitarbeiter über neueste Unternehmensentwicklungen informiere und Updates zu relevanten Themen gebe. Hier schalten sich dann die Mitarbeiterinnen und Mitarbeiter via Zoom zu. Zoom ist überhaupt für uns zum wichtigsten Kommunikations-Tool geworden, mit dessen Hilfe wir alle Meetings durchführen und das unsere Mitarbeiterinnen und Mitarbeiter auch privat nutzen können.

Christiane Wolff: Sie arbeiten in der TV-Branche. Inwiefern ist das Thema Bewegtbild für die Kommunikation relevant?

Susanne Aigner: Bewegtbild ist die zeitgemäße Kommunikationsform schlechthin geworden – Bilder prägen sich besser ein als Worte, sind unmittelbar und wirken emotional. Informationen und Botschaften können mit einem Video viel greifbarer und überzeugender vermittelt werden als nur durch eine E-Mail. Ein Video lässt sich darüber hinaus meist schneller ansehen und verstehen als ein Text. Für uns stellt Bewegtbild-Content ein wichtiges Mittel dar, um auf sehr individuelle und authentische Art und Weise mit unseren Kundinnen und Kunden kommunizieren zu können. In Zeiten der Corona-Krise und dem Verlust persönlicher Kontakte gilt dies in noch verstärktem und beschleunigtem Maße. So haben wir im letzten Jahr beispielsweise Programmpräsentationen für unsere Kundinnen und Kunden als Video produziert.

Christiane Wolff: Nutzen Sie Bewegtbild auch für die interne Kommunikation?

Susanne Aigner: Ja. Wir haben z. B. meine Weihnachtsansprache 2020 aufgezeichnet und den Mitarbeiterinnen und Mitarbeitern als abrufbaren Film zur Verfügung gestellt. Wichtig ist dabei jedoch, sich vor jeder Bewegtbildproduktion zu überlegen, wer angesprochen werden soll, was die Botschaften sind, welche Tonalität, welche Länge und welcher Aufwand dem Thema angemessen sind. Für die interne Botschaft an Mitarbeiterinnen und Mitarbeiter wirkt ein selbst gedrehtes Video-Update authentisch und schafft Nähe, während externe Unternehmensbotschaften natürlich – gerade bei einem TV-Unternehmen – höchste Professionalität und Kreativität erwarten lassen.

Christiane Wolff: Sie haben bei Discovery ein Frauennetzwerk gegründet. Was ist die Idee dahinter und wo stehen Sie damit heute?

Susanne Aigner: Das Discovery Frauennetzwerk, das wir 2015 in Deutschland gegründet haben, ist nur ein Teil unseres Engagements im großen Bereich »Diversity«. Schon lange leben wir hier bei Discovery Deutschland eine Organisationskultur der Vielfalt – wir stehen für Diversität und unbedingte Gleichbehandlung aller, die bei uns arbeiten oder Arbeit bei uns suchen. Im letzten Jahr haben wir dafür auch nach außen ein sichtbares Zeichen gesetzt: Wir haben die Charta der Vielfalt unterschrieben und stehen nun offiziell für ein Arbeitsumfeld frei von Vorurteilen. Unser langjähriges Engagement für Vielfalt zeigt sich eindrucksvoll in unseren Mitarbeiternetzwerken, in denen sich die Kolleginnen und Kollegen engagieren und auch global austauschen.

Christiane Wolff: Können Sie hier ein paar Beispiele nennen?

Susanne Aigner: In unserem Unternehmen arbeiten Gruppen wie »WorD« mit dem Fokus auf Sprache und Kultur, »GreenD« mit Fokus auf Nachhaltigkeit und Ernährung, »FamilyForm«, wo es um Familie und Kinder geht, »PriDe« mit dem Thema LGBTQ sowie unsere Frauennetzwerke, die sich auf Gender-Themen konzentrieren. Global haben wir inzwischen sechs aktive Frauennetzwerke (Deutschland, Polen, Spanien, UK, USA sowie ein frisch gestartetes in Indien). Demnächst folgen weitere Frauennetzwerke gerade auch in Asien. Ein wichtiger Teil der Unternehmenskultur von Discovery ist die Gleichheit von Mann und Frau – für uns zählt nicht, welches Geschlecht jemand hat, sondern alleine Können und Erfahrung. Das Thema Diversity ist darüber hinaus in den globalen Unternehmensprioritäten verankert.

Christiane Wolff: Spiegelt sich das auch im Management von Discovery wider?

Susanne Aigner: Sicher. Wir haben einen sehr hohen Anteil von Frauen in Führungspositionen. Im deutschen Managementteam beträgt der Anteil von Frauen 60 %, die komplette EMEA-Region wird von einer Frau geführt, relevante Führungspositionen in ganz Europa werden von Frauen verantwortet. In den Frauennetzwerken geht es uns darum, dieses Bewusstsein nach innen wie auch außen fortzutragen und lebendig zu halten und Frauen bei ihrer persönlichen Entwicklung zu unterstützen. So lautet das Ziel und der Zweck, den sich das deutsche Netzwerk selbst gesetzt hat: »Wir wollen die Mitarbeiter von Discovery im Hinblick auf ihr persönliches und berufliches Wachstum inspirieren und ihnen die Mittel zur Verfügung stellen und Wege aufzeigen, die ihnen in ihrem alltäglichen Leben wie auch ihrer weiteren beruflichen Karriere hilfreich sein können.« Es geht uns zum einen darum, relevante Themen und Probleme für Frauen zu identifizieren und Lösungsansätze zu entwickeln in Anlehnung an die Unternehmensziele sowie die berufliche und persönliche Weiterbildung zu unterstützen und die Entwicklung persönlicher Potenziale und die Förderung der Karriere im Einklang mit dem Privatleben zu gestalten.

Christiane Wolff: Wie wichtig ist die Vernetzung berufstätiger Frauen aus unterschiedlichen Berufen und Branchen?

Susanne Aigner: Das spielt eine große Rolle. In den vergangenen Jahren konnten wir Workshops, Trainings und Vorträge zur Persönlichkeitsentwicklung, zu unterschiedlichen Skills, die der Karriere dienen, zu Female Leadership, zu Netzwerken anbieten, wir haben Lesungen und Filmvorführungen initiiert, gemeinsame Frühstücke zum Weltfrauentag und ein Panel mit Top-Management-Frauen durchgeführt und natürlich auch in regelmäßigen Lunch-Treffen den persönlichen Erfahrungsaustausch gepflegt. Im letzten Jahr waren die Aktivitäten und der Austausch Corona-bedingt etwas erschwert, aber natürlich versuchen wir auch auf digitalem Wege das Netzwerk weiter zu pflegen und mit neuen, der Zeit angepassten Ideen unsere Ziele weiter voranzutreiben.

Christiane Wolff: In welchen Netzwerken sind Sie selbst aktiv und wie relevant ist das Thema Netzwerken für Sie?

Susanne Aigner: Netzwerken war schon immer relevant – man denke nur an die Verbindungskultur im universitären Rahmen – und hat auch durch die steigenden Möglichkeiten dank der Digitalisierung in den letzten Jahren in einer zunehmend fragmentierten Gesellschaft noch an Bedeutung gewonnen. Ich selbst erachte dabei Frauennetzwerke als besonders wichtig. Es ist nötig, dass Frauen sich austauschen, Erfahrungen weitergeben, um beruflich aber auch privat und im persönlichen Bereich weiterzukommen und auch politisch-gesellschaftlich damit Zeichen zu setzen. Frauennetzwerke sind wichtig, weil sich durch Austausch, aber auch spezifische Programme, Förderungen oder Schulungen, Möglichkeiten ergeben, neue Facetten an sich selbst zu erfahren, Mut für Neues zu bekommen und sich auch – jenseits fachlicher Qualifikation – Karriere zuzutrauen. Darüber hinaus können sie dazu inspirieren, neue Modelle für die Vereinbarkeit von Beruf und Familie zu entdecken, den eigenen Platz in der Gesellschaft zu finden und nicht zuletzt an Selbstbewusstsein zu gewinnen. All dies kann ein gutes Netzwerk leisten. Ich persönlich bin Mitglied beim Frauennetzwerk »Mission Female« sowie bei »Frauen verbinden«.

Christiane Wolff: Liebe Frau Aigner, vielen Dank für das Gespräch!

7 Die Bedeutung der Social CEOs nimmt zu

Klaus Eck, Kommunikationsberater aus München

Klaus Eck berät viele Unternehmen beim Aufbau eines Corporate-Influencer-Programms und in der CEO-Kommunikation. Der Kommunikationsberater und Contentstratege begleitet seit mehr als 25 Jahren Marken bei der Digitalisierung ihrer Unternehmens-, Marketing- und Kommunikationsprozesse. Er hat vier Fachbücher und zahlreiche Publikationen in Zeitschriften über Content Marketing, Corporate Influencer und Reputation Management veröffentlicht. Als Jurymitglied ist er seit mehr als zehn Jahren aktiv für den BdKom Award. Außerdem ist er Lehrbeauftragter an der FH Joanneum in Graz (Content Strategy). Im deutschsprachigen Raum sind nicht allzu viele Geschäftsführer und Vorstände auf Social Media aktiv. Damit vergeben viele von ihnen die Möglichkeit, ihre eigenen Argumente ungefiltert vorzutragen. In seinem Beitrag stellt Klaus Eck heraus, wie Vorstände davon profitieren, wenn sie LinkedIn und andere Social-Media-Kanäle gezielt für sich einsetzen. Sie können dadurch ihre eigenen Unternehmensthemen besser auf die öffentliche Agenda setzen und darüber die Reputation ihres Unternehmens stärken.

Eine große Krise kann niemand ignorieren. Wer die letzten größeren Wirtschaftskrisen betrachtet, konnte schon vor der Corona-Krise aus der Dotcom Blase 2000, 9/11, der Finanzkrise 2008 und der Eurokrise einige Erfahrungen für neue Krisenszenarien ableiten. In diesen Krisenzeiten haben einige Unternehmer geschwiegen oder auf sich aufmerksam gemacht, weil sie vom Staat Hilfe erwartet haben. Sehr viel positiver wirken hingegen Entscheider, die in diesen schlimmen Phasen Hilfsangebote machen und das klar kommunizieren.

In einer Krisenzeit wie der Corona-Krise fällt es vielen Unternehmen schwer, die richtigen Worte und Ideen in der Krisenkommunikation zu finden. Während einige Firmen zu aktionistisch reagieren, viel beliebigen Content produzieren, ohne dabei den eigenen Markenfokus zu berücksichtigen, verfallen andere Unternehmen nahezu in Schockstarre und kommunizieren lieber gar nicht, um keine Fehler zu machen. Beides ist jedoch nicht sinnvoll. Es bedarf einer guten Contentstrategie in einer Krise, die auf die aktuellen Probleme eingeht.

Gerade in unsicheren Zeiten können Unternehmen durch eine klare und faktenbasierte Kommunikation mit entsprechenden Inhalten für Vertrauen sorgen. Sowohl die eigenen Mitarbeiterinnen und Mitarbeiter wie auch die Kundinnen und Kunden wollen wissen, wie Entscheider mit der Krisensituation umgehen, und herausfinden, ob es sich bewährt. Dabei geht es immer auch um vertrauensbildende Maßnahmen und um das Herstellen einer gewissen Transparenz.

Wer als Entscheider frühzeitig auf die Krisensituation eingeht, gibt seinen Mitarbeiterinnen und Kunden Orientierung. Er oder sie erweist sich als wahre Führungskraft, während andere nur auf das Geschehen reagieren und »Business as usual« machen. Dabei ist es wichtig, auf allen Ebenen präsent zu sein.

In der Corona-Krise erlebten die Regierungen weltweit einen Informationsbankrott. Das zeigt das Edelman Trustbarometer von 2021. Das Vertrauen in Politikern ist auf einen Tiefpunkt angekommen. Stattdessen erhofften sich viele eine Lösung von der Wirtschaft. Drei Viertel der rund 34.000 Befragten verlassen sich auf ihr Unternehmen und fast zwei Drittel vertrauen lieber dem eigenen CEO. »Das ist fast wie im Mittelalter, wo die Menschen auch nur dem trauten, was sie aus ihrer unmittelbaren Nähe kannten«, meinte der Edelman-Chef Richard Edelman bei der Vorstellung des Trustbarometers.

Letztlich erhalten durch den Vertrauensbonus die Unternehmenslenker auch mehr gesellschaftliche Verantwortung, der sie gerecht werden müssen, wenn sie die Erwartungen nicht enttäuschen wollen.

CEOs sollten sich laut der Studie häufiger zu gesellschaftlichen Themen wie den Auswirkungen der Pandemie, der Automatisierung von Arbeitsplätzen und gesellschaftlichen Problemen wie Rassismus zu Wort melden. Auch in dieser Hinsicht wird von ihnen Leadership erwartet. Der ehemalige Siemens-CEO war hierbei ein positives Beispiel, weil er sich mit einer klaren Haltung via Twitter gegen den Rechtsradikalismus gestellt hat.

Gerade in einer Krisenzeit ist ein Social CEO als inspirierendes Vorbild gefragt, der die neuen Kommunikationsmöglichkeiten ernst nimmt und sie nutzt. Dennoch tun sich viele Führungskräfte noch immer mit Aktivitäten auf LinkedIn, Twitter und anderen Social-Media-Plattformen schwer. Einige delegieren die Kommunikation lieber an die vermeintlich zuständige Abteilung. Doch das ist ein großartiges Missverständnis. Worin besteht denn typischerweise die Aufgabe eines CEOs? Der Chief Executive Officer, Vorstand oder die Geschäftsführerin prägt in der Regel die Strategie, die Unternehmenskultur und setzt Unternehmensziele. Darüber hinaus ist er oder sie auch für die Außenkommunikation und die Bildung von Netzwerken verantwortlich.

Besonders in Krisenzeiten ist die persönliche Haltung von Führungskräften von enormer Bedeutung. Ein CEO ist dann in der Regel das Gesicht der Krise und gibt mit seinen Botschaften ein wenig Orientierung und Hilfestellung.

Damit reagierten Unternehmen auf die Angst und das spezifische Wissensbedürfnis vieler Menschen. Für die meisten stellte der Beginn der Corona-Krise eine große Überraschung dar, die zugleich viele Führungskräfte überforderte. Anfangs sind 2020 alle vom Shutdown überwältigt und verunsichert worden. Jeder musste sich von heute auf morgen mit einer neuen, bisher unbekannten Normalität arrangieren und den eigenen privaten und beruflichen Alltag neugestalten. In dieser Krisensituation bestand die Aufgabe des Managements darin, den eigenen Mitarbeiterinnen und Mitarbeitern hilfreich beiseite zu stehen und ihnen bei der persönlichen Orientierung zu helfen. Hierbei kam der digitalen Kommunikation intern wie extern eine neue, große Bedeutung zu.

Das Vertrauen in die Entscheider eines Unternehmens ist laut einer Corona-Analyse des Edelman Trust Barometers sehr groß. Deshalb kommt es hierbei auf die persönliche Haltung von Führungskräften an. Sie müssen offen, transparent und schnell auf die Fragen ihrer verunsicherten Mitarbeiter und Kunden reagieren. Wer sich hingegen in schlechten Zeiten wegduckt und nicht auf die Fragen richtig reagiert, verspielt damit eine große Kommunikationschance und schwächt seine eigene Reputation. Erwartet werden in dieser Situation konkrete Hilfestellungen und Solidaritätsadressen der Unternehmen, aber keine vertriebsorientierte Kommunikation.

Positiv sind in der Corona-Krise vor allem die Entscheider aufgefallen, die sich um ihre Mitarbeiterinnen und Mitarbeiter in der internen Kommunikation gekümmert, gesorgt und persönlich engagiert haben. Wenn viele im Homeoffice arbeiten, machen alte Führungsmodelle nicht mehr viel Sinn. Alte Kontrollmodelle funktionieren dann für Führungskräfte nicht mehr. So lässt sich aus der Ferne nur schwer Druck ausüben.

Stattdessen geht es darum, gemeinsam eine Unternehmenskultur zu entwickeln, die auf Vertrauen und Selbstmotivation der Mitarbeiterinnen und Mitarbeiter beruht. Darauf setzt auch der Buchautor und New-Work-Vordenker Frédéric Laloux. Er erwartet durch die Corona-Krise einen großen Wandel in der Arbeitswelt, in der alte Führungsmodelle an Bedeutung verlieren, die bisher noch auf Überwachung gesetzt haben. Ihm geht es darum, dass alle Menschen im Arbeitsleben offener miteinander sprechen und nicht nur performen müssen. Der regelmäßige persönliche Austausch über Video- und Telefonkonferenzen kann dazu einen guten Beitrag leisten.

Allerdings müssen wir uns dazu vom alten Denken lösen, das uns bisher in Rollen aufteilte. Während wir im Arbeitsleben nur über unsere Arbeitsthemen berichtet haben, gab es nur wenig Raum für Privates. Das hat sich durch die Videokonferenzen ein wenig aufgelöst. Denn mit einem Male konnten viele ihre Vorgesetzten vor der privaten Bücherwand im Homeoffice erleben und selbst Einblicke in ihre privaten Umstände gewähren. Zudem fragen viele Führungskräfte ihre Mitarbeiterinnen und Mitarbeiter nach ihrem persönlichen Befinden und schenkten ihnen dafür ihre Zeit. Wenn etwas

Gutes aus der Krise hervorgehen könnte, dann das Verständnis für das aktive Zuhören und die Wahrnehmung der Mitarbeiterinnen und Mitarbeiter als Menschen in all ihren Facetten. Diese sind oftmals in der Lage und bereit, selbstverantwortlich im Sinne von New Work zu arbeiten.

Mit der andauernden Krisenzeit ist das regelmäßige Kommunizieren Anfang der 20er Jahre über (interne) Videokonferenzen immer wichtiger geworden. Wir lernen darüber einen intensiven, aber durchaus menschlichen Austausch, der uns alte Meetings kaum vermissen lässt. Im Idealfall lernen es Führungskräfte, sich in diesen Runden empathisch und nahbar zu zeigen. Eine wichtige Voraussetzung dafür ist es, sich auch für private Themen der Mitarbeiterinnen und Mitarbeiter sowie der Kunden Zeit zu nehmen.

Einen gewissen Schub für die Digitalisierung hat der Coronavirus für die Arbeitswelt in Deutschland gebracht. Dadurch konnten viele Führungskräfte – manchmal mit einer gewissen Verwunderung – sehen, wie gut das digitale und neue Arbeiten funktionieren kann.

Aber auch ohne Krisensituationen stehen Vorstände unter öffentlicher Beobachtung. Oftmals wird die Bewertung eines Unternehmens mit dem Erfolg seines CEOs gleichgesetzt. Dieser verkörpere nun einmal eine Organisation am besten, heißt es. Es gibt einen direkten Zusammenhang zwischen einer CEO-Persönlichkeit und dem Unternehmensimage. Je prominenter eine Geschäftsführerin oder ein Gründer ist, desto häufiger gibt es eine Berichterstattung über das Unternehmen. Deshalb sollte es Ziel einer CEO-Kommunikation sein, die Bekanntheit des CEOs zu steigern, dessen digitales Netzwerk zu vergrößern und zu nutzen. Das erleichtert einem Unternehmen den Zugang zu den Medien und ermöglicht es, eigene Unternehmensthemen besser auf die öffentliche Agenda zu setzen und darüber seine Reputation zu stärken.

Vor allem Wirtschaftsmedien bevorzugen in ihrer Berichterstattung Persönlichkeiten. Darüber lassen sich Geschichten wesentlich besser erzählen. Gefragt sind bekannte Köpfe, die für Themen stehen, idealerweise das Storytelling beherrschen und zudem keine Scheu vor kleinen Provokationen haben. Es geht bei alledem nicht um die private Inszenierung eines Chefs oder einer Chefin und einem Tanz auf dem Ball der Eitelkeiten, sondern um die unternehmerische Tätigkeit der Führungskräfte.

In Deutschland sind die Social-CEO-Beispiele noch rar gesät. Laut der Strategieberatung Oliver Wyman nutzten bis Ende 2020 nur 37% der Vorstandsvorsitzenden von Dax-Unternehmen Twitter, LinkedIn oder Xing. Die Kommunikationsberater von Palmer Hargreaves haben herausgefunden, dass von den Chefinnen und Chefs der 100 im Dax, TecDax und MDax vertretenen Unternehmen immerhin schon 53 auf LinkedIn aktiv sind.

Zu den bekanntesten Social CEOs zählen hierzulande Herbert Diess, CEO bei VW, Tim Höttges, CEO der Deutschen Telekom, Tina Müller, CEO bei Douglas, Christian Klein, CEO bei SAP, und Miriam Wohlfahrt, Geschäftsführerin bei Ratepay.

Oftmals wird die Bewertung eines Unternehmens mit dem Erfolg seines CEOs gleichgesetzt. Dieser verkörpert eine Organisation am besten. Es gibt einen direkten Zusammenhang zwischen einer CEO-Persönlichkeit und dem Unternehmensimage. Je prominenter ein Geschäftsführer oder Gründer ist, desto häufiger gibt es eine Berichterstattung über das Unternehmen. Deshalb sollte es Ziel einer CEO-Kommunikation sein, die Bekanntheit des CEOs zu steigern und auch dessen digitales Netzwerk zu vergrößern. Das erleichtert einem Unternehmen den Zugang zu den Medien und ermöglicht es, eigene Unternehmensthemen besser auf die öffentliche Agenda zu setzen und darüber seine Reputation zu stärken.

»Es wird von CEOs erwartet, Hauptlieferant von Content für ihr Unternehmen zu sein. Social Media ist ein effizientes und einnehmendes Kommunikationswerkzeug, um Informationen zu vermitteln. Die Befragten assoziieren Präsenz in sozialen Netzwerken mit Führungskompetenz«, sagt Leslie Gaines-Ross, Chief Reputation Strategist bei Weber Shandwick.

Dabei gehört eine gute Social-Media-Kommunikation zu den Soft Skills, die wir heute von Führungskräften erwarten sollten. Wer Social Media immer noch ignoriert, vergibt sich zahlreicher Chancen in der Unternehmenskommunikation.

Jedoch geht es nicht darum, als Social CEO oder Expertin möglichst viele Fans und Follower zu generieren und zum Selbstdarsteller in eigener Sache zu mutieren, sondern um die eigene fachliche Kompetenz. Homestorys braucht vielleicht die Boulevardpresse, aber sonst niemand.

Entscheider sind ebenso Menschen, die Erfolge und Misserfolge haben, über die sie auch sprechen sollten. Über Personal Branding können sie deutlich machen, mit welchen Themen sie sich auseinandersetzen. Der Social CEO ist dadurch auch für seine Mitarbeiterinnen und Mitarbeiter nahbarer. Sein Content spiegelt idealerweise seinen Arbeitsalltag wider.

Ein CEO sorgt im Idealfall dafür, dass Mitarbeiter, Kunden und Partner glücklich sind. Das nimmt die Münchnerin Catharina van Delden auch im Digitalen sehr ernst. Sie ist schon früh im Thema Crowdsourcing aktiv gewesen, twittert und bloggt darüber genauso wie sie auf Video zu Open Innovation spricht. Sie ist seit 2013 Mitglied im Bitkom Präsidium und seit April 2017 Mitglied des Beirats Süd der Deutschen Bank AG.

Wer Meinungsmacher im Crowdsourcing sucht, kommt an Catharina van Delden nicht vorbei, die seit vielen Jahren ihre Expertise in diesem Feld zeigt. Die MBA-Absolventin der TU München und UC Berkeley ist CEO der Innosabi GmbH, einer Crowdsourcing-Softwarefirma in München.

Sie versteht sich als das Gesicht ihrer Firma und ist bewusst als Markenbotschafterin aktiv. So hat sie als Autorin mehrere Publikationen zu den Themen Open Innovation und Social Media Marketing veröffentlicht. Online ist sie als Social CEO schnell zu finden und gut erreichbar. Für Catharina ist das Digitale nichts Bedrohliches mehr, sondern gehört ganz selbstverständlich zu ihrer Aufgabe als Gesicht des Unternehmens dazu.

»Ein CEO sorgt dafür, dass genug Bier da ist, wenn Nachtschichten geschoben werden müssen – dieses Bild trifft es, glaube ich, ganz gut. Es bedeutet, dass man eine Vision vor Augen haben muss, das Team gut zusammenstellt und die richtigen Partnerschaften entwickelt. Dazu gehört es auch, richtig zu kommunizieren, zu wissen, wo man hinwill und wie man dorthin kommt. Gleichzeitig bedeutet es aber auch, das Funding zu sichern, um die Strategie umsetzen zu können«, erläutert Catharina van Delden ihr Selbstverständnis.

Social Media nutzt van Delden jedoch nicht nur, um sich fachlich zu positionieren. Angst davor, ihre Persönlichkeit online zu zeigen, hat sie nicht. »Persönlichkeit so viel wie möglich, Persönliches so viel wie nötig«, daran orientiert sie sich. »Für mich ist es absolut in Ordnung, markant zu sein und seine Meinung deutlich zu machen, wenn es zur Philosophie des Unternehmens passt, weil man dadurch nahbarer, erkennbar und sympathisch wird. Das gilt natürlich vor allem für das digitale Umfeld. Bei Privatem sollte man meiner Meinung nach gut abwägen, was man zeigt.«

In Deutschland haben viele Entscheider eine gewisse Angst, in die digitale Öffentlichkeit zu gehen, und sind eher zurückhaltend in Social Media aktiv. Die Innosabi-Chefin glaubt, dass vielen einfach die direkte Erfahrung fehlt. Viele hätten Angst davor, etwas in der Öffentlichkeit falsch zu machen. Außerdem meint sie: »Ein weiterer starker Effekt geht sicher von den Medien aus, die über Horrorstorys von geleakten Promifotos oder abgehörten Handys berichten. Das führt zu vielen Ausreden, warum Social Media nicht relevant oder interessant für CEOs sei. Dabei verkennen die meisten die Vorteile, nämlich dass die Kommunikation über die verschiedenen Kanäle viel gezielter abläuft als vorher.«

Sie würde sich wünschen, dass sich Managerinnen und Manager mehr auf Neues einlassen. Schließlich mache Kommunikation viel Spaß und bringe für große wie kleine

Unternehmen gerade im B2B-Bereich viele Kundenanfragen. »Inoffizielle Kommunikation macht uns zugänglich und schafft digitale Nähe«, erläutert sie ihre digitalen Aktivitäten. »Wenn mir jemand folgt, weiß ich, dass derjenige mich kennt. Wenn ich das Profil interessant finde, schicke ich ihm mein Buch, weil derjenige Interesse an mir oder uns gezeigt hat. Ich finde es spannend, sich unkompliziert anzunähern und zusammen über interessante Themen diskutieren zu können.«

Neben dem hohen Risiko, dem eigenen Unternehmen und der Reputation zu schaden, führen viele CEOs den Zeitmangel an. Dabei sollten 280 Twitterzeichen oder kurze LinkedIn-Postings kein großes Problem darstellen. Letztlich ist es eine Frage der passenden Contentstrategie und Advocacy. Niemand erwartet ernsthaft, dass ein CEO jeden Tag viele Twitterartikel verschickt und auf LinkedIn sofort auf Anfragen oder Kommentare reagiert. Es geht hierbei eher um symbolische Kommunikation, nicht um Schnelligkeit und totale Verfügbarkeit. Auf unaufgeforderte E-Mails würde ein CEO vermutlich auch nicht unmittelbar reagieren.

Längst nicht alle Beiträge und Postings stammen aus der Hand der Social CEOs selbst. Es ist völlig legitim und üblich, auf Ghostwriter und interne oder externe Berater zu setzen. Allerdings verpufft die Wirkung einer Führungskraft, wenn diese überwiegend aus der Feder von Ghostwritern stammt. Es wirkt weniger authentisch. Viele Entscheider ahnen dies und schrecken deshalb eher vor dem Kommunikationsaufwand zurück.

Ein Posting für LinkedIn muss zwar nicht unbedingt direkt vom Vorstand stammen, sollte aber seinem Gedankengut und seiner persönlichen Haltung entsprechen. Je glaubwürdiger der Content wirkt, desto eher erreichen Entscheider über Social Media ihre internen wie externen Stakeholder.

Die Kür besteht darin, selbst auf LinkedIn-Kommentare zu reagieren. Das ist nicht so ohne, wie sich beispielsweise bei der Audi-Vorständin Hildegard Wortmann zeigte, als sie Anfang 2021 dem Tech-Investor Frank Thelen in einem öffentlichen Kommentar auf seinem LinkedIn-Profil zu einer Probefahrt mit dem Audi e-tron eingeladen hat. Darauf reagierten viele auf LinkedIn mit Lob und Kritik. Sie erhielt viel Aufmerksamkeit, weil Vorstandsmitglieder sehr selten in Social Media auf diese Art und Weise aktiv sind.

Andererseits zeigt das Beispiel, wie schnell Führungskräfte etwas bewirken können. Sie werden als Leuchttürme der Kommunikation wahrgenommen und erhalten in der Öffentlichkeit viel Aufmerksamkeit für ihre Themen.

! **Tipps für die Social-CEO-Kommunikation**

- Manchmal werden die Führungskräfte im eigenen Unternehmen unterschätzt. Vielleicht sind diese längst (persönlich) auf LinkedIn, Xing, Facebook oder Twitter aktiv. Schauen Sie doch einmal nach, ob Ihre Entscheider in der Social-Media-Welt unterwegs sind.
- Zeigen Sie den CEOs den Nutzen eines Social-Media-Engagements auf. Stellen Sie erfolgreiche Beispiele vor, in denen deutlich wird, dass es sich für eine Organisation gelohnt hat.
- Helfen Sie in einer kleinen Runde Ihren Führungskräften, sich in der neuen Welt zurechtzufinden. Idealerweise sollten alle Fragen offen gestellt werden können.
- Zeigen Sie den CEOs, wie sie konkret twittern oder auf LinkedIn bloggen können, damit diese das in ihren Alltag einbetten können.
- Setzen Sie interne Prozesse für die Unterstützung des Vorstands auf, damit diese sich in der Social-Media-Kommunikation gut unterstützt fühlen.
- Wer nicht selbst aktiv auf einer Social-Media-Plattform sein Profil pflegen und darüber in der Öffentlichkeit kommunizieren will, kann auch den Umweg über den Unternehmensauftritt in Social Media gehen und dort Texte oder Videos mit Botschaften platzieren. Diese symbolische Kommunikation unterstützt dann sehr gut die Social-Media-Aktivitäten eines Unternehmens.
- Selbst wenige Tweets können sehr erfolgreich sein. Je bekannter eine Personenmarke ist, desto wirksamer sind einzelne Twitterbeiträge. Niemand erwartet von einem Vorstandsmitglied, dass es zehn Tweets am Tag publiziert. Letztlich entscheidet jeder selbst über den Aufwand. Ein bis zwei Tweets pro Tag wären schon sehr gut.

8 Das perfekte Bild Ihrer Selbst

Kiki Kausch, Fotokünstlerin

Kiki Kausch liebt es, »Menschen mit Ideen zu begegnen. Daraus entwickeln sich oft noch viel mehr Ideen und es entsteht Neues«. Von Berlin aus startete die ehemalige ZDF- und ARD-News-Redakteurin eine rasante Karriere als Fotokünstlerin. Ein zufälliges Foto-Shooting von Karl Lagerfeld in New York führte direkt in die Kunst-Welt. Ein kalter Sprung. Kiki Kausch widmet sich oft spontan den Themen entlang ihrer eigenen Biografie. Zeitgenössisch mit einem Blick für Ästhetik, Kritik und Humor. Die Werke hängen in bedeutenden Sammlungen rund um den Erdball. Ihre Leidenschaft für schöne Hotels verbindet sie mit Ausstellungen. Erzählungen ohne Berührungsängste. Zu ihren Partnern zählt die Oetker Collection, Rocco Forte oder Four Seasons. Sie fotografierte unter anderem Kevin Costner, Matt Damon, Quentin Tarantino, Ridley Scott, Cameron Diaz, Matthew McConaughey, Angela Merkel, Nico Hofmann, Heike Makatsch und Sabin Tambrea.
In ihrem Buchbeitrag spricht sie über die fotografische und menschliche Nähe zu den Portraitierten. Es geht nicht um Technik. It's all about emotions …

Um ehrlich zu sein: Ich finde Kevin Costner wahnsinnig sexy. Und als er mir nach dem viel zu kurzen Shooting einen Kuss auf die Wange hauchte, überlegte ich, ob ich die Fotoserie nicht von »Three minutes with …« in »One night with …« umbenennen sollte. Aber das Drei-Minuten-Konzept funktioniert zu gut, um es selbst für Kevin Costner zu ändern. Wie alle anderen Hollywood-Stars, die ich für diese Serie fotografierte, traf ich ihn in einem Büro im Axel-Springer-Hochhaus in Berlin. Es war das Büro des ehemaligen *Bild*-Chefs Kai Diekmann. Ein Machtraum in einer Machtzentrale, Kontrollverlust undenkbar. Aber genau darum ging es mir. Bedingung für die Shootings war, dass sie unter vier Augen stattfanden. Ich allein mit Kevin Costner, keine Agenten, die ihn »beschützen«, keine Assistenten auf meiner Seite. Und für jedes Shooting setzte ich genau drei Minuten an. In dieser Zeit mussten wir uns kennenlernen, uns vertrauen, kreativ sein, eine Entscheidung treffen und umsetzen. Jeder Manager erlebt jeden Tag solche Situationen. Das Bild, das Menschen von sich selbst haben, spielt dabei keine Rolle mehr. Es entsteht ein ganz neues Bild. Das wollte ich zeigen und alle ließen es zu. Kein einziger Agent wollte spätere Korrekturen.

Nicht einmal Matt Damon, obwohl ich ihn nur von hinten fotografiert habe. Ich war zu spät zum Shooting gekommen, und er hatte schon den nächsten Termin. So erwischte ich ihn nur noch, wie er gedankenverloren aus dem Fenster im 16. Stock auf Ost-Berlin herunterschaute. Ich sah ihn nur von hinten, aber ich sah Haltung, Melancholie, Kraft, Stärke, Lässigkeit – es war eine ganz andere Ansicht von Macht. Zugleich war es die Macht der Ansicht, die sich offenbarte. Und so begann ich eine Serie von Rückenportraits, um vergleichen zu können. Was kann ein Mensch ausstrahlen, wenn ich ihn nicht unmittelbar einordnen kann? Ehrlich gesagt, war ich erstaunt, dass fast alle Hollywood-Stars mitmachten. Wer sich von hinten fotografieren lässt, gibt jegliche Kontrolle über das Bild auf. Genauso erstaunlich war das Ergebnis: Der große Quentin Tarantino zum Beispiel strahlt gar nichts aus, er wirkt wie ein Kerl ohne Rückgrat. Ridley Scott dagegen wirkt lebensweise, obwohl er auch nicht mehr ganz geradesteht. Cameron Diaz zeigt von hinten die gleiche blonde Grazie wie von vorn und Matthew McConaughey ist in der Rückansicht mindestens so kraftvoll und cool wie von vorn. Von Kevin Costner muss ich nicht nochmal reden. Es kommt also offensichtlich viel weniger auf den perfekten Gesichtsausdruck an als auf die innere und äußere Haltung, um etwas Wahrhaftiges über sich auszusagen und zu vermitteln.

2015 fotografierte ich Angela Merkel in ihrem Büro im Bundeskanzleramt. Es war der Höhepunkt der Flüchtlingskrise. Es gab zwar auch noch Beifall für ihr humanitäres Handeln beim Öffnen der Grenzen, aber man spürte bereits, wie die Stimmung sich zu drehen begann. Ich bin Fotokünstlerin und keine journalistische Fotografin, trotzdem hatte die *Bild-Zeitung* mich gebeten, die Fotos im Rahmen eines großen Interviews zu machen, um vielleicht einen etwas anderen Blick auf sie zu werfen. Es ist nicht so leicht, die Kanzlerin zu fotografieren, zum einen ist bekannt, dass sie es nicht mag, zum anderen sieht sie immer gleich aus, seit sie den perfekt-pragmatischen Look für sich gefunden hat. Und selten trägt sie bekanntlich ihr Gefühlsleben im Gesicht. Aus geschäftlicher Perspektive betrachtet ist es die perfekte Neutralität und wer so wahrgenommen werden möchte, kann sich an der Kanzlerin ein Vorbild nehmen. Nach meiner Erfahrung ist Neutralität allerdings in entscheidenden Momenten nicht das Mittel der Wahl. Am Ende gewinnt immer die Emotion. Am Ende gewinnt man immer mit Emotion.

Mit diesen Gedanken ging ich ins Kanzleramt, und als ich das nüchtern-neutrale Setting am Tisch sah, entschied ich, mein Foto vorher zu machen. Die Kanzlerin hatte sich die Willkommensausgabe der *Bild* für die angekommenen Flüchtlingen geschnappt, und als sie hineinschaute, war auf der Rückseite das deutsche Grundgesetz in arabischer Sprache zu lesen. Und Angela Merkel freute sich. So sehr, dass sie von innen heraus lächelte. Genau in dem Moment, der ihre Kanzlerschaft definieren würde. Wir schaffen das! Ein ikonischer Moment. Ein emotionaler Moment.

Wer hätte gedacht, dass ihr nach der Flüchtlingskrise, die ja leider auch dem Rechtspopulismus Auftrieb gab, in ihrer letzten Amtszeit noch eine weitere existenzielle Herausforderung bevorstehen würde. Die Corona-Pandemie. Wie für viele andere war der erste Lockdown natürlich auch für mich ein Knockdown. Meine Ausstellungen waren unterbrochen. Reisen, um zu fotografieren, war nicht mehr möglich. Wie alle hing ich fest. Nach zwei Wochen hielt ich es nicht mehr aus. Ich rief Nico Hofmann, den Chef der

UFA, an und fragte ihn, wie es ihm und seinen Schauspielerinnen und Schauspielern gehe. Allen genauso wie mir. Ich besorgte mir eine kleine Leiter, packte Kamera und Stativ dazu in meinen Mini und klapperte sie ab: Schauspieler, Clubbesitzer, Köche, Musiker, Maler, Sportler, Piloten, Hoteliers, Kaufhauschefs, alle, die in Berlin die großen Räder drehten, die jetzt stillstanden. Bei jedem Shooting stellte ich mich auf die Leiter, um den vorgeschriebenen Abstand einzuhalten. Manche schauten somit hoch in meine Kamera. Ihre Blicke drückten genau die Situation aus, der sie sich ausgesetzt fühlten – da ist etwas über uns gekommen. Andere stellte ich auf Tische oder Kisten oder Kühltruhen, während ich auf meiner Leiter stand. Sie schauten der Herausforderung in die Augen, manche auf sie hinab, durch nichts zu bezwingen. Um den Kontakt Corona-konform so kurz wie möglich zu halten, war ich wieder einmal kaum mehr als drei Minuten bei jedem. So entstanden 43 Portraits in 43 Tagen im März und April 2020. Ich bin sehr gespammt, wie diese Portraits mit einem zeitlichen Abstand wirken werden.

Drei Beispiele aus meiner Fotografie, drei Erkenntnisse vielleicht für jeden, der sich portraitieren lassen möchte oder muss. Erstens: Das Bild, das man von sich selbst hat, ist nicht zwingend das interessanteste Bild. Zweitens: Keine Angst vor Kontrollverlust. Drittens: Haltung ist wichtiger als Gesicht. Viertens: Das emotionale Bild ist immer besser als das neutrale Bild. Fünftens: Immer wieder die Perspektive wechseln.

PS: Ich lasse mich – wie Angela Merkel – auch nicht so gerne fotografieren.

9 Wie der Umgang mit traditionellen Medien gelingen kann – ein kritischer Blick

Eva Müller, Wirtschaftsjournalistin

Eva Müller arbeitet seit mehr als 40 Jahren als Journalistin. Schon als Schülerin schrieb sie für ihre Heimatzeitung *Rheinpfalz.* Seit mehr als 20 Jahren schaut sie als Redakteurin beim *manager magazin* den Führungskräften der großen deutschen Unternehmen auf die Finger – und haut ihnen bei erwiesenem Fehlverhalten auch mal auf dieselben. Ihr besonderes Augenmerk gilt dabei den Hightech-Sektoren – von Biotechnologie bis Software.

Wer sich vor allem selbst darstellen will, der sollte ihren Beitrag in diesem Band überblättern und sich auf die zielführenden Handreichungen zum gelungenen Auftritt in Social Media und Co. in diesem Buch konzentrieren. Falls es dem einen oder anderen heute noch dazu treibt, in altmodischen Medien aufzutauchen – für die Jüngeren: Das sind Zeitungen, Zeitschriften, Radio- oder TV-Sender mit Qualitätsanspruch –, der mag sich hier seinen Frust abholen. Beschrieben wird in erster Linie, warum sich die kleine Gilde der kritischen Journalistinnen und Journalisten mit größter Wahrscheinlichkeit nicht für sie interessiert. Wer dennoch bei der Lektüre durchhält, erhält jedoch ein paar nützliche Hinweise zur Selbstüberprüfung: Habe ich wirklich etwas zu sagen, das mehr Menschen interessiert als mich selbst?

Achtung Spoiler-Alarm: Wer unangenehme Wahrheiten nicht lesen mag, sollte diesen Beitrag geflissentlich überblättern. Denn eines kann ich als Journalistin mit mehr als 40 Jahren Berufserfahrung bei den Qualitätsmedien (*Rheinpfalz*, Süddeutscher Rundfunk, WDR, *Badische Zeitung*, Reuters, *Capital*, *Focus* und zuletzt mehr als 20 Jahre *manager magazin*) auf dem Buckel versichern: Es ist definitiv nicht unser Job, unbekannte Personen, Unternehmen, Institutionen und Organisationen einer breiteren Öffentlichkeit bekannt zu machen. Das müssen diejenigen, die gerne beachtet werden oder ihre Produkte und Dienste verkaufen wollen, schon selbst übernehmen.

Glücklicherweise existieren zu diesem Zweck ja unzählige Möglichkeiten – von der Selbstdarstellung in sozialen Medien über öffentliche Auftritte, Sponsoring und jedwede Marketingaktionen bis hin zur herkömmlichen Anzeige oder zum Werbespot. Wie diese Art von Eigenvermarktung funktionieren kann, wird in anderen Beiträgen dieses Buches beschrieben.

Jetzt kommt der Letdown: Beachtung durch die traditionellen Medienmarken, sprich Zeitungen, Magazine, Hörfunk und Fernsehen sowie deren digitalen Erscheinungsformen, kann keine dieser ehrenwerten Maßnahmen erzwingen. Okay, es gibt natürlich jene Hochglanzmagazine, Anzeigen- oder Branchenblätter und Verkaufssender, die das Schalten einer Annonce automatisch mit einem sogenannten redaktionellen Beitrag verknüpfen. Viele dieser Publikationen finden jedoch ohne nennenswertes Publikum statt oder verrotten noch zusammengeschnürt in Hauseingängen. Deshalb Achtung vor den Versprechungen obskurer Verlage, die gerne unter dem Rubrum *Luxus* oder *Exklusiv* die Aufmerksamkeit einer wohlmögenden Klientel avisieren.

Lieber erst mal eine Wirksamkeitsanalyse machen und das von Verlag oder Sender angepriesene Kuppel-Paket genau prüfen. Treffe ich damit wirklich meine Zielgruppe? Und wenn ja, zu welchem Preis? Sonderpublikationen bekannter Medienmarken – Beilagen, Specials oder Sonderseiten, analog oder digital – erreichen schon mal passionierte Golfspieler, Wellness-Adepten oder Fans bestimmter Technologien. Gar nicht selten sind die Artikel von ordentlicher journalistischer Machart. Und es existieren durchaus interessante Formen, die plumpes Selbstmarketing zu einem »echt« erscheinenden Advertorial oder gar zu einem gesponserten Themenspecial aufwerten. Der Phantasie sind keine Grenzen gesetzt – es steht halt nur »Anzeige« überm Text.

Und selbst dort, wo dieser Hinweis geflissentlich vergessen oder unleserlich klein versteckt wurde: Niemand, der sich selbst vermarkten will, sollte die Leserinnen, User, Zuhörer oder Zuschauerinnen unterschätzen. Sie erkennen mit sicherem Instinkt einen PR-Text und ordnen ihn genau als das ein, was er in Wirklichkeit ist: Werbung halt. Und daher auch nicht für bare Münze zu nehmen, sondern mit einer gehörigen Portion Skepsis zu genießen.

Gerade wegen dieser unangenehmen Intelligenz der Rezipienten gilt unter Möchtegerne-öffentlichen-Personen eine Erwähnung in einem unabhängig recherchierten Beitrag eines etablierten Mediums noch immer als extrem erstrebenswert. Zumindest wenn es sich nicht um einen absoluten Verriss handelt. Und selbst da gilt häufig noch die Regel: Jede Aufmerksamkeit ist gut, Hauptsache, der Name ist richtig geschrieben.

Anders jedenfalls kann ich mir die immer zahlreicher werdenden E-Mails oder Chat-Nachrichten über die Business-Netzwerke nicht erklären, die mir täglich die Firmen »Nie gehört« und deren CEOs, Topberaterinnen, Experten »Kenn ich nicht« zur gefälligen Berichterstattung andienen.

Hiermit versichere ich mit Journalistinnen-Ehrenwort: Sie alle landen mit einem Quick-Klick im Müll. Wer hinter seiner E-Mail her telefoniert macht sich unbeliebt: Das ist Zeitdiebstahl! Und der wird hart geahndet. Angesichts des enormen Spardrucks der Medien haben Journalistinnen und Journalisten nämlich eines am allerwenigsten: Zeit. Immer weniger Mitarbeitende sollen immer mehr und vor allem immer interessanteren, sprich quoten-, auflagen- und klickstarken Content kreieren. An dieser Stelle verbindlichen Dank für das Mitleid.

Mehr gedient wäre uns Medienschaffenden deshalb, wenn die unbelehrbaren Anrufenden einfach das Wort »Nein« akzeptieren würden. Stattdessen quasseln sie gerne ohne Punkt und Komma weiter – bloß keine Pause machen, bevor die Botschaft nicht heruntergebetet ist. Mit diesem Vorgehen katapultieren sich penetrante Anrufer ins Off und müssen es nie wieder versuchen. Und ich gelte in der Branche noch als eher freundliche und zugängliche Journalistin.

Und ja, auch wiederholtes Nerven mit immer dringlicheren E-Mails (»Ihre letzte Chance«, »Die Zeit läuft ab«) nutzt rein gar nichts. Schlimmer noch, sie befördern diese ganz besonders von sich überzeugten Personen (gerne aus der beliebten Kategorie selbsternannte Experten, Lebenshelferinnen sowie Karriere- und Erfolgscoaches) auf meine persönliche schwarze Liste derjenigen, die ich mit tödlicher Sicherheit niemals erwähnen werde. Das gilt auch für nerviges Dauerwerben auf den Business-Kanälen LinkedIn und Xing. Nein, ich will den jüngsten Erguss eines selbsternannten Gurus zu irgendeinem gerade hippen Managementthema nicht lesen und auch nicht zu Tausenden Online-Veranstaltungen mit immer gleichem Tenor (»So werden Sie erfolgreich!«) eingeladen werden. Klick, Klick, Klick und weg damit.

Auf dieser schwarzen Liste stehen im Übrigen auch PR-Agenturen, die versprechen, ein Unternehmen, eine Person in einem Medium »zu platzieren«. Klingeln die bei mir an, führt das nur zu einem gezielten Druck auf die rote Taste am Smartphone oder zu einem geharnischten Anschiss für die Anrufer. Hängt davon ab, ob ein meist hörbar junger Mensch fragt, der entweder wirklich keine Ahnung vom Geschäft hat, sondern als Praktikant oder Praktikantin eine Liste abtelefoniert oder – schlimmer noch – sich absichtlich dumm stellt, um einen ebenso Dummen zu finden.

Merke: Nur notleidende Blättchen nehmen bezahlte Artikel entgegen. Darin zu erscheinen erhöht den Bekanntheitsgrad nur submarginal. Medien mit journalistischem Anspruch verweisen für derlei »Bekanntmachungen« auf die segensreiche Einrichtung der Anzeigenabteilung. Die macht jede nur denkbare Menge an Selbstbeweihräucherung und Lob der eigenen Produkte und Dienste nur zu gerne möglich.

Hiermit endet der Werbeblock in eigener Sache: Denn noch immer sind Anzeigen und Spots die wichtigste Einnahmenquelle für den Qualitätsjournalismus. Bis mit Online-Abo-Zahlungen auch nur der Ausfall einer einzigen ganzseitigen Anzeige ausgeglichen ist, fließt sicher noch einiges Wasser die Isar hinunter.

Weil aber zwischen Anzeigenabteilung und Redaktion eine »Chinesische Mauer« der gegenseitigen Nicht-Beeinflussung besteht, recherchiert und schreibt jede professionelle Journalistin ihre Geschichte völlig unabhängig nach eigenem Gusto. Die Auswahl ihrer Themen nehmen Redaktionen ebenfalls total eigenständig vor. Und Werbegeschichten für irgendein Anliegen kommen auf unserer Wunschliste garantiert niemals vor. Hier sei auch ein weiteres Vorurteil berichtigt: Nein, es herrscht in den Redaktionen kein eklatanter Mangel an Ideen, sodass Journalistinnen und Journalisten überglücklich darüber sind, vorgeschriebene PR-Artikel geliefert zu bekommen. Sprich, die Wünsche und Ambitionen von Personen, die gerne so wichtig wären, dass »die Zeitung über sie schreibt oder das Fernsehen über sie berichtet«, spielen im journalistischen Handwerk überhaupt keine Rolle.

Hier eine kleine persönliche Anmerkung: Wenn ich von Artikeln spreche, ist selbstverständlich immer automatisch auch die Story, der Clip oder Podcast auf der Website eines Mediums mitgemeint. Als Branchenveteranin bitte ich um Verzeihung für den permanenten Gebrauch altmodischer Begriffe aus dem Medienaltertum. Die neuen Outlets mögen sich einfach ebenso angesprochen fühlen.

Nach dieser Philippika über die nervtötende Wirkung von Selbstvermarktung auf Journalistinnen und Journalisten kommt als Belohnung für alle, die sich soweit im Text vorangequält haben, eine tröstliche Nachricht: Es ist trotzdem möglich, redaktionell wahrgenommen zu werden. Schließlich erscheinen unsere Publikationen ja regelmäßig und sind voller Namen und Nachrichten.

Wie schaffe ich es, in einem journalistischen Beitrag erwähnt zu werden?
Die Faktoren, die einen Auftritt in einem ernstzunehmenden Medium ermöglichen können, orientieren sich an der berühmten 5-W-Regel. Jede Volontärin verinnerlicht bereits am ersten Arbeitstag die fünf W-Fragen: wer, was, wann, wo, warum. Diese Fragen stellen Journalistinnen und Journalisten bei jeder Recherche und überprüfen die Antworten gnadenlos nach nur einem Kriterium: Interessiert das meine Leserschaft? Ist das relevant für mein Publikum oder will sich da nur jemand wichtig machen und sein Anliegen propagieren?

Dabei beachtet jede gute Journalistin grundsätzlich das Neutralitätsgesetz: Mache dich mit nichts und niemandem gemein, auch nicht mit der guten Sache. Dieser Wahlspruch des legendären Nachrichtensprechers Hanns Joachim Friedrichs hat bis heute Bestand. Ausnahmen bestätigen die Regel und bedeuten meist nichts Gutes für das betreffende Medium. Als jüngeres Beispiel dient die Klimaschutzkampagne des *Stern*. Diese Artikelserie war ein klares Indiz für das Sinken des *Stern*, der sich vor lauter Spardruck aus der Verlagsleitung kaum mehr unabhängigen Journalismus leisten mag. Anfang 2021 wurde denn auch die Politik- und Wirtschaftsredaktion zusammengelegt. Die Redakteurinnen und Redakteure müssen nun auch für alle anderen Gruner & Jahr-Medien Inhalte liefern. Der nächste Cut steht bereits bevor. Gegen Ende 2021 soll der Verlag mit dem TV-Sender RTL vereint werden.

Unter normalen Umständen gehen die meisten Journalistinnen und Journalisten bei allzu energischem Werben für eine Sache sofort auf Distanz. Deshalb bloß nicht mit missionarischem Eifer immer wieder das eigene, hochwichtige Anliegen betonen. Sätze wie »Sie müssen uns helfen« schrecken uns Journalistinnen ab: »Oh Gott, ein Überzeugungstäter! Nichts wie weg hier und nie wieder ans Telefon gehen.«

Jetzt aber endlich: Die Übersetzung der 5-W-Regel für diejenigen, die so gerne in die Zeitung oder ins Fernsehen wollen. Sie sollten sich vor jedem Versuch, eine Journalistin zu kontaktieren, folgende Fragen stellen:

Wer bin ich?

An erster Stelle steht eine kritische Selbstprüfung: Wie bekannt bin ich als Person? Wie groß und bedeutsam ist meine Organisation und bin damit ich als Führungsperson? Besitze ich in irgendeiner Community einen Promifaktor. Und damit ist nicht die Follower-Gemeinde auf Facebook, Instagram oder Twitter gemeint. Klar, ein paar einst unbekannte Personen haben es bereits durch ihre Millionen zählende virtuelle Gefolgschaft zu kurzfristiger Prominenz gebracht. Allerdings sind selbst Top-Influencer wie eine gewissen Bibi (Nachnamen schon wieder vergessen) mit ihren Schminktutorials schon längst wieder in der Versenkung verschwunden und haben damit ihren Pseudo-Status verloren. So eine richtig erfolgversprechende Methode, journalistische Bekanntheit zu gewinnen, scheint mir das Sammeln von Likes nicht zu sein. Aber ich bin auch keine Boulevard-Expertin, sondern meiner drögen Wirtschaftswelt verhaftet.

Dennoch gilt auch im Wirtschafts- oder Politikjournalismus das eherne Promi-Gesetz: Hat George Clooney einen Roller-Unfall auf Sardinien, macht das weltweit Schlagzeilen. Wenn ich im Urlaub auf den Vordermann auffahre, regt das höchstens Tante Irmgard auf. Übertragen heißt das: Jeder noch so absurde Satz wurde kolportiert, wurde er im Corona-Jahr 2021 von Ex-Gesundheitsminister Jens Spahn oder der damaligen Kanzlerin ausgesprochen. Die Äußerung eines Hinterbänklers im Bundestag muss schon sehr aufrüttelnd oder extrem sein, um öffentlich Gehör zu finden.

Sagt in meiner eng umrissenen Business-Welt SAP-Chef Christian Klein im Interview, er setze sich für weitreichende Quotenregelungen in seinem Unternehmen ein, dann greifen *Spiegel*, *Handelsblatt* und *FAZ* die Meldung auf – schließlich hatte der CEO seine Vorstandskollegin, die Co-CEO Jennifer Morgan, nach knapp einem halben gemeinsamen Jahr an der Spitze weggebissen. Und das hochaktuelle (und hochwichtige) Diversity-Thema ist Anno 2021 ohnehin immer eine Geschichte wert. Erklärt sich allerdings die Chefin eines Mittelständlers mit 50 Mitarbeiterinnen und Mitarbeitern zum Fürsprecher von Minderheiten, dann schreibt darüber maximal das lokale IHK-Heft.

Ob der eigene Bekanntheitsgrad für mediale Beachtung ausreicht, hängt davon ab, welches Medium berichten soll. Der Bürgermeister meines Heimatortes Bad Bergzabern in der Südpfalz wurde auf der Regionalseite der *Rheinpfalz* (meine erste journalistische Station als Schülerin) mehrfach im Jahr zitiert. Eine Fashion-Bloggerin mit

1.000 Followern auf Instagram mag bereits für eine Modebeilage der Regionalzeitung interessant sein.

Doch gerade die Lenker weitgehend unbekannter Firmen haben häufig größere Ambitionen. Sie träumen von ihrem Konterfei auf dem Titel des *manager magazins*. Solch ehrgeizigen Personen erkläre ich immer wieder gerne, wie sie es zumindest ins Innere des *manager magazins* schaffen können. Hier exklusiv die Gebrauchsanleitung: »Bauen Sie Ihr Unternehmen schnell auf eine relevante Größe von mindestens einer Milliarde Euro Umsatz auf. Bei weniger Umsatzpotenzial bitte eine bekannte Marke liefern (mindestens im Rang von Bogner oder Vorwerk). Dann fahren Sie den Laden mit Karacho vor die Wand. Und erzählen mir bitte mit sechs Wochen Vorlauf (unser Erscheinungsrhythmus erfordert das) exklusiv vom Zusammenbruch – natürlich nur solange der noch nicht anderweitig ruchbar wurde. Exklusivität muss sein, sonst geht gar nichts. Gestehen Sie mir Ihre Fehler möglichst detailgetreu, gerne dürfen persönliche Animositäten und handfester Streit eine wesentliche Rolle spielen. Dann können wir vielleicht über zwei Spalten in der beliebten Rubrik *Namen & Nachrichten* reden.«

Hier ein kleiner Tipp, wie die realistische Einschätzung der eigenen Bekanntheit gelingen kann. Einfach mal den eigenen Namen googlen und News anklicken. Dann checken, wie oft ich schon in welcher Publikation aufgetaucht bin. Und wie lange die letzte Erwähnung zurückliegt. Wer bisher nur in exotischen Fachzeitschriften oder Insiderblogs erwähnt wird, der sollte beim nächsten Selbstvermarktungsversuch nur eine Stufe höher ansetzen – und nicht gleich die Tagesschau oder den Spiegel avisieren.

Nur warnen kann ich vor einem weiteren Trick von Hyperselbstbewussten: Wer einfach so tut, als sei frau eine Berühmtheit, die doch jedem bekannt sein muss, schießt sich ungespitzt ins Aus. Nein, nein und nochmals nein. Eine Journalistin muss weder den CEO der Firma »Langweilig« kennen noch die Präsidentin der Organisation für »allgemeines Desinteresse«, selbst wenn diese Personen sich selbst für den Nabel der Welt halten.

Der langen Rede kurzer Sinn: Wer nicht bereits bekannt ist, der muss mit dem »Was« punkten.

Was habe ich als Geschichte zu bieten?
Hier geht es nicht um das sattsam bekannte »Storytelling«, mit dem PR-Professionals einen aus der Sicht ihrer Kunden relevanten Content zu einer lesbaren Geschichte aufmotzen. Für mediale Aufmerksamkeit genügt es nicht, die Historie eines Unternehmens oder eines Produktes spannend zu beschreiben und mit einem Mythos zu garnieren. Derlei Storys entstehen zumeist aus der reinen Innensicht. Doch was für meine Organisation, in meiner Fraktion, im Verband oder Unternehmen bedeutsam erscheint, interessiert noch lange nicht irgend jemanden außerhalb.

Hilfreich bei der Beurteilung der eigenen, ach so großartigen Story ist Feedback von Außenstehenden. Die sollten nicht tief in der Materie stecken und in jedem Detail Bedeutsamkeit wittern. Ganz und gar nicht sollten sie wohlwollende Freunde oder abhängige Mitarbeiterinnen oder Zulieferer sein. Derlei eng verbundene Personen tendieren nicht zu kritischen Äußerungen wie »Das interessiert keine Sau«.

Sehr empfehlenswert hingegen ist es, beim Formulieren des Themas einmal an die potenziellen Leserinnen und Leser zu denken: Was an meinem Anliegen könnte das werte Publikum möglicherweise spannend finden. Kleiner Hinweis: Der Wunsch des Unternehmens nach mehr Bekanntheit und kostenloser Werbung ist es auf gar keinen Fall, niemals!

Der Inhalt muss schon von breiterem öffentlichen Interesse sein. Wer ein für die Allgemeinheit (oder die jeweils avisierte Zielgruppe) relevantes Thema zu kommunizieren hat, dem kann auch als bisher unbekannter Person mediale Aufmerksamkeit zukommen – manchmal sogar mehr als es der betroffenen Person lieb ist. Professor Christian Drosten etwa erfreute sich im Januar 2020 maximal unter seinen Virologen-Kolleginnen und -Kollegen einer gewissen Bekanntheit. Doch seit der Leiter der Virologie der Charité in Berlin die Bundesbürger regelmäßig, kompetent und verständlich über die Entwicklung der Corona-Pandemie informiert, zählt er zu den wichtigsten Medienpersönlichkeiten der Republik – Hasstiraden und Shitstorms inklusive.

Die Kernfrage für alle Menschen mit Medienambitionen lautet also: Habe ich eine Story zu erzählen, die nicht nur mich und meine Freunde oder Mitarbeiter interessiert?

Das entscheidende Kriterium aus journalistischer Sicht: Eine gute Geschichte enthält unbedingt eine echte News. Oder zumindest einen neuartigen, besonderen Beitrag zu einer laufenden Debatte. Besonders scharf sind wir Reporterinnen und Reporter natürlich auf Skandale und Missstände jeder Art. Die gehen eigentlich immer. So gelangte ein bis dato anonymer 32-jähriger Rollstuhlfahrer aus Franken in die aktuelle Sendung des Bayern 5 Info-Radio, weil er ein Youtube-Video veröffentlicht hatte. Darin schilderte er, wie ihn die Novelle des Bayerischen Naturschutzgesetzes diskriminiert: Eine zum Gesetz erlassene Verordnung verbannte den Rollstuhlfahrer genau wie die bei Wanderern verhassten Mountainbiker auf gesondert ausgewiesene Wege. Mit seinen Kumpels auf einer Wiese picknicken war demnach genauso verboten wie das Verlassen der geteerten Wege. Ein echter Aufreger mit Echo bis in die Staatskanzlei in München. Der Umweltminister entschuldigte sich, die Verordnung wird geändert.

Allerdings müssen die kolportierten Anschuldigungen und Fehlverhalten auch wirklich stimmen. Einfach nur meckern reicht nicht. Ein Fall für den Mülleimer sind auch nebulöse Andeutungen und geraunte Gerüchte. Besonders unerfreulich, wenn auf eine halb interessierte Nachfrage, die meist mit entrüstetem Unterton ausgesprochene Antwort kommt: »Ja, da müssen Sie halt mal recherchieren.« Auch die beliebten Anschwärzungen von Führungspersonen aus Rache oder Neid sind nach meiner Erfahrung in den meisten Fällen genau das: Denunziation aus niedrigen Motiven.

Also ganz klar gesagt: Wer einen Missstand anprangert oder eine Neuigkeit kommunizieren will, muss echte Beweise vorlegen – wie im Rolli-Beispiel den Gesetzestext. Keine Journalistin will Fake News aufsitzen und prüft deshalb genau, ob die Belege stimmen. Unrühmliche Ausnahmen gibt es natürlich immer (wir erinnern uns an den Fall Relotius, jenem Hochstapler, der dem Spiegel haarsträubende Fantasiegeschichten auftischen konnte). In den allermeisten Fällen aber bemerken wir Journalisten ob Storys »too good to be true« sind.

Noch ein Erfolgsfaktor: Das vorgelegte Material sollte aus eingängigen, verständlichen Zahlen und Fakten zum Sachverhalt bestehen, möglichst in halbwegs verständlicher Sprache. Kein noch so erfahrener Recherchierender kann sich in jedem exotischen Fachgebiet auskennen. Im stressigen Redaktionsalltag ist selten Zeit für ein Zweitstudium. Wer gutes und korrektes Basismaterial liefert, hat deshalb schon halb gewonnen.

Neben der theoretischen Basis bedarf es aber auch treffender Beispiele und realer Fälle. Über viele Jahre etwa versuchten Cybersecurity-Firmen mir die schrecklichen Auswirkungen von Datendiebstahl und Hackerangriffen als Thema anzudienen – im Hinterkopf die schöne Idee, als Retter in der Not in einem Artikel auftreten zu können. Doch auf meine Frage nach Ross und Reiter, also nach konkret bezifferten Schäden bei namentlich genannten Unternehmen, herrschte durchgängig eisernes Schweigen. Über das Thema geschrieben habe ich erst, nachdem ab 2019 die Europäische Datenschutz-Grundverordnung hohe Strafen für die Verletzung des Datenschutzes auslobte. In dem Artikel wurde übrigens nicht ein einziges dieser Software-Unternehmen erwähnt.

Die Chancen auf eine Veröffentlichung steigen weiter, wenn der Inhalt mit unterhaltsamen, amüsanten oder herzergreifenden Anekdoten gewürzt ist. Beim TV kommt dazu der optische Aspekt: Gibt es zu einem Sachverhalt spannende, ungewöhnliche Bilder oder sind nur Menschen zu sehen, die aus Autos steigen, oder die Fassade einer Konzernzentrale. Wer da der Fantasie der Redakteurinnen auf die Sprünge hilft, erhöht seine Chancen auf Aufmerksamkeit. Noch heute erinnere ich mich an meinen ersten Auftrag als Praktikantin beim WDR-Landesstudio in Bielefeld – Anno 1980. Ich sollte einen NIF (Nachrichtenfilm von 30 Sekunden Länge) über die Eröffnung einer Shoppingmall produzieren. Interessant war dieser Non-Event nur durch seine witzigen Bilder: Ein Affe schnitt das Band durch – ein Motiv, das man heute nicht mehr wählen würde.

Der Optikfaktor spielt übrigens auch in der Print- und Online-Sphäre eine nicht zu unterschätzende Rolle. Wer ungewöhnliche Fotos zu bieten hat, erhöht seine Chancen auf eine Erwähnung. Beim *manager magazin* etwa hatte der CEO eines Feuerlöscher-Herstellers einen gigantischen Auftritt, weil er sich beim beherzten Sprung aus einer (virtuellen) Flammenwand ablichten ließ. Wer hingegen nur langweilige Passfotos von sich anbieten kann, hat kaum eine Chance. Wir sprechen schließlich mit vielen Informanten und nur das beste Gesamtpaket schafft es ins Heft: toller Inhalt, knackiges Zitat, ungewöhnliches Bild.

Erfolgsfaktor Nummer 3: Immer an die Kundschaft denken. Wer soll eine Geschichte lesen, einen Beitrag anschauen, einen Podcast anhören?

Die Frage nach der Zielgruppe trägt mehr zu den Erfolgsaussichten einer Botschaft bei, als der gewöhnliche Selbstdarsteller so denkt. Nur die allerwenigsten Themen sind schließlich für die gesamte Öffentlichkeit relevant und bedürfen der Berichterstattung durch die Tagesschau oder eines Dreispalters auf der ersten Seite der *Süddeutschen Zeitung*.

Die potenziellen Adressaten für ihre Geschichte zu identifizieren, fällt den meisten Öffentlichkeitssuchenden aber offenbar extrem schwer. Mich jedenfalls belästigen regelmäßig Unternehmen mit euphorischen Mitteilungen zur jüngsten Version einer Software, die jetzt noch drei weitere Features enthält. Als Redakteurin beim *manager magazin* klicke ich da sofort den Mülleimer an. Meine Leserinnen halten solche Tech-Details für absolut unwichtig, ja nachgerade für nervig. Für eine IT-Fachzeitschrift und deren nerdiges Publikum könnten derlei Neuerungen aber durchaus relevant sein.

Deshalb bitte immer zuerst die Zielgruppe für die eigene Nachricht identifizieren. Verständlicherweise ist für den CEO eines Unternehmens oder die Präsidentin einer Non-Profit-Organisation immer das eigene Produkt oder Anliegen das wichtigste der Welt. Ein vernünftiger PR-Professional aber lässt bei der Definition der potenziellen Empfänger der frohen Botschaft Bescheidenheit walten und konzentriert sich auf eine bestimmte Untergruppe, die möglicherweise für sein Thema zu erwärmen ist, also ein Softwarehersteller auf IT-Entscheider oder ein Hersteller von Abfüllmaschinen auf die Lebensmittelbranche.

Der Adressatenkreis definiert die Auswahl des passenden Mediums. Genau zielen statt mit Schrot ballern erhöht dabei die Chancen, publiziert zu werden. Dafür bedarf es allerdings guter Kenntnisse des Medienspektrums: Auf welchem Weg erreiche ich wen?

Das *manager magazin* lesen fast ausschließlich Führungskräfte großer Unternehmen, ihre Berater und solche, die das eine oder andere einmal werden wollen. Bei der *FAZ* oder beim *Handelsblatt* erreicht frau eine breitere Auswahl an wirtschaftlich interessierten, gebildeten, wohlhabenden Personen. Welche Schlagkraft eine Publikation hat, wie ihre Leserschaft definiert ist, darüber geben Leser- beziehungsweise Zuschaueranalysen wie die von LAE (Leseranalyse Entscheidungsträger e.V.) Auskunft. Meist werben Printpublikationen oder TV- und Radiosender auf ihren Webseiten für Anzeigenkunden mit Reichweite, Infos zu ihren Leserinnen und Zuschauer. Für Webseiten gibt es noch sehr viel mehr Material über Unique Visits, Verweildauer oder Konversionsraten der Zuschauer.

Ist die passende Publikation gefunden, beginnt die Suche nach dem zuständigen Ansprechpartner. Ich empfehle dringend, das gewählte Blatt einfach mal zu lesen (oder die Sendung zu schauen, den Online-Auftritt zu verfolgen). Meist bearbeiten die Autorinnen und Autoren der verschiedenen Beiträge klar definierte Themengebiete. Kleiner Tipp: Mal das Impressum auf der Webseite einer Publikation checken (hat mittlerweile sogar das verschnarchteste Printmedium). Dort stehen neben den Fotos der Redakteure meist Kurzportraits mitsamt Tätigkeitsbereich und Erfahrungen. Online-Artikel werden sogar häufig mit launigen Vorstellungen der Autorinnen und Autoren garniert, die einen sympathischen Gesprächseinstieg bei einem etwaigen Telefonat ermöglichen. Gar nicht gut kommt übrigens falsche Lobhudelei, wie »Ich lese Ihre Artikel immer mit größtem Vergnügen«, wenn's gar nicht stimmt.

So funktioniert die richtige Ansprache

Sie sollten die für das eigene Thema geeignete Medien-Mitarbeitenden bitte grundsätzlich zuerst mit einer kurzen E-Mail anpingen. Und eine noch größere Bitte: Einen aussagekräftigen Betreff angeben. Kostet vielleicht etwas mehr Denkarbeit als nur »Spannende Geschichte für Sie« oder »Pressemitteilung von ...«. Erhöht aber die Chancen, den sofortigen – und mittlerweile schon ausführlich beschriebenen – Klick auf das Eimersymbol zu verhindern.

Beschreiben Sie im Text dann nur knapp die These – auf maximal 20 Zeilen und ohne launige Schreibübungen des Praktikanten. Nie wieder will ich die Formulierung »... ist in aller Munde« lesen müssen! Auch gedrechselte Ausdrucksweisen aus dem Horrorhandbuch des Bürokratismus (»das Unternehmen, welches ...«) sind echte Abturner mit Müll-Garantie. Niemand braucht zudem langwierige Erklärungen, halbe Seminararbeiten und schon ganz und gar keine Anhänge, in denen dann nochmal eine längere Version der Pressemitteilung zu finden ist. Auch der gleiche Text in weiteren Sprachen ist unnötig. Wer die Vorlage aus den USA nicht knapp auf deutsch wiedergeben kann oder will, ok. Ich bin wie fast alle meine Kolleginnen und Kollegen der englischen Sprache mächtig.

Eines sollte der Absender der E-Mail auf jeden Fall berücksichtigen: Journalisten stehen immer unter Zeitdruck und bekommen hunderte, gar tausende Mails am Tag. Und sie sind nie, wirklich niemals, auf der dringenden Suche nach irgendeiner verwertbaren PR-Meldung. Das Angebot an möglichen Geschichten ist immer um ein Vielfaches (ich würde behaupten um mehr als das Hundertfache) größer als der Bedarf der Redakteurin. Selbst in Online-Publikationen ist der Platz begrenzt und die Zeit der Mitarbeitenden noch knapper.

Deshalb ist es extrem hilfreich, wenn der Absender der E-Mail bei einem etwaigen Interesse wirklich kompetent Auskunft geben kann und sich nicht erst noch bei dem Auftraggeber erkundigen muss. Und bitte, bitte auf die Frage antworten, die gestellt wurde, und dazu passendes Material schicken. Und nicht einfach zuspammen mit allem, was man zum Thema zu bieten hat.

Bei redaktionellem Interesse: Sofort eine kompetente Ansprechperson bereit haben. Diese sollte auch wirklich sprechfähig und gegebenenfalls zitierbar sein. Das meine ich ernst: Wirklich keine ernsthafte Journalistin wird jemals einen Pressesprecher in einem Artikel zitieren. Wobei die echten Professionals unter den Kommunikationsleuten den ganzen Hintergrund parat haben, alle relevanten Informationen geben und auch mal für die CEO sprechen können, falls die mit ihrem übervollen Terminkalender nun wirklich nicht bis zur Deadline sprechen kann (oder mag). Ein schriftliches Zitat kann nach Absprache immer nachgereicht werden. Stummschaltung, weil die Chefin nicht kann, ist eine denkbar schlechte Idee.

Die Wann-Frage: Auf das Timing kommt es an
Wer mit seinem Themenangebot den richtigen Zeitpunkt erwischt, erhöht seine Chancen auf eine Publikation ungemein. Immer gut, wenn ein Thema schon latent bekannt ist. Denn auch wer zu früh kommt, den bestraft das Leben. Ich werde nie vergessen, wie ich in den frühen 2000er Jahren als Erste den Skandal um das absurd überteuerte Toll-Collect-Mautsystem für das *manager magazin* aufdeckte. Leider versandeten meine superexklusiven Informationen bei den Top-Managern. Als dann Wochen später das Versagen von Telekom und Co klarer sichtbar wurde, konnten meine Kolleginnen und Kollegen vom Spiegel auf der Grundlage meiner Geschichte einen schönen publizistischen Erfolg einfahren.

Noch viel schlimmer aber ist es, wenn eine Sache längst durchdebattiert und jeder Aspekt in jeder Talkshow von jedem Teilnehmer ausgiebig besprochen wurde. Dann helfen auch gute Informationen nichts mehr. Die Rezipienten sind des Themas überdrüssig. Die Balance zwischen zu neu und viel zu alt ist schwer zu treffen. Dennoch lohnt es, das Timing einer Information zu bedenken. Warum sollten sich die Leserinnen oder Zuschauer genau jetzt für die Story interessieren? Keine Zeitschrift veröffentlicht jemals Spargelrezepte im August. Und eine Branchengeschichte über Wohnmobile eignet sich nicht für den November. Deshalb sollten Selbstvermarkter gut überlegen: Gibt es einen aktuellen Anlass für mein Thema? Oder lässt sich ein solcher schaffen – man denke an den Affen?

Damit ein ganz neues Thema auf die öffentliche Agenda kommt, bedarf es einer gewissen Fallhöhe oder Dramatik. Deshalb ist es schlau, das Nachrichtenumfeld zu beobachten: Wenn gerade wenig los ist oder ein aktuelles Thema das Ende seines Lebenszyklus erreicht hat (sprich, die Leute wollen es nicht mehr lesen oder sehen), lässt sich leichter ein neuer Schwerpunkt setzen, als wenn gerade eine Sensation dominiert. Gegen den Dieselskandal bei VW kann das Missmanagement eines Mittelständlers einfach nicht anstinken.

Wer, was, für wen und wann?

Wer diese vier Kernfragen ordentlich durchdacht hat, kann durchaus Erfolg bei Medienleuten einfahren. Wobei die Einschätzung, was einen Erfolg ausmacht, durchaus zwischen Auskunftgeber und Journalistin extrem differieren kann. Wie oft erhalte ich enttäuschte Anrufe, wenn nach einem einstündigen Gespräch mit einer Expertin am Ende nur ein knappes Zitat im Artikel erscheint. Da denke ich, dass mein Gesprächspartner mit seiner einzigen relevanten Information zum Thema wirklich gut zu Wort gekommen ist. Der Auskunftgebende hingegen grollt, weil all seine gesammelten Weisheiten nicht gewürdigt wurden.

Tja, gute Journalistinnen und Journalisten reden bei ihren Recherchen eben mit vielen verschiedenen Personen. Und leider erzählen die meisten dieser Gesprächspartner nur das, was ohnehin sattsam bekannt, auf der Webseite des Unternehmens nachzulesen oder einfach todlangweilig ist. Deshalb stellen wir Medienschaffende sehr häufig die fünfte W-Frage: Warum sollte ich über das schreiben, was Person X mir gerade ausführlich vorgetragen hat? Und nur allzu oft finden wir keine einleuchtende Begründung für eine Erwähnung. In meinen mehr als 20 Jahren bei dem *manager magazin* habe ich vielleicht insgesamt fünf Geschichten geschrieben, die auf einer Idee eines PR-Menschen beruhten. Und die fielen dann am Ende auch nicht so positiv für dessen Auftraggeberin aus, wie sie es sich erträumt hatte.

Einen Trost habe ich jetzt aber nach all diesen deprimierenden Wahrheiten: Auch wenn all die Anstrengungen zur Vermarktung der eigenen Person, des eigenen Unternehmens oder Anliegens am Ende nur zu einem Mini-Zitat führen – sie zahlen sich am Ende aus. Ich habe jedenfalls schon lange kein mieses Gefühl mehr, wenn jemand über eine zu geringe Berücksichtigung jammert. Dafür ist mir ein einschneidendes Erlebnis nur zu gut im Gedächtnis geblieben. Am Anfang meiner Tätigkeit für das *manager magazin* habe ich einmal den Bereichsvorstand eines Konzerns interviewt. Im Artikel erschien daraus ein kurzes Quote. Nach einigen Wochen meldete sich der Mann bei mir, fragte, ob er mich zum Abendessen einladen dürfe (das ist schon sehr lange her und die Compliance-Regeln sahen noch keine Ausgabengrenze von 30 Euro pro Person bei Einladungen vor). Wir gingen in den Gourmettempel Tantris in München, speisten wie die Götter, tranken sensationelle Weine. Und beim Dessert gestand er mir, dass jenes kleine Zitat der Auslöser für einen Jobwechsel mit Aufstieg in die Topebene gewesen war. Ich konnte ihm auch noch die Höhe der Gehaltssteigerung aus der Nase ziehen: Sie lag um ein Mehrfaches über meinem Jahresgehalt.

10 Warum Journalisten die besseren Ghostwriter sind

Wie Sie den richtigen Ghostblogger oder Social-Media-Ghostwriter finden und die Zusammenarbeit klappt

Lisa Priller-Gebhardt, Journalistin und Ghostwriterin

Lisa Priller-Gebhardt hat die Deutsche Journalistenschule in München absolviert und arbeitet heute überwiegend als Ghostwriterin für Führungskräfte. Außerdem schreibt sie als Autorin für verschiedene Publikationen, unter anderem für das Fachmagazin *Werben & Verkaufen*, aber auch für die *Süddeutsche Zeitung* sowie den *Blog Plus* der Bayerischen Landeszentrale für neue Medien (BLM). Themenschwerpunkte sind unter anderem Medien, Marketing, Mittelstand sowie die Digitalwirtschaft.
Immer mehr Führungskräfte sourcen das Thema Personal Branding aus und schreiben ihre Postings nicht selbst, sondern lassen schreiben – und zwar meist von Journalistinnen und Journalisten. In ihrem Beitrag erfahren Sie, wie Sie den richtigen Ghostblogger oder Social-Media-Ghostwriter finden. Ein kurzer Erfahrungsbericht eines Managers, der Journalisten für sich schreiben lässt, sowie Tipps zur unkomplizierten Zusammenarbeit inklusive Empfehlungen aus Autorensicht runden den Beitrag ab.
Wer in den sozialen Medien in eigener Sache unterwegs ist, weiß, dass das zwar gut ankommt, aber jede Menge Arbeit macht. Nicht nur Profi-Fußballer, auch Top-Manager kommen schnell an einen Punkt, an dem sie merken, dass sie ihre Zeit und auch ihr Talent effektiver in ihren Kernkompetenzen einsetzen und das Thema Personal-Branding-Strategie outsourcen sollten. Dann sind Social-Media-Ghostwriter gefragt – kaum ein Manager kommt ohne sie aus

Eine Social Brand muss nicht durch den Manager oder die Managerin selbst geführt werden. Oft sind es Ghostwriter, die diese Aufgabe übernehmen. Zwar gibt es dazu keine offiziellen Zahlen, aber es kann durchaus davon ausgegangen werden, dass höchstens einer von fünf Executives seinen LinkedIn- oder Facebook-Account selbst füllt. Hier hat sich für Journalisten ein weites Betätigungsfeld aufgetan. Viele freie Autorinnen und Autoren verdienen sich mit dem Ghostwriting einiges dazu. Lesen Sie in diesem Beitrag die vier wichtigsten Gründe, warum Journalisten die besseren Ghostwriter sind:

1. Der unverstellte Blick von außen ist für das Unternehmen bares Geld wert
Außenstehende gehen anders an die Themen heran, als es die Marketing- und PR-Spezialisten des Unternehmens tun würden, die schnell in den üblichen PR-Sprachnebel

abdriften. Auch durch die Tatsache, dass ein Außenstehender nicht Teil der Unternehmenshierarchie ist, kann sich keine gewisse Leichtfüßigkeit des Auftritts einstellen. Gleichzeitig sollte ein CEO als Markenbotschafter nicht nur aktuelle Geschehnisse kommentieren, er sollte auch mal einen Diskurs anstoßen. Auch das fällt Dritten leichter als der eigenen Belegschaft.

2. Journalisten sind begabte Geschichtenerzähler

Autorinnen und Autoren können sich in jedes Thema einarbeiten. Sie bereiten sich gründlich vor, stellen die richtigen Fragen, filtern die wichtigen Informationen heraus, haben ein Gespür für gute Geschichten und sind in der Lage, sie gut strukturiert aufzubereiten. Unabhängig davon, ob sie Facebook- oder LinkedIn-Posts, Kolumnen, Fachbeiträge, Studien, Whitepaper oder Vorlagen für Podcasts verfassen. Dabei haben sie immer die Leserschaft im Blick und nicht den Auftraggeber. Der Wurm muss schließlich dem Fisch schmecken und nicht dem Angler.

3. Untrügliches Gespür für Themen

Ob eine Geschichte wirklich eine Geschichte ist, können zuallererst Journalistinnen und Journalisten beurteilen. Sie haben ein Gefühl für innovative Ideen, anekdotische Informationen, können Trends identifizieren und wissen, wie sie am besten verpackt werden. Das Gespür für Themen, die die Zielgruppe wirklich interessieren, und das Wissen, wie man die unterschiedlichen Kanäle richtig bespielt, ist einer der wichtigsten Erfolgsgaranten bei der Personal-Branding-Strategie. Das schafft die vielgerühmte Authentizität einer Marke. Gleichzeitig macht es den Manager oder die Managerin erlebbar und stellt Vertrauen her.

4. Immer einen Schritt voraus

Und noch ein Punkt spricht für die Unterstützung durch Journalisten: Sie arbeiten proaktiv und warten nicht auf Input aus dem Unternehmen. Dafür beobachten sie wichtige Medien und Social-Media-Kanäle, um Aufhänger für aktuelle Trends zu finden. Außerdem stöbern sie in Studien oder Umfragen, aus denen sich spannende sowie innovative Inhalte für Posts ableiten lassen. Gleichzeitig liefern ihnen Tools wie Google Trends wertvolle Hinweise, welche Keywords bei den gefragten Zielgruppen besonders gut ranken. Und natürlich halten sie sich über Unternehmensaktivitäten auf dem Laufenden. So können sie – und das ist eine der Kernkompetenzen von freien Schreibern – selbst Themenvorschläge unterbreiten.

Praxisanleitung: Wie Sie den richtigen Ghostblogger finden

1. Empfehlungen einholen

Wer auf der Suche nach einem guten Social-Media-Ghostwriter oder Ghostblogger ist, fragt am besten bei Kolleginnen oder Geschäftspartnern nach Empfehlungen. Fordern Sie in einem zweiten Schritt Arbeitsproben an, um sich einen ersten Eindruck zu verschaffen. Auch Business-Plattformen wie Xing oder LinkedIn bieten gute Recherchemöglichkeiten. Ein weiterer Tipp: Halten Sie einfach nach gelungenen Blogs Ausschau. Im Impressum finden Sie schnell die Kontaktdaten.

2. Die Chemie muss stimmen

Wie in allen anderen Lebens- und Jobbeziehungen auch, stellt sich der Erfolg nur dann ein, wenn die Chemie passt. Der Ghostwriter sollte also sowohl zum Executive, aber auch zur Zielgruppe passen, die man erreichen will. Im besten Fall sprechen Auftraggeber und Social Ghostwriter die gleiche Sprache. Mit der Einstellung »Es gibt viel zu tun, ich fang schon mal an«, fährt ein Ghostwriter bei einem Top-Manager wahrscheinlich am besten. Mit einem introvertierten Akademiker würde sich ein quirliger CEO dagegen vermutlich eher schwer tun. Beide profitieren, wenn sich der Ghostwriter auf das Thema seines Auftraggebers einlassen kann. Für den Ghostwriter ist es dagegen wichtig, dass sein Kunde akzeptiert, dass er oder sie in journalistischen Fragen den Hut auf hat. In jedem Fall sollte das Bauchgefühl stimmen.

3. Klare Absprachen im Vorfeld

Der Auftraggeber sollte sich zunächst genau überlegen, was er im Einzelnen beauftragen möchte. So werden leidige Diskussionen im Nachgang elegant umschifft. Es ist wichtig, dass alle Details der Zusammenarbeit klar und deutlich formuliert und schriftlich festgehalten werden. Geht es um Recherche und Schreiben oder nur um Redigieren oder Text-Coaching? Soll auch die Themenentwicklung in der Hand des Ghostwriters liegen? Wie sieht es aus mit dem Design – werden Fotos oder Grafiken angeliefert? Wer übernimmt beispielsweise die Vermarktung eines Blogs? Wer kümmert sich um das Monitoring der Social-Media-Aktivitäten – wer guckt also, welche Beiträge gut laufen und welche nicht?

Ebenfalls wichtig: Die Menge der Texte, die benötigt werden. Wie viel soll der Ghostwriter liefern, in welcher Frequenz, wie lang sollten die Texte sein, wie hoch etwa ist sein Zeitaufwand? Ebenfalls im Vorfeld zu klären: Sind eine oder mehrere Korrekturschleifen geplant – wie oft kann der Auftraggeber Texte umschreiben lassen?

4. Ordentliches Briefing

Ohne Briefing im Vorfeld klappt es nicht. Ghostwriter, die beispielsweise ein LinkedIn-Profil bespielen, sollten wöchentlich einmal gebrieft werden. Der Jour Fixe, in dem sowohl über Geschäfts- und Marketingziele, aber auch Persönliches wie beispielsweise die Teilnahme am Firmenlauf gesprochen wird, sind für die Journalistinnen und Journalisten fundamental wichtig. Nur so können sie ein Gefühl für die anstehenden Themen entwickeln und ihren Tenor verstehen. Der Auftraggeber muss hier die Richtung vorgeben. Wer schlau ist, hört sich auch die Argumente seines Schreibers an und beherzigt Einwände. Ebenfalls wichtig: Gibt es SEO-Keywords, die berücksichtigt werden müssen? Ist Bildmaterial vorhanden? Mit der Zeit werden die Briefings immer kürzer, weil der Autor weiß, für welche Themen sein Kunde brennt und welches Bild er nach außen zeigen will.

5. Deadlines setzen

Für Journalistinnen und Journalisten sind sie das tägliche Brot, die klar abgesteckten Abgabetermine. Auch beim Ghostwriting gilt: Wenn Texte zu einem bestimmten Termin fertig sein müssen, sollten Auftraggeber klare Fristen setzen. Hier wiederum ist es hilfreich, den Auftrag frühzeitig zu vergeben und nicht bis auf den letzten Moment zu warten. Gerne wird mit dem Satz »am liebsten gestern« beauftragt. Das wirkt sich zwangsläufig auf die Qualität des Textes aus. Die endgültige Deadline für den Ghostwriter sollte im besten Fall ein paar Tage vor der offiziellen Frist liegen. So hat der Auftraggeber noch genügend Puffer, den geschriebenen Text zu lesen und ihn gegebenenfalls anpassen zu lassen.

6. Honorarabsprachen

Was wird mir der Auftrag bringen? Für den Ghostblogger ist das eine der zentralen Fragen. Dazu muss er einschätzen können, wie groß der Recherche- sowie der Produktionsaufwand sein werden. Ghostwriter arbeiten meist sehr selbstständig und entwickeln viele Ideen und Inhalte selbst. Dadurch haben Executives deutlich weniger Stress und bekommen ein Ergebnis, das sie so selbst in der Zeit nicht hätten abliefern können. Die gewonnene Zeit können sie für ihre Kernkompetenz, das Managen, einsetzen.

Florian Baur lässt schreiben. Der CEO von Emnos über gelungenes Ghostwriting, das Posten, Liken und Kommentieren.

! **Florian Baur, CEO Emnos, München**

»Ich nutzte LinkedIn seit etwa anderthalb Jahren, um auf meinem Profil Nachrichten aus dem Unternehmen, Markttrends, internationale Insights zu posten sowie über neueste Erkenntnisse zum Thema Leadership zu berichten. Als Chef eines international tätigen Unternehmens, das auf Handel und KI spezialisiert ist, bin ich der Meinung, dass es längst nicht mehr reicht, sich als CEO ab und an auf einem Panel zu zeigen. Im Kampf um die mediale Wahrnehmung ist eine Präsenz auf Business-Kanälen wie LinkedIn unabdingbar. Sie kurbelt die Leadgenerierung an, trägt zur Umsatzsteigerung bei, hilft uns, Fachkräfte zu gewinnen, und stärkt das Image des Unternehmens, sowohl nach innen als auch nach außen.

Doch irgendwann wurde mir klar, dass ich die Themenfindung sowie das regelmäßige Posten nicht mehr selbst stemmen konnte. Immer häufiger waren ein, zwei Wochen rum, in denen ich weder gepostet, geteilt oder kommentiert hatte. Beim Gespräch unter Kolleginnen und Kollegen hat sich schnell herausgestellt, dass inzwischen viele Executives auf die Unterstützung von Social-Ghostwriting-Agenturen zurückgreifen. Über ein befreundetes Unternehmen kam ich auf eine Kölner Agentur, die mit ausgebildeten Journalistinnen und Journalisten zusammenarbeitet. In regelmäßigen Briefing-Runden überlegen wir gemeinsam, wie der Redaktionsplan aussehen könnte, und zurren die Themen fest. Dabei kommen

Vorschläge von der Agentur, aber auch von mir und meinen Kolleginnen und Kollegen, die dann von den Ghostwritern journalistisch aufbereitet werden. Die Schreiber achten auf die richtige Tonalität der Beiträge, damit alles authentisch rüberkommt. Zwei Posts pro Woche, das erscheint mir die richtige Dosis. Es ist enorm wichtig, von Anfang an klare Ziele zu definieren, deren Erreichen regelmäßig durch KPIs geprüft wird.

Die Agentur hat Zugriff auf alle Log-in-Daten – für mein persönliches Profil, aber auch für das des Unternehmens. Das funktioniert nur, weil zwischen dem Agenturinhaber und mir ein großes Vertrauensverhältnis besteht. Das ist meiner Meinung nach unabdingbar. Er weiß, wie ich ticke und wie ich die Branche sehe.

Unterdessen ist es mir dennoch wichtig, die Kommunikationshoheit zu behalten. Jeder Post geht vor der Veröffentlichung über meinen Schreibtisch. Eigentlich nur eine Formsache, doch schließlich muss ich ja auch wissen, was auf meinem Account veröffentlicht wird. Nicht selten kommt es vor, dass ich auf gepostete Inhalte angesprochen werde. Es wäre fatal, wenn ich dann nicht wüsste, worum es geht.

Natürlich ist es nicht ganz günstig, die LinkedIn-Kommunikation auszulagern. Doch die gewonnene Zeit kann ich effektiver in die Erledigung wichtiger Managementaufgaben investieren. Das rechnet sich am Ende. Zudem glaube ich, dass sich die gestiegene Sichtbarkeit meiner Person sowie des von mir geleiteten Unternehmens und unseres nicht ganz trivialen Geschäftsfeldes »KI und Handel« langfristig auszahlen wird.«

11 Wie gelingt eine packende Rede?

Thomas Muderlak, Inhaber 5 Sterne Redner Agentur

Thomas Muderlak ist Agenturchef der Referentenagentur *5 Sterne Redner*. Bevor er seinen Weg in die spannende Welt des Keynote Speaking gefunden hat, war er Marketingleiter bei Erdinger Weißbräu und Leiter der BMW Welt in München. Seine Agentur betreut exklusiv Vortragsredner, die mit ihrem Expertenwissen nachhaltig zu begeistern wissen.
In seinem Beitrag beschäftigt sich Thomas Muderlak mit der Frage, was eine wirkungsvolle Rede braucht. Der Schlüssel dazu sind Begeisterung und Entertainment, gepaart mit fundiertem Wissen. So entsteht Infotainment. Er verrät, welche drei Dinge Sie als CxO in Ihre Rede einbauen müssen, um Mitarbeiter, Kolleginnen oder Kunden zu überzeugen.

Die Kunst des Infotainments
Anhaltender Applaus. Selbst nachdem der Redner schon längst die Bühne verlassen hat, ist sein Auftritt Thema des Abends. Es war eine brillante Rede! Bemerkenswert gut ist es dem Redner gelungen, über 60 Minuten informativ und unterhaltsam zu begeistern – ja, zu fesseln.

Zufall? Nein. Das Geheimnis eines hervorragenden Vortrags, einer ausgezeichneten Rede liegt in dem gelungenen Zusammenspiel vieler verschiedener Komponenten. Doch allzu oft fehlt eben genau dieses Zusammenspiel. Aber wie gelingt nun das harmonische Ineinandergreifen der einzelnen Punkte des eigenen Vortrags, wenn er das Publikum begeistern soll?

Ich bin mir sicher, jeder von Ihnen hat schon irgendwann irgendetwas vorgetragen. Für die meisten von uns gehört das zum Berufsalltag, sei es bei einem Meeting, dem Vorstellen einer Kampagne, bei einer Fachtagung oder zu einem speziellen Anlass wie einer Preisverleihung. Egal, wie viele Reden und bei welchen Gelegenheiten jemand etwas vorgetragen hat – drei sehr wesentliche Aspekte werden oft nicht beachtet, die sogar eine Wechselwirkung haben: Die eigene Marke, der Umgang mit Informationen und der Entertainmentfaktor.

Ein »roter Teppich« für Marke und Botschaften
Vielen Rednern ist es kaum oder gar nicht bewusst: Beim Betreten einer Bühne geht es nicht nur um den Inhalt der Rede, sondern ebenso um die Person – den Redner. Jeder öffentliche Auftritt ist auch eine Präsentation der eigenen Persönlichkeit, der eigenen Marke. Allzu oft lässt sich leider beobachten, wie diese Chance nicht erkannt

und damit vertan wird. Stattdessen wird sogar durch einen mäßigen Auftritt geradezu die Schädigung der eigenen Marke betrieben.

Nehmen Sie sich ein Beispiel an Stars wie Madonna, Mick Jagger oder Beyoncé. Sie wissen um ihre Wirkung und den Wert ihres Images. Jede Gelegenheit wird von ihnen zur medienwirksamen Inszenierung ihrer Marke genutzt. Gleiches gilt natürlich für Prominente aus Sport, Politik oder Wirtschaft. Die bloße Ankündigung eines Auftritts einer Persönlichkeit – sei es im TV, bei einer Fachtagung oder selbst bei einem internen Firmenmeeting – sorgt sofort für Interesse. Daher gehört es für einen Redner unbedingt dazu, sich dieser Wirkung bewusst zu werden und an seinem Image zu arbeiten. Eine Rede ist wohl der perfekteste Moment für die persönliche Markenbildung.

Auf keinen Fall sollte ein Vortrag mit Zahlen, Daten und Fakten überfrachtet sein. Das ist der zweite große Fehler, der den meisten Referentinnen und Referenten unterläuft. Es scheint, als wollten solche Redner ihr gesamtes Wissen in einen Vortrag packen. Die Absicht ist klar. Damit sollen die Kompetenz und ihre Stellung als Expertin oder Experte unterstrichen werden. Allerdings passiert in einem solchen Fall das Gegenteil. Dem Publikum fällt es schwer, einer solchen Flut an Informationen zu folgen. Eine mit allzu vielen Informationen gespickte Rede ermüdet und wird als langweilig empfunden. Der Referent wird auf negative Weise mit seiner Rede verbunden. Ist die Rede unattraktiv, wird dieser Eindruck auf den Redner übertragen. Das Markenimage trägt in einem solchen Fall einen Kratzer davon.

So überraschend es klingen mag: Ein Vortrag ist also nicht dazu da, fundiertes Fachwissen zu transportieren. Eine Rede im eigentlichen Sinn ist ein Impuls- oder Motivationsvortrag. Grundsätzlich sollte man sich also vor Augen halten, dass es bei einer Rede nicht um die Vermittlung von Wissen geht, sondern darum, die Herzen der Menschen im Publikum zu erreichen und nicht ihren Kopf. Erreichen Sie das, wird sich Ihr gesamter Auftritt positiv auf Ihre Marke und Ihren Ruf als Redner auswirken. Es kommt daher auf die durchdachte Inszenierung Ihrer Persönlichkeit und Ihrer wohl dosierten Botschaften an.

Die Sender-Empfänger-Regel

Bestimmt kennen Sie Powerpoint-Präsentationen, bei denen eine Folie die nächste jagt, ohne dass ein Ende in Sicht scheint. Hat Sie ein solcher Vortrag erreicht oder angesprochen? Wahrscheinlich nicht. Irgendwann haben Sie abgeschaltet – und prompt rauschten viele Informationen buchstäblich an Ihnen vorbei. Das Grundprinzip der Kommunikation – »Es kommt nur an, was tatsächlich ankommt« – wird in solchen Fällen komplett außer Acht gelassen. Anders gesagt: Es geht um das Sender- und Empfängerprinzip, um die Codierung und Decodierung von Botschaften. Entscheidend ist nicht, was der Sender meint oder aussendet. Es kommt darauf an, was der Empfänger überhaupt auffassen kann und ob es ihm möglich ist, die ausgesendeten Botschaften verständlich zu decodieren. Eine Expertin kennt sich auf ihrem Fachgebiet bestens aus. Das gilt aber nicht automatisch für ein Publikum, dem in der Regel dieser fachliche Hintergrund fehlt.

Die Frage ist doch, wie viel am Ende eines überfrachteten Vortrags nach 60 oder gar 90 Minuten in Erinnerung bleibt. Aus diesem Grund konzentrieren sich gute Redner auf zwei, maximal drei Botschaften. Damit stellen sie sicher, dass ihre Kernaussagen auch wirklich aufgenommen werden und ankommen. Aber das ist nur ein Aspekt. Eine gelungene Rede besteht immer aus dem Dreiklang Inhalt, Form und Unterhaltung. Der Zuhörer mag sich dessen nur bedingt bewusst sein, aber dieses Zusammenspiel ist es, das er erwartet. Man könnte auch sagen: Er will angemessen unterhalten werden.

Trauen Sie sich, zu unterhalten!

Und in dieser Feststellung liegt auch schon der dritte gravierende Fehler, den viele Menschen bei ihren Reden begehen: Sie trauen sich nicht, zu unterhalten. Oder glauben, dies sei nicht angebracht. Aber das ist ein Fehlschluss! Fakt ist: Wir Menschen lieben Geschichten. Und diese Liebe ist keine Erfindung der Neuzeit. Schon seit Menschengedenken kommen wir an einem Lagerfeuer, einem Tisch oder in einem Saal zusammen, um Geschichten zu hören. Geschichten lösen Emotionen aus, mit ihnen lassen sich Botschaften und Inhalte leicht transportieren. Geschichten bleiben in Erinnerung – und zwar im besten Fall so, dass wir sie weitererzählen können. Leider haben wir vielfach das Erzählen von Geschichten verlernt. Die Orientierung an Zahlen, Daten und Fakten ist angesagt. Darüber kann auch das Storytelling besonders im Marketing nicht hinwegtäuschen. Oft werden hier Inhalte in irgendeine oberflächliche Anekdote verpackt. Das ist mit Geschichtenerzählen nicht gemeint. Der Content einer Rede muss mit Bedacht vorbereitet werden und im Kontext zum Rahmen der Rede stehen. Die Dramaturgie spielt dabei eine wesentliche Rolle. In der Regel folgen Geschichten einem bestimmten Muster: Einleitung, Konflikt, Wendepunkt und Auflösung (idealerweise ein Happy End). Wobei es unterschiedliche Varianten geben kann.

Entscheidend bei einer Rede ist der Einstieg. Er weckt das Interesse. Das kann durch Aufstellen von durchaus provokanten Thesen geschehen oder durch Fragen. Letztere ermöglichen gleich zu Beginn eine Interaktion mit dem Publikum. Brillante Reden zeichnen sich außerdem durch das Voranstellen der Kernbotschaft aus. Bei vielen Reden wird diese jedoch erst gegen Ende formuliert. Da die Aufmerksamkeit der Zuhörer aber gegen Ende abnimmt, kann diese elementare Botschaft untergehen, denn der Spannungsbogen vom Beginn bis zum letzten Satz flacht ab. Man kann auch sagen: Er wird überdehnt. Die Kernbotschaft hat daher eine Schlüsselfunktion. Sie ist der Anker für die Dramaturgie. Außerdem macht sie das Publikum neugierig, und: Es ist dieser eine Satz, der im Gedächtnis bleibt. Er sorgt dafür, dass später über den Vortrag berichtet wird.

Content ist nur die halbe Miete

Um eine gelungene Dramaturgie aufzubauen, sind auch Kenntnisse über das Publikum wichtig. Wer wird im Saal sitzen und zuhören? Ist das Publikum breit gefächert, kommt es aus speziellen Bereichen und könnte deshalb ein spezielles Wording notwendig sein?

Ebenso hilft es, sich klarzumachen, warum die Zuhörerinnen und Zuhörer sich den Vortrag anhören werden. Ist es die Aktualität des Themas, kommt das Publikum aus Interesse oder handelt es sich um eine beruflich verpflichtende Veranstaltung?

Auch der Zeitpunkt, wann die Veranstaltung stattfindet, ist ein relevanter Faktor. Es macht einen großen Unterschied, ob eine Rede morgens als Auftakt zu einer Veranstaltung stattfindet, sie nach der Mittagspause gehalten wird, wenn viele Menschen einen natürlichen biologischen Leistungstiefpunkt haben, oder ein Vortrag das abendliche Highlight eines Festaktes ist. Diese vielen Aspekte gilt es vorab zu klären und in die Dramaturgie der Rede einfließen zu lassen, denn auch diese Faktoren und Umstände wirken sich auf das Sender-Empfänger-Verhalten aus.

Inhalt ist nur ein Teil der Unterhaltung. Daneben kommt es auf das Äußerliche an, das Auftreten – quasi auf die Verpackung der Rede oder des Redners. Sie besteht wie der Inhalt aus vielen Aspekten. Ein Parfum ist nichts ohne seine Verpackung. Nicht nur der Duft macht die Geschichte aus, die es erzählen will, es ist das Zusammenspiel von Flakon, dessen Form, der Box, in der der Flakon präsentiert wird, Farben, Prägungen auf Verpackung oder Flasche und vielen weiteren Details. Bei einem Vortrag verhält es sich ebenso. So sollte sich ein Redner überlegen, was er zu seinem Auftritt anzieht. Neben Anlass und Rahmen muss sich ein Redner auch seiner Rolle – seiner Funktion – bewusst sein, die er als Vortragender einnimmt bzw. in der ihn das Publikum wahrnimmt. Ein angemessenes Outfit sollte aus diesem Grund selbstverständlich sein. Ist es jedoch nicht.

Kleider machen Leute

Stellen Sie sich vor, der Vorstandschef eines Finanzkonzerns referiert in Hawaiihemd und Jeans über Finanzkrisen. Die Rede kann noch so perfekt vorgetragen sein, durch die allzu legere Kleidung verliert der Konzernchef an Glaubwürdigkeit. Dennoch kann – je nach Branche oder Thema – ein lässigeres Outfit angemessen sein. Denken Sie an Mark Zuckerberg oder Steve Jobs. Ihr lockeres Auftreten passt bzw. passte zur Branche und zum Typ. Ihre Position wurde dabei nie infrage gestellt. Sie haben auch in Jeans und T-Shirt stets souverän den sicheren Unternehmenslenker vermittelt. Generell gilt: Die Kleidung sollte angemessen sein, nicht farblich übertrieben werden und zu Typ und Geschlecht passen. Frauen haben hier freilich etwas mehr Spielraum, ihren Auftritt zu »inszenieren«, als ein Mann. Aber auch Rednerinnen sollten sich nach der einfachen Regel »weniger (oder dezenter) ist mehr« richten.

Ein weiterer Aspekt ist die Körperhaltung. Ein Vortragender hat immer eine Funktion inne – sei es als Experte, als Motivator, als Vorgesetzter oder Konzernverantwortlicher. Damit wird gleichzeitig eine nonverbale Botschaft ausgesendet, die eine Erwartungshaltung im Publikum erzeugt. Ich bleibe beim Beispiel des Vorstandschefs eines Finanzkonzerns: Es wäre ein Unding, wenn eine solche Frau oder ein solcher Mann mit hängenden Schultern die Bühne beträte oder ständig den Kopf senkte, weil die Rede abgelesen wird. Das erzeugt weder Vertrauen oder Sympathie noch vermittelt es Stärke.

Aber genau das wird das Publikum von solchen Personen erwarten. Auch die Art und Weise, wie man sich auf der Bühne bewegt und gibt, sollte dem Rahmen entsprechen. Die Aussagekraft einer Botschaft wird durch wildes Gestikulieren ebenso geschwächt wie durch eine emotionslose Starre. Gesten – sinnvoll, gut getimt und pointiert – machen einen Vortrag lebendig, setzen Akzente und tragen zur Unterhaltung bei. Sie sind daher ebenfalls ein dramaturgisches Mittel.

Missgeschicke, Pech und Pannen

Vorsicht bei Missgeschicken: Sie können fatal sein, müssen es aber nicht. Hier ein Beispiel: Bei einer mit Spannung erwarteten Rede anlässlich der Aktionärsversammlung eines großen international agierenden Unternehmens stolperte der Vorstandsvorsitzende beim Betreten der Bühne und ging zu Boden. Das Signal im Kontext zur Person, zu Rahmen und Anlass der Rede, das durch diesen Vorfall ausgesendet wurde, war alles andere als positiv. Das Fatale allerdings war, dass der Vorstandsvorsitzende nach seinem Sturz ohne ein Wort die Bühne verließ und stattdessen ein Vorstandskollege den Auftritt übernahm.

Sicher, so etwas kann passieren, wie es auch passieren kann, den Faden kurz zu verlieren, irgendwo hängen zu bleiben oder ein Glas umzustoßen. Jedoch sollte ein guter Redner in der Lage sein, die Situation charmant zu retten. Natürlich kann man sich nicht auf Unvorhersehbares vorbereiten. Beizeiten sollte man sich aber überlegen, wie man im Falle des Falles reagieren könnte. Geübte Redner setzen sogar hin und wieder vermeintliche Pannen als rhetorisches Mittel ein.

In diesem Zusammenhang möchte ich noch einmal darauf eingehen, wie wichtig die Berücksichtigung von Position und Funktion des Redners bei seinem Vortrag ist. Ein historisches Beispiel verdeutlicht, wie eng beides miteinander verbunden sein kann und welche Tragweite dadurch entsteht. Die Rede ist vom britischen König Georg VI. Viele kennen seine Geschichte durch die ausgezeichnete Verfilmung »The King's Speech«. Georg VI. war ein schüchterner und gehemmter Mensch. Er hatte große Schwierigkeiten, frei zu sprechen. Mit einer desaströsen Abschlussrede im Wembley-Stadion anlässlich der British Empire Exhibition 1925 machte er sich zum Gespött des Vereinigten Königreichs. Auf Anraten seiner Gattin nahm Georg VI. Unterricht, um diese Unsicherheiten zu überwinden. Durch beharrliches Üben gewannen sein öffentliches Auftreten und seine Reden an Sicherheit und staatsmännischer Ausstrahlung. So gelang es ihm, 1939 nach der Kriegserklärung an Adolf Hitler in einer Rede an die britische Nation die richtigen Worte im passenden Ton zu finden – so wie man es von einem Staatsoberhaupt in einer solchen Ausnahmesituation erwartet. Machen Sie sich daher vor einer Rede Ihre Position und die damit verbundene Erwartungshaltung bewusst.

Das Zusammenspiel von Sprechgeschwindigkeit und Lautstärke

Wohl das wichtigste Instrument eines Redners ist seine Stimme. Viele Referentinnen und Referenten vernachlässigen diesen Aspekt oder lassen ihn gar außer Acht. Etwas vorzutragen ist nicht nur eine Frage von laut und leise. Zu laut kann aufdringlich und verkrampft wirken, zu leise wird als unsicher, schwach und undeutlich empfunden. Neben der Lautstärke kommt es auch auf die Redegeschwindigkeit an. Gerade Redner, die viele Themen in ihrem Vortrag ansprechen wollen, aber auch solche, die unsicher sind, neigen zum schnellen Sprechen. Das bringt Unruhe in einen Vortrag, der Redner wirkt wie gehetzt. Auch zu lange Pausen können Unsicherheit vermitteln. Dagegen wirkt langsames Reden auf die Dauer ermüdend und nimmt die Spannung.

Sehr wohl kann man jedoch durch das Variieren der Lautstärke diese aktiv nutzen und Akzente setzen. Gleiches gilt für Pausen. Es sind rhetorische Mittel, die durchaus bewusst eingesetzt werden können. Überlegen Sie sich bei Ihren Reden, was Sie betonen und hervorheben wollen und wo Sie Spannung erzeugen möchten.

Welch wichtige Rolle die Geschwindigkeit bei einer Rede spielt, zeigt ein Beispiel aus meiner persönlichen Erfahrung. Vor längerer Zeit wurde ich gebeten, einen Vortrag zu halten. Mein Zeitrahmen dafür lag bei 20 Minuten. Ich bereitete mich entsprechend vor, doch kurz vor meinem Auftritt wurde mir mitgeteilt, durch eine Verschiebung stünde mir nun doppelt so viel Zeit zur Verfügung. Um das Thema inhaltlich anzureichern, reichte die Zeit nicht mehr. Ich zog daher den Vortrag durch Pausen und betont bedachtes Reden in die Länge. Nach meinem Vortrag allerdings war ich alles andere als zufrieden mit mir. Ich hatte den Eindruck, als hätte ich durch das bewusste »Dehnen« der Zeit die Rede ruiniert. Doch das Gegenteil war der Fall! Wie mir später gesagt wurde, haben gerade diese Pausen und das akzentuierte langsame Reden dem Vortrag das gewisse Etwas gegeben. Es lohnt sich also, die Redegeschwindigkeit als rhetorisches Mittel zu verstehen und entsprechend einzusetzen.

Neben der Geschwindigkeit kommt es ebenso auf die Aussprache an. Wer schnell redet, spricht oft undeutlich und verschluckt Endungen oder sogar ganze Wörter. Die Rede wird unverständlich. Ein ähnlicher Effekt entsteht beim leisen Reden. Dem Publikum erschließt sich der Inhalt nur bruchstückhaft. Eine deutliche und klare Aussprache ist also unerlässlich. Wobei »klar und deutlich« nicht mit »schreien« zu verwechseln ist!

Ein Publikum besteht nicht aus Fachkolleginnen und -kollegen

An dieser Stelle möchte ich kurz auf Mundarten und Dialekte, aber auch auf Fachsprache und damit einhergehende Begrifflichkeiten eingehen.

Nehmen wir Mundarten: Wenn man eine Rede in seiner Heimatgemeinde hält, kann das den Vortrag und die Beziehung zum Publikum bereichern und unterhaltsam gestalten. Jedoch sollte man aus Gründen der Seriosität und Verständlichkeit davon Abstand nehmen, wenn es geht. Man sollte besser eine für alle Zuhörer potenziell verständliche Sprache verwenden.

Was für fachliche Inhalte gilt, sollte auch bei der Auswahl der spezifischen Termini oder Fachwörter berücksichtigt werden. Oft genug möchte ein Redner seine thematische Kompetenz zusätzlich durch viele Fachbegriffe unterstreichen. Unter Kollegen oder Teammitgliedern ist das kein Problem, hier werden spezielle Ausdrücke ohne Weiteres verstanden – sie erleichtern die Kommunikation sogar. Doch wenn die Zuhörerinnen und Zuhörer aus verschiedensten Berufen, Branchen oder gar Ländern kommen, sieht das schon ganz anders aus. Weil fachfremdes Publikum die entsprechenden Termini nicht kennt, versteht es letztlich Zusammenhänge nicht, Botschaften und Inhalte gehen verloren. Denken Sie an das Sender-Empfänger-Prinzip! Sicherlich können Fachwörter fallen. Sie sollten dann aber einfach sein oder kurz erklärt werden. Je unkomplizierter die Sprache ist, desto leichter werden Botschaften verstanden und erreichen sicher das Publikum.

Ohne Generalprobe und abschließenden Check kein Auftritt

Etwas habe ich noch nicht angesprochen: Räumlichkeiten und Technik. Beide Punkte werden viel zu leichtfertig als nebensächlich angesehen. Sie haben aber schon manchen Redner ins Schleudern gebracht. Selbst eine optimal vorbereitete Rede erleidet Schiffbruch, wenn die Technik versagt, nicht auf den Raum abgestimmt ist, das Licht oder die Akustik nicht passt, die Bestuhlung teilweise die Sicht auf die Bühne behindert, man nicht mit PC und Beamer vertraut ist oder – so simpel kann es sein – es keine Ersatzbatterien für das Mikrofon gibt. All das fließt zusammen und gehört beachtet, wenn eine Rede nicht nur gut, sondern brillant sein soll.

Der Schlüssel zum Erfolg liegt wie bei vielem in der Vorbereitung. Bringen Sie daher alles über den Rahmen, Ihre Zuhörerschaft, die örtlichen Gegebenheiten und die sonstigen Begleitumstände in Erfahrung. Orientieren Sie sich schon beim ersten Gedanken an Ihre Rede an dem Dreiklang aus Inhalt – maximal drei Kernbotschaften –, Unterhaltung und eigenem Auftreten.

Verwenden Sie eine einfache und bildreiche Sprache. Damit lassen sich Ihre Botschaften leicht transportieren. Berühren Sie die Herzen des Publikums – nicht den Kopf. Verpacken Sie Ihren Vortrag wie ein Geschenk – Form, Kleidung, rhetorische Mittel,

Dramaturgie, Sprechgeschwindigkeit, klare und deutliche Aussprache, passendes Wording und Körperhaltung. Seien Sie sich auch Ihrer Funktion, Ihrer Rolle bewusst, in der Sie Ihre Rede halten.

Eine Bühne ist eine Bühne – auch online

In den letzten Jahren haben Online-Seminare, Präsentationen, Videokonferenzen und Vorträge zugenommen. Zum einen durch die verbesserten Möglichkeiten der Digitalisierung und zum anderen, weil sie zum festen Bestandteil des Business-Alltags geworden sind. Man möchte meinen, die Regeln eines Präsenzauftritts werden auch online berücksichtigt. Doch der Alltag zeigt das Gegenteil. Sicherlich sind Online-Auftritte eine besondere Herausforderung. Es fallen viele kleine Faktoren weg, die sich bei einem Präsenzauftritt einfach ganz von selbst ergeben. Da wären das gesamte Auftreten auf einer Bühne oder die besondere Atmosphäre. Das ist online nur bedingt gegeben, zumal der Redner in der Regel nur teilweise zu sehen ist. Dennoch gilt online das gleiche wie offline. Es ist nichts anderes und folgt den gleichen Regeln. Auch Ihr Online-Publikum will unterhalten werden. Damit Ihre Performance Ihr Publikum bestmöglich erreicht, sollten Sie vorab auch hier die technischen Voraussetzungen optimal einrichten und vor der Übertragung überprüfen: Funktionieren Kamera und Mikro, ist die Übertragungsleistung ausreichend, ist der Hintergrund passend, sind mögliche Störgeräusche eliminiert und ist der Bildausschnitt perfekt?

Abschließend möchte ich Ihnen noch einen kleinen Tipp mit auf den Weg geben: Wenn Sie alles sorgfältig durchdacht haben und Ihre Rede steht, machen Sie eine Generalprobe. Das kann vor einem Spiegel sein, um sich selbst zu beobachten, oder noch besser vor vertrauten Personen. Bitten Sie um ehrliches Feedback. Eine sorgfältige Vorbereitung und ein letztes Feintuning bereiten die Bühne für Ihren Auftritt und Ihren brillanten Vortrag.

Rufen Sie sich aber stets in Erinnerung: Ihr Publikum will unterhalten werden. Trauen Sie sich – und Ihr Publikum wird Sie dafür feiern!

12 Die Macht der Stimme

Interview mit Nicola Tiggeler, Schauspielerin und Stimmtrainerin

Nicola Tiggeler ist ausgebildete Opernsängerin, Schauspielerin und zertifizierte Stimmtrainerin. Ihr ganzes Berufsleben lang steht sie auf der Bühne, vor Kamera und Mikrofon. Durch viele Fernsehrollen bekannt, vertrauen im wahren Leben Menschen aus den unterschiedlichsten Unternehmen und Bereichen auf ihre Expertise als Stimmtrainerin, um die eigene Stimme und Persönlichkeit weiterzuentwickeln. Ihre Ratschläge gibt es unter dem Titel »Mit Stimme zum Erfolg. Anklang finden, überzeugen und begeistern« bereits in der zweiten Auflage im C.H. Beck Verlag.

In diesem Interview geht es Nicola Tiggeler um das positive Zusammenspiel von Stimme und Körpersprache als Schlüssel für gelungene Kommunikation. Die akustische Visitenkarte ist die persönlichste, die Sie hinterlassen können. Wenn wir unsere nonverbalen Mittel bewusst und »richtig« nutzen, können sich für die Zuhörerinnen und Zuhörer neue Facetten erschließen, weit über den Inhalt hinaus. Die Stimme ist dabei ein unglaublicher Wirkverstärker. Und Ihr Publikum spürt sehr genau und intuitiv, ob es »stimmt – stimmig« ist, was Sie sagen.

Christiane Wolff: Ganz einfach gefragt: Welchen Einfluss hat meine Stimme auf meine Karriere?

Nicola Tiggeler: Mehr, als die meisten Menschen ahnen. Um ganz einfach zu antworten: Voice sells! Wie wir wahrgenommen werden, hängt immer ganz entscheidend auch von unserer nonverbalen, also akustischen wie optischen Präsenz ab. Sobald Sie präsent sind, analog wie digital, entscheiden diese Signale. Vielen Menschen ist vielleicht noch die Körpersprache, aber nicht die besondere Rolle der persönlichen Akustik wirklich bewusst. Meiner Erfahrung nach ist das Anhören der eigenen Stimme für die meisten eher eine Qual als ein Vergnügen. Denken Sie nur an das Besprechen der Mailbox oder früher des Anrufbeantworters. Wenn wir unsere Stimmen bewusst und »richtig« nutzen, können sich für die Zuhörerinnen und Zuhörer ganz neue, zusätzliche Facetten erschließen, viel mehr als nur durch den bloßen Inhalt. Stimme ist ein unglaublicher Wirkverstärker, ein »wirklicher« Türöffner, nicht nur am Telefon. Die akustische Visitenkarte ist die persönlichste, die Sie hinterlassen können. Ihre Gesprächspartnerin oder Ihr Gesprächspartner, Ihr Publikum spürt sehr genau und intuitiv, ob es »stimmt, stimmig« ist, was Sie sagen.

Christiane Wolff: Ist die Stimme wichtiger als der Inhalt? Und welche Rolle spielt meine Körpersprache?

Nicola Tiggeler: Ich bin ein Fan von guten Inhalten! Und jedes Training der nonverbalen Kompetenzen entbindet Sie niemals von der Verantwortung für das, was Sie inhaltlich durch Worte transportieren. Aber: Selbst der brillanteste Inhalt kann in Ihrer Kommunikation untergehen oder gar ruiniert werden, wenn Sie das Ohr der Zuhörenden beleidigen.

Ich lasse meine Kundeninnen oder Teilnehmer gerne eine Liste der *Dos and Don'ts* von akustischen Signalen aufstellen: Zu leise/laut, zu hoch, zu schrill/piepsig, zu schnell, zu monoton, zu viele Ähs, zu viele Füllworte ... Die Liste wird sehr schnell sehr lang. Was für eine Wohltat dagegen können Sie durch Wohlklang schaffen: durch ein persönliches, angenehmes, angemessenes, dynamisches und emotional berührendes Sprechverhalten. Eine Kongruenz der inneren und äußeren Haltung, des Inhalts und der Art, wie ich es sage. Meine Devise: Anklang durch Einklang. Der berühmte Ton macht die Musik ...

Stimme und Körpersprache sind für mein Empfinden nicht zu trennen. Sprechen ist ja eine physische Handlung, ist der hörbare Teil der Körpersprache! Die Stimme folgt dem Körper und umgekehrt. Jedenfalls, wenn Sie frei und unbelastet kommunizieren.

Zu viele Regeln in der Körpersprache, die vorschreiben, was erlaubt oder was ein No-go ist, finde ich manchmal problematisch oder sogar hinderlich. Sicherlich können wir uns darauf einigen, dass ein erhobener oder stechender Zeigefinger eher unangenehm ist. Ebenso erschwert eine verschlossene Haltung das Verständnis bei den Zuhörenden, während eine hektische, fuchtelnde Gestik uns eher nervös macht. Aber meistens wird die Körpersprache nach meiner Erfahrung sehr stimmig, wenn die Selbstwahrnehmung und das Selbstbewusstsein gestärkt sind.

Christiane Wolff: Kann man Stimme lernen oder ist sie nicht einfach »da«?

Nicola Tiggeler: Sie können eines nicht beeinflussen: die Genetik, den Bau Ihres Instruments, also Ihres Körpers und Ihres Sprechapparates. Aber Sie können lernen, wie Sie Ihr Instrument zum Klingen bringen, wie Sie es so nutzen, dass es sich »stimmig« anfühlt. Für Sie als Sprechende wie für die Zuhörenden.

Dazu gehört ein gutes Selbstbewusstsein, im besten Sinne. Sich selbst wahrzunehmen, während Sie sprechen. Die eigenen Sinne zu sensibilisieren: Wie bin ich jetzt gerade unterwegs, welche Signale sende ich, wie bin ich in Kontakt mit meinem Gegenüber, dem Raum, mit mir selbst? Das ist keine eitle Nabelschau, sondern eine wirklich bewusste, umfassende Kommunikation. Sie ist eben nicht nur inhaltsgetrieben, »im Kopf«, sondern führt von der Person zur Persönlichkeit. »Per-Sona« bedeutet wörtlich »durch Klang«, entsprechend heißt »per-sonare« »durch (hindurch) klingen«.

Ein gutes Körperbewusstsein, eine bewusste und trainierte Atmung und eine Wahrnehmung der eigenen, wohlklingenden Resonanz ist die Basisarbeit. Und dann geht es in das gesprochene Wort. Mit Stimme und Körpersprache.

Zu Ihrer Frage: Ja, Sie können eine Menge lernen. Nochmal: Sprechen ist eine Handlung, also auch ein Handwerk. Und das kann man lernen. Mit vielen sehr erprobten und praxisnahen Übungen, die auch noch Freude machen. Und nebenbei lernen Sie auch noch eine Menge über sich selbst. Stimmarbeit ist immer auch Persönlichkeitsentwicklung.

Christiane Wolff: Und muss eine Managerin Hochsprache sprechen oder darf es auch ein bisschen Dialekt sein?

Nicola Tiggeler: Ich persönlich mag Dialekte, vermutlich weil ich als Hannoveranerin keinen habe. Zugegeben, manche finde ich charmanter als andere. Freundlich formuliert: Man darf hören, woher du kommst, aber man darf dich auch verstehen. Dialekte gehören ganz unbedingt zu einer Persönlichkeit, aber sie sollten sie nicht überdecken. Ich trainiere Dialekte nur auf Anfrage weg, und das ist oft für beide Seiten nicht unanstrengend, besonders bei manchen Mitgliedern des DACH-Verbandes. Aber machbar.

Christiane Wolff: Wie und womit kann ich meiner Stimme etwas Gutes tun?

Nicola Tiggeler: Durch die berühmte Achtsamkeit. Viele bemerken ihre Stimme erst, wenn sie nicht so funktioniert, wie sie soll, oder gar ganz versagt. Was für eine Missachtung! Unsere Stimme kann so viel mehr, als nur Worte zu transportieren. Also gehört ein bewusster Umgang mit der eigenen Stimme und die tägliche Pflege für mich dazu wie Zähneputzen. Jeder halbwegs schlaue Sportler wärmt sich auf, nur die Stimme soll immer funktionieren? Der Aufwand ist nicht groß, wenn Sie wissen, wie es geht. Schon ein paar Aufwärmübungen bringen enorm viel und lassen sich in die tägliche Routine gut einbinden.

Ansonsten gibt es natürlich die Empfehlungen, die hoffentlich alle kennen. Wie z. B. genügend Flüssigkeit, Luftfeuchtigkeit, gute Sprechbedingungen usw. Aber selbst wenn sich manche äußere Faktoren nicht beeinflussen lassen, können wir doch immer bei uns bleiben und uns selbst als sogenannte Voice Workers, also Viel-Sprechende Gutes tun.

Christiane Wolff: Welche Beziehung gibt es zwischen Atmung, Aufregung und Stimme?

Nicola Tiggeler: Nach meiner Auffassung ist der Atem der Schlüssel zu (fast) allem. Und er ist unser verlässlichster Partner, wenn er uns keinen Streich spielt. Gerade in stressigen Situationen und bei Lampenfieber können Sie sich durch bewussten Umgang mit Ihrem Atem deeskalieren. Oder auch dynamisieren, wie Sie es aktuell brauchen. Unser Atem ist ein Alleskönner. Wenn Ihr Atem mit Ihnen im Einklang ist, ist es auch Ihre Stimme. Sprechen ist schließlich hörbares Ausatmen. Sich mit dem eigenen Atem zu befassen, ist in jedem Fall ein Lebensgewinn. Das können Sie durch Übungen ganz praktisch tun. Oder dem Ganzen auch einen spirituellen Aspekt hinzufügen, wenn Sie es wollen. In jedem Fall gewinnen Sie ein gutes, besseres Körpergefühl und damit Selbstbewusstsein.

Christiane Wolff: Und wie schaffe ich es, dass sich meine Gefühle nicht in meiner Stimme spiegeln?

Nicola Tiggeler: Die berühmte Frage ... Zwei Dinge finde ich ganz wichtig. Erstens wäre es unglaublich schade, wenn meine Stimme nicht meine Stimmung widerspiegeln könnte. Ohne Emotionen werden Sie nicht bewegen. Um zu bewegen, müssen wir selbst bewegt sein. Das heißt, wir müssen in der Lage sein, unsere ganze Leidenschaft, Begeisterung, Empörung, unsere Persönlichkeit, unser Fühlen und Meinen hörbar zu machen. Deswegen ist es gerade im Stimmtraining so wichtig, die Sprechenden zu befähigen, ihre Stimme so variabel und frei wie möglich klingen zu lassen. »Durchlässig« zu sein. Empathisch und emotional sein zu können, sind für mich maßgebliche Führungsqualitäten!

Andererseits und deswegen Punkt zwei: Wir wollen als Rednerin oder Redner natürlich nicht von unseren Ängsten, Befürchtungen oder Gefühlen überwältigt werden. Das ist verständlich und auch ein gerechtfertigter Aspekt. Ich muss ja in der Lage sein, eine gute Rede oder Präsentation halten oder Kundengespräche führen zu können, auch wenn es für mich ein schlechter Tag ist. Weil ich z. B krank bin, keine Lust oder Kummer habe.

Die große Gefahr dabei ist, dass die meisten Menschen gerade als Rednerin oder Redner eine (zu) große Angst vor Kontrollverlust haben. Und das führt dann dazu, dass sie monoton und bleiern vor sich hin sprechen und ihr Publikum nicht erreichen. Jeder kennt diese nicht enden wollenden Präsentationen, die wirklich eine Verschwendung von Lebenszeit für alle Beteiligten sind.

Also erstens: Emotionen sind essenziell und werden meiner Meinung nach belohnt! Und zweitens: Es ist wichtig, ein gutes Handwerkszeug zu haben. Um einerseits durch Emotionen zu bewegen und andererseits nicht von ihnen überrollt zu werden.

Christiane Wolff: Haben Sie positive Beispiele für die perfekte Managerstimme? Von wem können wir uns etwas »abhören«?

Nicola Tiggeler: Es gibt nicht die »perfekte« Stimme! Manches ist und bleibt einfach auch Geschmacksache. Und das ist gut so. Manche Kriterien allerdings finden die überwiegenden Menschen angenehm: eine warme Stimme, also eine eher tiefe Tonlage mit gutem Volumen, guter Dynamik, guter Sprechmelodie und dazu deutlich und klar.

Christiane Wolff: Männer haben von Natur aus tiefere Stimmen als Frauen – und manche Frauen sprechen gefühlt zu hoch. Was tun?

Nicola Tiggeler: Es scheint zunächst eine »Ungerechtigkeit« der Natur, dass Männer die tieferen Stimmen haben. Und tiefe Stimmen werden meistens mit Kompetenz gleichgesetzt. Aber es gibt auch Männer, die zu hoch sprechen. Das fällt aber aufgrund der von Hause aus tieferen Sprechlage nicht ganz so unangenehm auf. Nun heißt das aber bitte nicht, dass wir, Frauen wie Männer, unsere Stimmen runterquetschen. Es geht vielmehr darum, die Lage zu finden, in der die eigene Stimme mit dem wenigsten Aufwand die größte Resonanz erzielt. Und das ist immer eine entspannte und damit tiefere Lage. Der sogenannte »Eigenton«, ein ganz wichtiges Kapitel im Stimmtraining. Damit finden Sie Ihren ganz persönlichen »Brustton der Überzeugung«. Dieser Eigenton z. B. ist ein unverzichtbares Instrument in Ihrem nonverbalen Handwerkskoffer.

Christiane Wolff: Nicht jede Managerin oder Manager hat Zeit für ein aufwendiges Stimmtraining. Verraten Sie uns Ihre drei besten und am schnellsten umsetzbaren Tipps?

Nicola Tiggeler: Stimmtraining muss nicht aufwendig sein. Schon ein paar Stunden mit einer guten Trainerin bringen viel! Das geht übrigens auch online besser als ich dachte. ☺

Ansonsten: Alles, was vor einem Sprecheinsatz den Körper lockert und dann in eine gute, aufgerichtete Position bringt, ist schon mal hilfreich. Also:

1. Lockern Sie sich, wann immer es geht, bringen Sie sich in Bewegung. Gerade auch im Homeoffice. Dehnen, Strecken, Gähnen, leichtes Ausschütteln und Abklopfen – am besten alles mit entspannten Tönen (ohne Ehrgeiz) – bringt sofort eine bessere Durchblutung und hörbar (!) mehr Energie.
2. Summen Sie. Entweder Ihre Lieblingsmelodie oder mit dem Gedanken an etwas, das Ihnen köstlich schmeckt.
3. Lippenflattern: brrrrr, wie ein Pferdekutscher, nochmals herzhaft gähnen (das weitet, auch den Kiefer). Und dann einen Satz aus Ihrer Rede, Ihrer Präsentation oder einen wichtigen Punkt für das bevorstehende Meeting gut aufgerichtet und in guter Lautstärke zu Ihrem imaginierten Publikum sprechen.

Vorbereitung ist immer hilfreich, und die sollte eben nicht nur inhaltlicher, sondern ganz klar auch physischer Art sein.

Christiane Wolff: Liebe Frau Tiggeler, vielen Dank für das Gespräch!

Teil 4: Networking

1 Einführung: Keine Karriere ohne Netzwerken

Christiane Wolff, Positionierungs- und Kommunikationsexpertin für CxOs

Der kontinuierliche Ausbau des eigenen Netzwerks muss heute als zentraler Karrierebaustein betrachtet werden! Was machen Sie, wenn Sie den nächsten Karriereschritt planen? Woher erhalten Sie die neuesten Trends aus Ihrer Branche? Wo tauschen Sie sich zu Ihren Herausforderungen aus und bekommen Ideen für die nächste Kooperation? Netzwerken heißt das Zauberwort. Doch Networking braucht ein Ziel und eine Strategie.

Networking soll aber nicht nur mit Blick auf strategisches Karrieredenken gedacht sein – es soll auch Inspiration und Freude bringen und Sie mit neuen Menschen, Themen und Ideen bereichern und natürlich auch Ihre Karriere positiv beeinflussen. Für Netzwerken gibt und braucht es keine Ausbildung und keine Urkunde – hier heißt es ausprobieren, neugierig sein und Lust auf Neues haben!

Warum Netzwerken so wichtig für Ihre Karriere ist !

- Es hilft Ihnen, Ihre Karriere voranzutreiben und den nächsten Karriereschritt zu machen.
- Durch neue Verbindungen kann auch Neues entstehen: Projekte, Kooperationen, Geschäftsmodelle, Jobs, Veranstaltungen und vieles mehr.
- Es erleichtert oftmals Ihre Suche nach Unterstützung bei Jobthemen, beim Kontakt in ein anderes Unternehmen oder zu einem Dienstleister. Netzwerken dient auch einfach der Inspiration und hilft dabei, Ihre Kreativität und Produktivität zu beschleunigen.
- Es unterstützt Sie dabei, Ihr Wissen und Ihre Erfahrungen zu vertiefen.

1.1 Tipps und Tricks für ein erfolgreiches Netzwerken

1. Das richtige Mindset

Mit einer positiven Grundeinstellung lässt es sich natürlich einfacher auf andere zugehen. Wie wäre es, wenn Sie sich vor einer Veranstaltung oder einem digitalen Zusammentreffen noch einmal klar werden, was Netzwerken bedeutet: »Ich freue mich, neue Menschen kennenzulernen. Ich bin offen für neue Begegnungen und lasse gerne Neues auf mich zukommen.« Und gehen Sie es langsam an – stressen Sie sich nicht selbst mit unerreichbaren Zielen, sondern starten Sie so, wie es sich für Sie ganz persönlich richtig anfühlt.

2. Bereiten Sie sich auf Veranstaltungen, Seminare und Messen vor – ob nun digital oder physisch

Wer gut vorbereitet ist, fühlt sich meistens sicherer. Und das lässt sich bei allen Events, physisch wie digital, gut machen. Zum einen können Sie sich inhaltlich auf die Themen und Speaker des Events vorbereiten. Dadurch gelingt Ihnen ein guter Gesprächseinstieg. Bei vielen Veranstaltungen ist es möglich, vorher die Gäste- oder Teilnehmerliste anzuschauen. Hier können Sie nicht nur überlegen, wen Sie kennenlernen möchten, sondern auch, welche Themen Ihr Gegenüber interessieren könnten.

3. Digitales Netzwerken als Sprungbrett in die Wirklichkeit
Was für viele durch die Corona-Pandemie und natürlich die Digitalisierung aller Lebensbereiche noch viel wichtiger geworden ist, kann auch für eher introvertierte Menschen ein tolles Sprungbrett fürs Netzwerken sein: die sozialen Medien. Denn es war noch nie so einfach, Menschen und Gruppen zu finden, die in derselben Branche unterwegs sind und sich austauschen wollen. Nach und nach können Sie aus den ersten digitalen Kontakten dann auch persönliche machen – und diese positiven Erfahrungen in die analoge Realität übersetzen.

4. Hören Sie gut zu!
Richtig Zuhören ist nicht nur generell eine Frage des Respekts für Ihr Gegenüber, sondern bringt Ihnen gleich viele Pluspunkte: Denn wer nur halbherzig zuhört, macht sich schnell unbeliebt. Und durch einen ruhigen Blickkontakt, aktives Zuhören, gezieltes Nachfragen und Gegenfragen fühlt sich Ihr Gesprächspartner wahrgenommen und wertgeschätzt.

Networking – mehr als nur der Austausch von Visitenkarten
Netzwerken oder Networking ist ein viel bemühter Begriff. Aber wer das Thema ernst nimmt, sollte eine genaue Vorstellung davon haben, was er mit dem Begriff verbindet. Netzwerken? Klüngeln? Seilschaft? Vetternwirtschaft? Oder Vitamin B? Sofort denken viele von uns an Kaffeekränzchen oder an gruselige Veranstaltungen, bei denen Menschen ungefragt unnütze Dinge verkaufen wollen, oder gar an Korruptionsfälle, wo Vetternschaften zu illegalen Handlungen führen. Ja, stimmt, das Wort »Netzwerken« hat bei vielen Menschen keine positive Resonanz. Aber: Anspruchsvolles Netzwerken hat viel mit Werten und Haltung zu tun. Wenn diese nicht gelebt werden, dann kommen eben langweilige Kaffeekränzchen, schreckliche Verkaufsevents oder sogar kriminelle Handlungen dabei heraus. Netzwerken ist Business Relationship Management!

1.2 Welche Netzwerkformen gibt es?

a) Professionelle Branchennetzwerke
Hierzu zählen wir professionell organisierte Verbände, Vereine oder Vereinigungen, die sich zum Ziel gesetzt haben, ihre Mitglieder qua Veranstaltungen, Seminaren, Newsletter oder dem Austausch innerhalb des Netzwerks beruflich zu fördern und zu vernetzen. Hier sollten Sie sich je nach Ihrem persönlichen Netzwerkziel und der Zeit, die Sie für dieses Thema einbringen wollen und auch können (!), für ein oder maximal

zwei Netzwerke entscheiden, in denen Sie wirklich aktiv sein möchten und sich auch mit einem Posten oder einer Aufgabe einbringen.

b) Soziale Netzwerke

Immer mehr Menschen nutzen die sozialen Netzwerke, und dieser Trend nimmt stetig zu. Die beiden Plattformen für Jobsuchende und berufliches Networking, LinkedIn und Xing, wachsen kontinuierlich: Xing hat aktuell rund 17 Millionen Mitglieder in Deutschland, Österreich und der Schweiz und LinkedIn insgesamt 610 Millionen Mitglieder weltweit, davon 13 Millionen im deutschsprachigen Raum. Dabei wird klar: An den sozialen Netzwerken kommen Sie nicht mehr vorbei.

c) Lose Netzwerke

Auch wenn sie keinen Namen haben und keine Satzung: Oftmals sind es diese undefinierten und ungeplanten Netzwerke und Begegnungen, die uns Ideen und Inspiration geben. Und vielleicht auch in Sachen Job die ein oder andere Tür öffnen. Deswegen gelten auch hier die Regeln des professionellen Netzwerkens: Geben statt Nehmen, Respekt und eine Portion Offenheit und Neugier, um neue Menschen und damit Möglichkeiten zuzulassen.

Bei Wikipedia wird Netzwerken wie folgt definiert:

> »Networking (daraus entlehnt: deutsch Netzwerken) bedeutet den Aufbau und die Pflege von persönlichen und beruflichen Kontakten. Ziel ist ein soziales Netzwerk von Personen, die zueinander in Beziehungen stehen und sich privat, vor allem aber beruflich unterstützen, helfen oder kooperieren, ohne dass dabei Leistung und Nutzen für Dritte (wie Kunden, Unternehmen, Gesellschaft oder Staat) relevant ist. Meist wird in der Wertigkeit ein Unterschied zwischen Kontakt und Beziehung herausgestellt. Beziehung meint eine ›wechselseitige, verfestigte Interaktion‹, während ein Kontakt auch einen einfachen Visitenkartenaustausch bedeuten könne.«

Netzwerken bedeutet jedoch viel mehr als nur den Visitenkartenaustausch. Dahinter stehen Werte und eine Haltung. Diese beinhaltet:

- **Vertrauen:** Gerade in offiziellen Netzwerken ist es das Ziel, sich gegenseitig zu unterstützen und zu helfen. Im Business Networking geht es oft um vertrauliche Informationen etwa bei der Suche nach einem neuen Job oder einem neuen Projekt. Daher muss beim Netzwerken ein vertrauliches Gespräch auch vertraulich bleiben.
- **Ehrlichkeit:** Grundlage für die Ehrlichkeit ist das Vertrauen. Im geschützten Raum eines Netzwerks möchte ich Themen beim Namen nennen dürfen und nur, wenn ich mich ehrlich und offen austausche, kann auch ein Mehrwert entstehen. Frederike Probert, Gründerin und Geschäftsführerin, sagt über den Austausch in ihrem Netzwerk Mission Female daher auch gerne: »Hier wird Tacheles geredet!«

- **Hilfsbereitschaft:** Geben statt Nehmen ist die Devise beim Netzwerken. Klar, der Wunsch ist, dass auch ich aus dem Netzwerk neue Ideen, Kooperationspartner, Informationen, Kontakte oder einen neuen Job erhalte – aber zunächst muss ich mir überlegen, was ich ins Netzwerk einbringen kann, und dies dann auch meinen Netzwerk-Kolleginnen und Kollegen anbieten.
- **Neugier:** Neugier ist der Schlüssel für intensive Gespräche, die Entwicklung von gemeinsamen, kreativen Ideen und eine persönliche generelle Einstellung gegenüber Menschen, ihnen zuzuhören, auf ihre Themen einzugehen, nachzufragen, gemeinsam Ideen zu suchen und zu finden – und sie dann auch zu teilen.
- **Respekt:** Netzwerken heißt, anderen Menschen mit Respekt zu begegnen – und auch mir selbst als Netzwerkerin. Danke sagen für Unterstützung, einen interessanten Tipp, einen spannenden Kontakt, eine Einladung zu einer Veranstaltung oder im besten Fall für die Empfehlung und damit vielleicht eine Vermittlung eines Projekts oder eines neuen Kunden oder Jobs. Wie dieses Danke sagen aussieht, bleibt Ihnen überlassen – das kann eine E-Mail, ein kleines Geschenk oder im Fall eines großen Projekts vielleicht auch eine Provision sein, sollte aber sehr persönlich formuliert sein. Wenn alle diese gerade skizzierten Werte zu Ihrem aktiven Mindset gehören, dann kann Sinnvolles und Neues aus einem Netzwerk entstehen.

Netzwerken und die menschliche Grundsehnsucht

Warum Netzwerken einen so hohen Wert für uns hat, erklärt sehr nachvollziehbar Professor Hartmut Rosa anhand der Resonanztheorie aus seinem viel zitierten Buch »Das gelungene Leben«: Die eigene Wahrnehmung und die Resonanz ist die Grundsehnsucht nach einer Welt, die einem antwortet. Diese Sehnsucht ist in uns allen vorhanden, weil wir Beziehungsmenschen – soziale Wesen – sind. Wenn diese Sehnsucht erfüllt wird, dann führen wir ein gelungenes Leben. Hartmut Rosa geht in seinem Buch davon aus, dass die Qualität des menschlichen Lebens von seinen Beziehungen zur Welt und zu anderen Menschen abhängt. Diese Beziehung zur Welt beschreibt Rosa mit der Metapher der Resonanz. Wir alle haben ein tiefes Bedürfnis danach, mit den Weltdingen und mit anderen Menschen in Beziehung zu treten. Wir brauchen die Wahrnehmung und die Aufmerksamkeit von außen und wollen dabei auch selbst in der Welt und in der Gemeinschaft – und so auch beim Netzwerken – wirksam sein. In den letzten zwei Jahrzehnten haben sich gerade für Frauen sehr viele neue Netzwerke entwickelt – von Mission Female bis Global Digital Women.

! **Die Ursprünge des professionellen Netzwerkens**

Die Idee des Netzwerkens auf professioneller Ebene stammt aus Großbritannien. Ihren Ursprung haben Netzwerke bzw. Business Clubs im Londoner Westend Mitte des 18. Jahrhunderts. So wie heute – allerdings damals nur mit männlichen Mitgliedern – trafen dort Geschäftsleute aus den unterschiedlichen Berufsgruppen im Club zusammen, um sich auszutauschen, Ideen und Kooperationen zu initiieren und im besten Fall gemeinsame

Geschäfte anzubahnen. Von London aus verbreitete sich die Business-Club-Idee recht zügig auf der ganzen Welt. Viele der noch heute existierenden Clubs entstanden in der Reifephase der Industrialisierung im beginnenden 20. Jahrhundert. Bekannt aus dieser Zeit und bis heute erhalten sind Rotary (1905), Kiwanis (1915), Lions (1917), Zonta (1919) und Soroptimists (1921).

1.3 Netzwerkstrategie – Entwickeln Sie Ihren persönlichen Netzwerkplan

Heute gibt es aber eben nicht mehr nur Zonta oder Rotary, sondern unzählbar viele organisierte professionelle Netzwerke für Jobthemen wie den Marketing Club oder das MedienNetzwerk Bayern, die sozialen Netzwerke wie Xing oder LinkedIn und natürlich die vielen unorganisierten Netzwerke wie ein Kreis von Kolleginnen und Kollegen, der sich regelmäßig zum Mittagessen trifft und sich dabei natürlich auch über Jobthemen unterhält. Auch der Fußballverein ist so ein Netzwerk, in dem zufällig ein Mannschaftskollege einen neuen Job in seiner Firma für Sie kennen könnte.

Wie bringen Sie all diese Facetten des Netzwerkens unter einen Hut – und wie schaffen Sie es, das alles zeitlich in Ihr streng durchgetaktetes Leben zu integrieren?

Die zehn wichtigsten To-dos
Welche Fragen sollten Sie für sich beantworten, bevor Sie mit dem Netzwerken auf Business-Ebene loslegen? Wie gehen Sie vor?

1. Definieren Sie Ihr Networking-Ziel!
Was genau ist Ihr Netzwerkziel? Was möchten Sie durch neue Kontakte, Veranstaltungen und Austausch erreichen? Nehmen Sie sich für diesen Punkt etwas mehr Zeit – denn damit definieren Sie auch die weiteren Unterpunkte nach dem richtigen Netzwerk, der Zeit, die Sie investieren, und den Personen, die Sie dazu befragen können.

Das könnten zum Beispiel die folgenden Fragen sein:

- Möchte ich den nächsten Karriereschritt im Unternehmen machen?
- Suche ich einen neuen Job?
- Brauche ich neue Kunden?
- Strebe ich einen Aufsichtsratsposten an?
- Suche ich immer wieder Inspiration für meine Projekte, Ideen für Jobfragen, Motivation für XY?
- Möchte ich das Netzwerken auch für meine Eigen-PR nutzen?
- Möchte ich öffentliches Auftreten proben und auf die Bühne gehen?

- Möchte ich mich mit Gleichgesinnten und Andersdenkenden zu meinen Themen austauschen und diskutieren?
- Möchte ich neue Themen, Trends und Innovationen aus meiner Branche aus erster Hand bekommen?

2. Fragen Sie Kolleginnen, Bekannte und Freunde!
Kennen Sie Menschen in Ihrem beruflichen oder auch persönlichen Umfeld, die aus Ihrer Sicht gute Netzwerker sind und Ihre Branche gut kennen? Dann fragen Sie sie, in welchen Netzwerken sie unterwegs sind und wo sie sich selbst einbringen.

3. Brainstormen Sie, was Sie in ein Netzwerk einbringen könnten!
Geben steht vor Nehmen beim Netzwerken. Bevor Sie mit dem Netzwerken starten, fragen Sie sich selbst: Was kann ich selbst in ein Netzwerk einbringen? Für welche Themen stehe ich? Wo bin ich Expertin oder Experte? Welche Kontakte habe ich in welcher Branche? Wo habe ich eventuell exklusive Zugänge zu Unternehmen, Veranstaltungen, Konferenzen? Und bieten Sie Ihre »Netzwerkservices« dann aktiv an.

4. Bereiten Sie sich vor!
Bei jedem Netzwerktreffen oder Event gilt: Je besser Sie vorbereitet sind, desto mehr nehmen Sie mit. Klären Sie vorab: Was ist das Thema des Treffens? Wer ist auf der Gästeliste? Wen möchte ich unbedingt kennenlernen? Wen kann ich eventuell vorher schon auf den Social-Media-Kanälen digital kennenlernen und mit wem kann ich mich für das Event verabreden?

5. Seien Sie früher da als die anderen!
Am besten sind Sie immer vor dem Vortrag oder der eigentlichen Veranstaltung vor Ort – denn vor und nach der Veranstaltung kommen Sie natürlich am besten mit den anderen Gästen ins Gespräch.

6. Probieren Sie verschiedene Netzwerkvarianten aus!
Schauen Sie sich erst einmal für ein paar Monate die verschiedenen Netzwerke an und seien Sie neugierig. Stimmen die Ziele des Netzwerks mit Ihren Zielen überein? Sind dort Mitglieder, die Sie inspirieren, und Veranstaltungen, die Sie interessieren? Entscheiden Sie dann, in welchen Netzwerken Sie aktiv sein möchten, wo Sie ab und zu bei Veranstaltungen dabei sein wollen.

7. Gestalten Sie Ihren persönlichen Netzwerkwochenplan!
Wie viel Zeit können und wollen Sie fürs Netzwerken investieren? Wie viele Stunden haben Sie bzw. können Sie sich in Ihrem persönlichen Kalender dafür freimachen? An welchen Tagen schaffen Sie es, sich in der Mittagspause zu verabreden, welche Abende sind frei für welches Netzwerk und andere, auch digitale Veranstaltungen? Daher: Machen Sie sich Ihren ganz persönlichen Netzwerk-Wochenplan.

Beim Netzwerken gilt der alte Spruch erst recht: Sie müssen nicht auf allen Hochzeiten tanzen. Ein bis zwei, maximal drei – dafür aber gut gepflegte – Netzwerke reichen völlig.

8. Bleiben Sie in Verbindung!
Wenn Sie auf einem Event mit Leuten neue Kontakte geknüpft haben, dann vernetzen Sie sich am folgenden Tag mit diesen Kontakten über die Social-Media-Kanäle: Senden Sie einen Gruß, bedanken Sie sich für das gute Gespräch, und vielleicht haben Sie ja auch schon eine Idee für ein nächstes Treffen. Erst aus einem siebenmaligen Kontakt wird – im Schnitt – ein Projekt, eine Kooperation oder ein Auftrag. Darum ist regelmäßiger Kontakt und Austausch absolut wichtig.

9. Überraschen Sie Ihre Kontakte!
Menschen möchten wahrgenommen werden und in Resonanz gehen. Wenn Sie eine kreative Idee, einen Veranstaltungstipp oder einen spannenden Artikel für einen Kontakt haben, dann überraschen Sie Ihren Kontakt damit! So halten Sie sich in Erinnerung und heben sich von der Masse ab.

10. Seien Sie authentisch!
Bleiben Sie authentisch und ehrlich beim Netzwerken. Bringen Sie Ihre Neugier, Ihre Ideen und Ihr Wissen ein – aber sagen Sie auch nein zu egoistischen Anfragen, verlassen Sie Netzwerke, die Sie nicht weiterbringen, und verfolgen Sie stringent Ihre Netzwerkziele. Denn Netzwerken soll nicht nur Freude und Resonanz mit anderen Menschen bringen, sondern Sie auch inspirieren und beruflich weiterbringen.

Die Netzwerk-Kür – Ihr persönliches Kompetenzteam
Bei allen Möglichkeiten der eigenen Weiterentwicklung sind uns doch Grenzen gesetzt – aufgrund unserer Veranlagung, unserer Persönlichkeit oder auch der zeitlichen Möglichkeiten. Daher ist es durchaus sinnvoll, ein eigenes Kompetenzteam aufzubauen, das Sie zu all Ihren Kompetenzen und Fähigkeiten ergänzt.

Analyse der eigenen Stärken und Schwächen
Einmal mehr gilt: Fragen Sie andere und lernen Sie voneinander. In vielen Gründerzentren gibt es daher auch das Angebot, sich für den Aufbau eines Kompetenzteams anzumelden. Hier wird gefragt: Welches Bild habe ich von mir? Wo liegen meine persönlichen Stärken? Was will ich erreichen? Wen kann ich mit meinen Stärken und Erfahrungen unterstützen und wen brauche ich dafür? Dieses Format gilt eben nicht nur für Gründer, sondern für das ganze berufliche Leben: Sich für seine Karriere ein variables, individuelles und persönliches Kompetenzteam – oder mehrere – zu organisieren und dieses zu pflegen.

Grundlegende Fragen für den Aufbau eines persönlichen Kompetenzteams sind:

1. Was sind meine Stärken?
2. Was ist mein Ziel in drei Monaten, in einem Jahr, in fünf Jahren?

3. Welche Kompetenzen benötige ich zur Erreichung meiner Ziele?
4. Welche Art von Austausch brauche ich dafür?
5. Welches Format ist das passende für meine jeweiligen Bedürfnisse?

Gestützt auf diese fünf Fragestellungen können Sie an jede Form von Kompetenzteam herangehen.

! **Aufbau eines Kompetenzteams**

- Suchen Sie sich Ihre Buddies, die Ihre Qualifikationen ergänzen. Sie sollten sich mögen und wertschätzen für das, was Sie jeweils können.
- Schaffen Sie sich ein »buntes Potpourri« an Expertinnen und Experten, damit Sie je nach Herausforderung darauf zugreifen können.
- Suchen Sie Expertinnen und Experten mit zukunftsorientiertem Denken und vielfältigen Expertisen.
- Schaffen Sie vielseitige MöglichkeitenundProjekte, bei denen Sie sich gegenseitig unterstützen können.
- Gehen Sie an die Projekte gleichberechtigt und auf Augenhöhe heran. Wer bei welchem Projekt im Vordergrund stehen darf, sollten Sie unbedingt im Vorhinein abstimmen, damit sich anschließend keiner benachteiligt fühlt.

Branchennetzwerk oder eigenes Netzwerk

Um Trends und aktuelle Themen aus der eigenen Branche zu bekommen und sich auszutauschen, ist sicher die Mitgliedschaft und das Engagement als aktives Mitglied in ein bis zwei Netzwerken sinnvoll. Sich dort ein nachhaltiges Team aufzubauen ist relativ einfach – wenn Sie die vorherigen Punkte aus diesem Beitrag berücksichtigen:

Was ist mein Ziel für dieses Netzwerk? Was bringe ich an Ideen, Wissen, Erfahrungen und Kontakten mit? Wie viel Zeit investiere ich? Möchte ich eine aktive Rolle einnehmen? Je mehr Sie sich selbst einbringen, desto schneller können Sie sich hier ein funktionierendes Kompetenzteam rund um Ihre Branchenthemen aufbauen.

2 Netzwerken im Top-Management: Diese Strategien führen Sie zum Erfolg

Frederike Probert, Gründerin und Geschäftsführerin von Mission Female

Frederike Probert ist Unternehmerin und Expertin für Digitalwirtschaft sowie Profi-Netzwerkerin. Sie startete ihre Karriere im Medienbereich vor 15 Jahren bei namhaften amerikanischen Konzernen wie Yahoo, AOL und Microsoft. Frederike Probert entwickelte ausgeprägte Kompetenzen im Bereich Technologien für die Digitalwirtschaft und konnte sich so als eine von wenigen Frauen in der digitalen Start-up-Welt behaupten.
Anfang 2019 hat Frederike Probert *Mission Female* gegründet – ein Unternehmen, mit dem sie sich ausschließlich der Stärkung von Frauen in Wirtschaft, Medien, Kultur und Politik widmet. Frederike Probert lebt in Deutschland und den USA. Ihr erstes Buch zum Thema »Frauen. Macht. Karriere« ist im Sommer 2020 im F.A.Z. Buchverlag erschienen.

Vielleicht wollten Sie dieses Kapitel überspringen, schließlich verfügen Sie bereits über ein verlässliches Netzwerk, kennen zahlreiche Menschen mit Einfluss und wissen um die Macht von guten Beziehungen. Ohne die richtigen Kontakte kommt keiner ins Top-Management, das wissen Sie genauso gut wie ich. Aber auch wer schon 15 oder 20 Jahre im Business ist und daher mit vielen Wassern gewaschen, stellt unweigerlich fest: Ganz oben auf dem Olymp der Wirtschaft weht ein schärferer Wind.

Das gilt auch für den Umgang mit dem eigenen Netzwerk. Natürlich brauchen Sie nach wie vor Verbündete, denn auch wenn die Luft an der Spitze immer dünner wird, siegt hier niemand alleine. Aber aufgepasst: Die Spielregeln haben sich geändert. Je höher Sie kommen, desto weniger dürfen Sie von sich preisgeben. Jede persönliche Information kann gegen Sie verwendet werden, niemand ist Ihre Freundin, niemand Ihr Freund. Auf Authentizität sollten Sie verzichten, denn diese bietet Angriffsfläche. Verschwinden Sie hinter Ihrem Amt und machen Sie ausschließlich durch Leistung auf sich aufmerksam. Angela Merkel ist eines der besten Beispiele dafür, wie die Trennung von Beruf und Privatleben funktionieren muss – was wir über die Person abseits des Bundeskanzlerinnenamtes wissen, lässt sich an einer Hand abzählen.[1] Sie tun gut daran, es Frau Merkel gleichzutun, und stehen dabei vor folgenden Fragen: Wie schaffe ich es, verbindliche Beziehungen aufzubauen, wenn ich niemandem vertrauen kann? Was muss ich tun, um echte Bündnisse zu schmieden, ohne mich zu öffnen? Wie bleibe

1 Probert, Frederike: *Mission Female. Frauen. Macht. Karriere*, Frankfurter Allgemeine Buch, 2020, S. 163.

ich eine neutrale Instanz und vermeide gleichzeitig, mich hinter einer Festung zu verschanzen?

Ich habe die Antworten. Willkommen in der Königsdisziplin des Netzwerkens.

1. Den Spagat schaffen: Professionelle Reserviertheit und zugängliche Freundlichkeit

Nutzen Sie gemeinsame, geschäftliche Interessen als Anknüpfungspunkt, um Ihr Gegenüber auf Ihre Seite zu ziehen. Bringen Sie in Erfahrung, welche Ziele die anderen verfolgen, und suchen Sie nach Überschneidungen. Wenn Sie keine finden, schaffen Sie welche. Bleiben Sie in persönlichen Begegnungen immer höflich und sachlich, treten Sie Ihrem Gegenüber mit Wertschätzung und Respekt entgegen. Signalisieren Sie, dass Sie ein offenes Ohr haben und zugänglich sind für die Meinungen anderer. Zeigen Sie sich nahbar und verbindlich, das schafft Nähe und sorgt dafür, dass sich Ihre Kolleginnen und Kollegen Ihnen anvertrauen. Isolieren Sie sich nicht durch Nebensächlichkeiten. Wenn alle den Dienstwagen XY fahren, entscheiden Sie sich bitte nicht für das Modell Z – auch wenn es für die kleinen Parklücken in der Stadt viel praktischer wäre. Treten Sie selbstbewusst-freundlich auf, aber kontrollieren Sie genau, was Sie über sich und das Unternehmen preisgeben. Bleiben Sie beim Netzwerken unter allen Umständen in einem beruflichen Kontext und verschweigen Sie persönliche Informationen konsequent. Diese Art der distanzierten Zurückhaltung schützt Sie vor Angriffen und erleichtert den Umgang mit Ihren Mitarbeiterinnen und Mitarbeitern. Bernd Scheifele von Heidelberg-Cement und dienstältester CEO im Dax macht es vor: »Ich bin mit keinem hier auf ›Du‹, halte eine emotionale Distanz.«[2]

Auch wenn Sie keine Freundinnen und Freunde im Unternehmen haben (dürfen), sollten Sie sich mit gelegentlichen Gefälligkeiten beliebt machen, regelmäßig Komplimente verteilen und die neue Segelyacht, die teure Uhr oder den schicken Anzug der Kolleginnen und Kollegen bewundern – egal, ob Sie selbst diese Statussymbole erstrebenswert finden oder nicht. Alle Menschen sehnen sich nach Aufmerksamkeit, Anerkennung und Bestätigung. Verteilen Sie diese gezielt, um machtvolle Personen für sich zu gewinnen. Ich selbst habe nur einmal den Fehler gemacht, dem (zu großen) Ego eines Top-Managers nicht genügend zu schmeicheln. Die Konsequenz: Aus verletzter Eitelkeit hörte er nicht auf, mir das Leben schwer zu machen.[3] Auch hier gilt also: Strategisch handeln, statt authentisch auftreten.

---

2 Kremer, Dennis; Meck, Georg: »Der Chef darf keine Freunde haben« (Interview mit Bernd Scheifele von Heidelberg-Cement), in: *Frankfurter Allgemeine Sonntagszeitung* vom 19.01.2020, S. 21.

3 Probert, Frederike: *Mission Female. Frauen. Macht.* Karriere, Frankfurter Allgemeine Buch, 2020, S. 170.

2. Wissen, wer wichtig ist: Das eigene Umfeld strategisch aufbauen

Im Idealfall arbeiten Sie seit mindestens fünf bis zehn Jahren mit bestimmten Personen zusammen, können diese einschätzen und wissen, wer sich Ihnen gegenüber loyal verhält. Befördern Sie diese Menschen gezielt oder schlagen Sie sie für wichtige Ämter vor. Dieser Vertrauensvorschuss erhöht die Wahrscheinlichkeit, dass Ihnen die frisch Beförderten bei wichtigen Entscheidungen den Rücken stärken. Wenn Sie neu in ein Unternehmen kommen, finden Sie heraus, an wem sich die Mehrheit orientiert, und ziehen Sie diese Person auf Ihre Seite. Durchschauen Sie erst die Mikropolitik und das Machtgefüge, bevor Sie Handeln. Nutzen Sie Ihr kommunikatives Geschick, um im neuen Umfeld Verbündete zu finden. Eine elementare Voraussetzung für Ihren Erfolg ist, dass der oder die Vorstandsvorsitzende und auch die Vorstandsmitglieder bzw. die Geschäftsführung hinter Ihrer Berufung stehen. Dreh- und Angelpunkt ist dabei die CEO, übergeht der Aufsichtsrat den Vorstand, kann das zu ernsten Problemen führen. Machen Sie sich also ein eigenes Bild, bevor Sie eine neue Stelle antreten, indem Sie mit allen Vorstandsmitgliedern persönlich sprechen. Damit signalisieren Sie Ihren zukünftigen Kolleginnen und Kollegen echtes Interesse, was diese als Zeichen der Wertschätzung einstufen werden.[4] Darüber hinaus schaffen Sie Anknüpfungspunkte, um sich nach Vertragsabschluss schnellstmöglich eine Hausmacht zu sichern. Beobachten Sie in den darauffolgenden Wochen, wer Ihnen vertrauliche Informationen liefert und in Meetings Ihre Vorstöße unterstützt. Belohnen Sie diese Personen im Gegenzug mit Ihrer Loyalität und Unterstützung. Wie immer beim Netzwerken gilt auch hier das Prinzip des Gebens und Nehmens: Halten Sie Ihr Wort, bleiben Sie verbindlich und stehen Sie auch in schwierigen Situationen zu Ihren Verbündeten. Merken Sie sich, wer diese Standhaftigkeit erwidert. In Momenten, in denen Menschen keinen direkten persönlichen Vorteil davon haben, Ihnen gegenüber loyal zu sein, trennt sich die Spreu vom Weizen: Wer knickt ein, sobald es brenzlig wird? Auf wen können Sie sich wirklich verlassen?

3. Der Umgang mit Feindschaften: Sie müssen nicht allen gefallen

Um agieren zu können, brauchen Sie nicht alle auf Ihrer Seite. Wichtig sind vor allem die Gesellschafter und Investoren: Überzeugen Sie diese mit innovativen Ansätzen, spannenden Ideen und guten Ergebnissen. Zeigen Sie, dass Ihre Priorität beim Wohle des Unternehmens liegt, handeln Sie lösungsorientiert und kommunizieren Sie auch in herausfordernden Situationen transparent und direkt. Erarbeiten Sie sich das Vertrauen der obersten Etage, indem Sie hervorragende Leistungen zeigen. Im täglichen Arbeitsalltag dagegen reicht es, wenn der Leitwolf hinter Ihnen steht und Sie sich in Meetings durchsetzen können. Statt allen gefallen zu wollen, investieren Sie Ihre Energie lieber in wenige, aber wichtige Beziehungen und sorgen Sie dafür, dass diese halten. Wen brauchen Sie, um Ihre Position zu sichern? Auf wessen Unterstützung

4 Probert, Frederike: *Mission Female. Frauen. Macht.* Karriere, Frankfurter Allgemeine Buch, 2020, S. 175.

kommt es bei dem anstehenden Projekt an? Und wer entscheidet über die nächste Beförderung? Konzentrieren Sie sich auf diese Personen, anstatt sich an Feindinnen und Feinden abzuarbeiten und auf Statusgerangel einzugehen – das ist Zeit- und Energieverschwendung, die selten zum Erfolg führt. Um keine Rachegelüste heraufzubeschwören, beugen Sie Feindschaften effektiv vor, indem Sie den Zielen anderer nicht im Weg stehen. Vor allem Platzhirschen sollten Sie niemals mit heiklen Vorstößen vor versammelter Mannschaft in die Quere kommen – egal, wie sachlich berechtigt Ihre Idee ist. Sobald Sie mächtigere Mitstreiterinnen und Mitstreiter schlecht aussehen lassen, machen Sie sich selbst zur Zielscheibe.

Aus Lästereien sollten Sie sich raushalten, auch wenn Klatsch und Tratsch ein beliebtes Bindemittel ist. Stattdessen lohnt sich fast immer die Frage: Warum erzählt wer mir was zu welchem Zweck? Das gilt übrigens nicht nur für Vorstandskolleginnen und -kollegen, sondern auch für die eigenen Mitarbeiterinnen und Mitarbeiter. Gerade wenn Sie viel mit machtvollen Menschen zusammenarbeiten, können Sie es leicht mit Intrigen, gezielter Indiskretionen, dem Streuen von Gerüchten und bewussten Falschinformationen zu tun bekommen – auch gegen Ihre Person. Bewerten Sie die Situationen dabei niemals offen emotional. Die bessere Taktik lautet: Kühles Lächeln bei Angriffen, Übergehen von durchsichtigen Attacken, unmissverständliche Gegenwehr bei Grenzüberschreitungen und niemals zeigen, dass Sie das Getane oder Gesagte tangiert. Scheitern dürfen Sie keinesfalls persönlich nehmen. Egal was kommt, Ihre Devise bleibt: Souverän weitermachen, notfalls in einem anderen Unternehmen.

4. Professionelle Karrierenetzwerke für branchenübergreifenden Austausch

Ab einer gewissen Hierarchieebene macht Macht einsam. Denn seit Sie in der Top-Etage angekommen sind, begegnet Ihnen niemand mehr ohne Hintergedanken. Statt von ehrlichen Antworten, konstruktiver Kritik oder inspirierender Resonanz sind Sie von Ja-Sagern und Macht-Taktikerinnen umgeben. Von Ihnen wird erwartet, alles zu wissen, Sie dürfen keine Fragen stellen, sondern müssen den Ton angeben. Für Zweifel ist kein Platz, für einen neutralen Blick von außen keiner da. Unter dieser Isolation leiden Top-Mangerinnen und -Manager zunehmend und sehnen sich nach echtem Austausch auf Augenhöhe. Was Kolleginnen, Mitarbeiter, Aufsichtsgremien und Vorgesetzte nicht leisten können – das vertrauensvolle, nicht durch Eigeninteressen gesteuerte Gespräch –, bieten hochkarätige Netzwerke wie z. B. *Mission Female*. Für die eigene seelische Balance sind ein gleichermaßen wertschätzendes wie offenes Feedback, gegenseitige Stärkung, professioneller Rat von Gleichgesinnten und schlicht auch die Möglichkeit, die berufliche Rüstung eine Zeit lang abzulegen, von unschätzbarem Wert.[5]

5 Probert, Frederike: *Mission Female. Frauen. Macht. Karriere*, Frankfurter Allgemeine Buch, 2020, S. 165.

Das Netzwerk Mission Female !

Mission Female bietet erfolgreichen Frauen in Führungspositionen ein Netzwerk von Vertrauten und Austausch auf Augenhöhe. Die Exklusivität von maximal 100 Mitgliedern garantiert den Aufbau verbindlicher Business-Beziehungen fürs Leben. Über 100 Events im Jahr stehen unter dem Motto »Business-Talk statt Kaffee-Klatsch«. In schicken Restaurants, beim jährlichen Offsite oder der X-CHANGE Konferenz unterstützen sich die Mitglieder gegenseitig dabei, beruflich noch weiter voran zu kommen. *Mission Female* vermittelt Speaking Opportunities, um die eigenen Mitglieder als Expertinnen in der Öffentlichkeit sichtbarer zu machen. In hochkarätigen Workshops arbeiten *Mission Females* an Themen rund um die Karriere- und Persönlichkeitsentwicklung. Um nachhaltig auf struktureller Ebene Veränderungen zu erzielen, hat das Netzwerk einen Investment Fund für weibliche Gründerinnen aufgesetzt, ein Mentorinnen-Programm für Young Leader gestartet und mischt sich regelmäßig in politische Debatten ein.

5. Gesellschaftliche Anlässe nutzen: Ehrenämter übernehmen

Falls Sie das Unternehmen wechseln wollen oder aufgrund von verlorenem Machtpoker sogar müssen, sollten Sie auch außerhalb Ihres aktuellen Arbeitgebers auf ein breites Netzwerk zurückgreifen können. Je vielfältiger die beruflichen Kontakte, desto besser. Hochkarätige Business-Beziehungen lassen sich ganz einfach bei gesellschaftlichen Anlässen und ehrenamtlichen Aktivitäten knüpfen, beispielsweise durch Schirmherrschaften und in den Führungsgremien angesehener Vereine. Überlegen Sie sich, welches Thema Ihnen besonders am Herzen liegt – Umweltschutz, Tierrechte, der Kampf gegen Krebs? Neben Berufsverbänden und Branchenvereinigungen gibt es auf kommunaler, regionaler, nationaler wie internationaler Ebene eine Reihe von Anliegen, für die Sie sich engagieren können.[6] Ihr ehrenamtlicher Einsatz bessert nicht nur Ihr Image auf, sondern eignet sich hervorragend dazu, das eigene Netzwerk strategisch klug zu erweitern.

2.1 Exkurs: Als Frau allein unter Männern – die Sonderrolle der »Onlys«

Nur 11,5 % aller Vorstandsmitglieder der 160 Dax, MDax und SDax-Unternehmen sind weiblich. Das bringt die Frauen, die es ganz nach oben geschafft haben, oft in eine Sonderrolle: Allein unter Männern, ständig kritisch beäugt, in der Herrenrunde mit Glück geduldet und selten willkommen. Alle, die im Top-Management angekommen sind, mussten dafür kämpfen. Doch Frauen wird es in der Regel schwerer gemacht: Sie müssen unbewusste Vorurteile oder offenen Sexismus überwinden, beweisen, dass sie der Aufgabe »auch als Frau« gewachsen sind; werden öfter bei Beförderungen übergangen und in Meetings weniger ernst genommen. Nebenbei schultern Manage-

6 Probert, Frederike: *Mission Female. Frauen. Macht. Karriere*, Frankfurter Allgemeine Buch, 2020, S. 185.

rinnen häufig noch die familiären Angelegenheiten, während die Partnerinnen ihrer männlichen Pendants den Herren zuhause den Rücken freihalten. Während Frauen in den ersten Berufsjahren in der Regel von Kolleginnen umgeben sind, schrumpft der Anteil weiblicher Mitarbeiterinnen im direkten Umfeld mit jeder erklommenen Hierarchieebene. In ihrer Studie »Women in the Workplace 2018« erfassten McKinsey & Company und Lean In unter anderem die Schwierigkeiten, mit denen die sogenannten »Onlys« am Arbeitsplatz konfrontiert sind. Die erhobenen Daten beziehen sich auf 279 Unternehmen im US-Markt, doch nichts deutet darauf hin, dass sich die gewonnenen Erkenntnisse nicht auch auf den DACH-Raum übertragen lassen.

!

Das Phänomen der »Onlys«

Das Phänomen der »Onlys« lässt sich nicht nur auf das Geschlecht beziehen – auch Behinderung, Religion oder sexuelle Orientierung kann isolieren, genauso wie von Rassismus betroffene Menschen in einem ansonsten weißen Umfeld schnell in die Außenseiterrolle geraten. Wer als einzige Person »anders« ist, wird nicht mehr als Individuum angesehen, sondern als Vertreter einer ganzen Gruppe: Dann steht die deutsche Gemüsehändlerin mit türkischen Großeltern für »die Türken« und soll die aktuelle Politik in der Türkei erklären; der einzige Anwesende jüdischen Glaubens wird permanent auf die Politik Israels angesprochen, obwohl er dort weder geboren noch zu Hause ist, und die einzige Frau im Management wird als Beleg dafür betrachtet, was »Frauen« allgemein können oder nicht können.[7] Das Scheitern eines Mannes wird immer als Einzelfall betrachtet, versagt eine Frau, trifft es die ganze Gruppe. Begünstigt wird dies von der Tatsache, dass sich zu viele Unternehmen mit dem »Gruppenbild plus Dame« begnügen. Weil »jetzt ja auch eine Frau dabei ist«, ist das Thema Diversität erstmal wieder vom Tisch und die Herren lehnen sich guten Gewissens zurück. Dabei verschwindet das Gefühl vom »Anderssein« erst, wenn eine Gruppe zu mindestens 30 % vertreten ist – darunter findet keine echte Inklusion statt. Nur wenn betroffene Personen nicht mehr alleine sind, können sie ihre Energie in ihre eigentliche Arbeit investieren, anstatt sich mit dem Überwinden von Rollenklischees aufzuhalten.

Die Studie kommt zu dem Ergebnis, dass die Lage der »Onlys« »significantly worse« im Vergleich zu stärker repräsentierten Gruppen ist. 80 % der Frauen, die allein unter Männern arbeiten, seien verbalen Mikroagressionen ausgesetzt (im Vergleich zu 64 % der Frauen generell); ihre Kompetenz werde häufiger infrage gestellt (51 % gegenüber 24%) und es finden fast doppelt so häufig sexuelle Belästigungen statt, wenn nur eine Frau im Team ist.[8] Auch der Aufbau eines Netzwerkes wird für die »Onlys« durch die Vereinzelung komplizierter. So habe ich oft erlebt, dass sich viele Frauen in der höheren Führungsebene müde gekämpft haben. Mit meinem Executive-Netzwerk *Mission Female* unterstütze ich sie dabei, weiterzumachen. Top-Managerinnen brauchen einen geschützten Raum, in dem sie ihre Erfahrungen teilen und sich gegenseitig

7 Probert, Frederike: *Mission Female. Frauen. Macht. Karriere*, Frankfurter Allgemeine Buch, 2020, S. 153.

8 McKinsey & Company/Lean in: *Women in the Workplace 2018*; Download unter http://leaninsingapore.com/content/uploads/Women_in_the_Workplace_20181.pdf.

beruflich noch weiter voranbringen können. In meinem Netzwerk treffen sie branchenübergreifend auf Gleichgesinnte, die das Erlebte und die Herausforderungen verstehen und bei der Bewältigung unterstützen können.[9] Zahlreiche Unternehmen investieren bereits mit einer Mitgliedschaft in ihre Führungskräfte und verhindern so, dass hochqualifizierte Mitarbeiterinnen erschöpft aufgeben. Statt Einzelkampf kann hier das Motto nur lauten: *#strongertogether.*

Zum Abschluss noch ein Appell an alle, die in den relevanten Entscheidungspositionen sitzen: Befördern Sie Frauen und Menschen, die anders aussehen, lieben und beten als Sie. Avancieren Sie zum Fürsprecher oder zur Fürsprecherin vielversprechender, weiblicher Nachwuchstalente, bieten Sie sich als Mentorin oder Mentor an und unterstützen Sie diejenigen, die in der Führungsetage aktuell unterrepräsentiert sind. Damit stärken Sie nicht nur Ihr eigenes Netzwerk, sondern helfen Ihrem Unternehmen, noch erfolgreicher zu sein. Studien belegen seit Jahrzehnten, dass gemischte Teams innovativer sind, bessere Entscheidungen treffen und höheren Umsatz machen. Frauen heben das Kompetenzniveau in der Führungsetage und haben gezeigt, dass sie Krise können. Kein Unternehmen kann es sich leisten, darauf zu verzichten.

Netzwerken im Top-Management !

1. Keine Freundschaften im Unternehmen: Geben Sie beim Netzwerken niemals private Informationen preis, sondern bauen Sie Vertrauen und Beziehungen über geschäftliche Interessen auf.
2. Ihre Netzwerkstrategie sollte je nach Hierarchieebene variieren: Befördern Sie loyale Mitarbeiterinnen und Mitarbeiter gezielt in strategisch wichtige Positionen und fordern Sie als Gegenleistung Rückendeckung. Schmieden Sie mit Kolleginnen und Kollegen Bündnisse, indem Sie sich gegenseitig in Meetings unterstützen. Kommen Sie Platzhirschen, die in der Hierarchie über Ihnen stehen, niemals in die Quere. Überzeugen Sie stattdessen mit Ergebnissen.
3. Halten Sie sich aus Machtspielen raus, lassen Sie provozierende Fragen an sich abprallen und bewahren Sie auch bei persönlichen Angriffen eine souveräne Fassade. Statt sich an Feinden abzuarbeiten, ziehen Sie den Leitwolf und strategisch wichtige Entscheidungsträger auf Ihre Seite.
4. Professionelle Karrierenetzwerke wie *Mission Female* bieten Sparring auf Augenhöhe, um der Isolation, die sich zwangsläufig aus der Konkurrenzsituation im eigenen Unternehmen ergibt, etwas entgegenzusetzen.
5. Auch gesellschaftliche Anlässe und ehrenamtliche Tätigkeiten bieten die Möglichkeit, branchenübergreifend hochkarätige Kontakte außerhalb des aktuellen Arbeitgebers zu knüpfen.
6. Nutzen Sie Ihre Machtposition, um unterrepräsentierte Gruppen zu befördern und die Unternehmensspitze diverser zu gestalten. Die höheren Umsätze werden Ihnen recht geben.

---

9 Probert, Frederike: *Mission Female. Frauen. Macht. Karriere*, Frankfurter Allgemeine Buch, 2020, S. 184.

3 »In Netzwerkstrukturen zu denken ist ein wesentlicher Erfolgsfaktor«

Interview mit Jerrit Odewald, ONC Odewald Networking Communication GmbH

Jerrit Odewald begeistert sich für Menschen und Kommunikation. »Der direkte, persönliche Austausch ist – besonders wegen der zunehmenden Digitalisierung – wichtiger denn je und liegt allen Netzwerken zugrunde. Nur in Netzwerken lässt sich heute, in einer komplexen Welt, erfolgreich agieren.« Nach Stationen unter anderem bei AOL in New York und Beiersdorf in Hamburg gründete er 2009 die ONC Odewald Networking Communication GmbH in Berlin-Mitte. Spezialisiert auf Stakeholder-Kommunikation entwickelt ONC Kommunikations- und Netzwerkformate mit den Schwerpunkten Wirtschaft, Politik, Wissenschaft und Gesellschaft. Das Unternehmen berät Unternehmen, Verbände, NGOs und NPOs auf Führungsebene strategisch und operativ, damit sie mit der richtigen Kommunikation ihre relevanten Zielgruppen zuverlässig erreichen.
In seinem Interview thematisiert Jerrit den Mehrwert gelebter Netzwerke in doppelter Hinsicht: Er zeigt auf, wie dem CxO als Person Netzwerke helfen, und stellt dar, welche Bedeutung direkte Kommunikation und Interaktion in Netzwerken für Organisationen haben.

Christiane Wolff: Warum ist Netzwerken für Führungskräfte so wichtig?

Jerrit Odewald: Die Führungskraft kann – wenige Ausnahmen bestätigen die Regel – nur im Team bzw. in Netzwerkstrukturen mit interdisziplinärer Wechselwirkung erfolgreich sein. Selbst der Patriarch oder der autoritäre Führer braucht ein Netzwerk, auf das er sich stützen kann. Denn: Ein wirkliches Netzwerk bedeutet eine über den eigenen Nukleus hinausgehende, interdisziplinäre Struktur wechselseitiger Beziehungen und eben nicht nur ein großes Telefonbuch einfacher Kontakte. Diese wechselseitige, übergreifende Vernetzung ist eine wesentliche Grundlage für den Erfolg einer Führungskraft. Es hilft dabei unter verschiedenen Gesichtspunkten. Informationsfluss sowie Informationsgewinn, aktiv wie passiv. Sei es Kommunikation, sei es Positionierung, sei es die Entwicklung von (Neu-)Geschäft, sei es im politischen Umfeld: Das Netzwerk ist unabdingbar. Ein Netzwerk mit deutlicher Strahlkraft über die eigene Person hinaus schafft eine Basis aus Zugängen und Perspektiven, die einen strategischen Netzwerkmehrwert bedeuten. Diese beeinflussen den Erfolg der Führungskraft sowie ihrer Organisation deutlich, bestenfalls optimieren sie diesen.

Christiane Wolff: Welchen Einfluss hat Ihrer Meinung nach ein gutes und belastbares Netzwerk auf die berufliche Karriere?

Jerrit Odewald: Für die Karriere ist das Netzwerk ein wesentlicher Faktor. Es ist unzweifelhaft, dass sich viele Dinge im Netzwerk besser erreichen lassen, wenngleich wir in Deutschland Netzwerke oft kritisch sehen (z.B. den Dialog zwischen Wirtschaft und Politik). Die Fähigkeit, in Netzwerkstrukturen zu denken und zu handeln, ist eine wesentliche Voraussetzung für beruflichen Erfolg. Die Bedeutung von Netzwerken zeigt sich immer wieder, auf persönlicher und auch auf übergeordneter Organisationsebene. Wo übergreifender Dialog stattfindet, wo Silos und (Denk-)Strukturen überwunden werden, erreichen wir bessere Ergebnisse. Dabei geht es um Austausch, Vertrauen, unterschiedliche Perspektiven und Verständnis. Netzwerk und vernetztes Denken führen so zu einem Mehrwert für alle beteiligten Stakeholder.

Christiane Wolff: Und wie baue ich mir ein professionelles Netzwerk auf?

Jerrit Odewald: Da gibt es kein Patentrezept, das lässt sich nicht am Reißbrett planen. Es gibt allerdings wichtige Parameter: Die Grundvoraussetzung ist, um den grundsätzlichen Mehrwert zu wissen. Weiterhin muss der inhaltliche Kontext klar sein: Was will ich und wo will ich hin? Drittens: Wer sind die relevanten Netzwerkpositionen, die Zugänge, die ein wechselseitiges Interesse haben? Gemeinsame Werte sind, je nach Intensität der Beziehung, wesentlich. Netzwerkpflege ist essenziell. Ohne Persönlichkeit und Einsatz geht es nicht. Das meint die Bereitschaft, in die Netzwerkstruktur zu investieren, selbst wenn damit kein direkt messbarer Erfolg verbunden ist. Last but not least: Sympathie ist dabei nicht zu unterschätzen. Stimmt die Chemie nicht, wird es schwer.

Christiane Wolff: Wie kann ich das Thema Netzwerken auch für mein Business und mein Unternehmen nutzen?

Jerrit Odewald: Sie sprechen da ein wichtiges Thema an, das in unserer Kultur auf Organisationsebene gerne unterschätzt wird. Andere Länder, z.B. die USA und die skandinavischen Länder, sind da deutlich weiter. Das Grundverständnis für Netzwerke (mit den Schwerpunkten Kunden, Aktionäre, Politik, Medien etc.) ist in Deutschland oftmals nicht ausreichend vorhanden. Netzwerke aber gelten für Unternehmen gleichermaßen wie für Einzelpersonen und können somit einen signifikanten Wettbewerbsvorteil bedeuten. Netzwerke sollten für Unternehmen ein wesentlicher Teil der Kommunikationsstrategie sein, der allen voran die Führungsebene einfordern und leben muss. Ein Unternehmen, das in Netzwerkstrukturen denkt, wird rundum profitieren (z.B. Kundendialog, Interaktion mit der Öffentlichkeit, Wissenstransfer – um nur einige Beispiele zu nennen). Damit ist jedoch ein erhebliches Maß an persönlichem Involvement sowie auch finanzielles Investment verbunden. Oftmals dominiert jedoch die Denke – um nicht zu sagen, der Irrglaube –, dass sich entsprechende Ziele anderweitig besser und/oder leichter erreichen lassen.

Christiane Wolff: Sie bieten als Unternehmen selbst Netzwerkveranstaltungen an. Was darf ich mir darunter genau vorstellen?

Jerrit Odewald: In Kürze: Wir bringen zusammen, wir schaffen Zugänge, wir bringen ins Gespräch. Als Netzwerk- und Kommunikationsberatung stellen wir sicher, dass unsere Kundinnen und Kunden mit den richtigen Zielgruppen zusammenkommen und einen Dialog etablieren, der gemeinsame Ziele ermöglicht. Wir helfen also genau dabei, dass Netzwerke auch für Business und Unternehmen erfolgreich werden. In diesem Sinn beraten wir Organisationen auf deren Führungsebene, wie sie ihre Kommunikation mit ihren relevanten Stakeholdern (Kundinnen/Neukunden, politische Öffentlichkeit etc.) planen und umsetzen müssen. Ein Ergebnis unserer Beratung sind individuelle, maßgeschneiderte und persönliche Kommunikationsformate in Form von Round-Table-Gesprächen, Diskussionsformaten, kleinen Konferenzen, zielgerichteten Road-Shows etc. Mithilfe dieser Formate bringen wir unsere Kundinnen und Kunden genau mit ihren relevanten Zielgruppen zusammen, positionieren diese im richtigen Umfeld. Wichtig: Wesentlicher Erfolgsparameter unseres Tuns ist die sorgfältige, akribische Ausarbeitung der erforderlichen Strategie und Kommunikation in der jeweiligen Planungsphase. Hierbei geht es besonders darum, im engen Austausch mit den Kundinnen und Kunden in einem mehrstufigen Abstimmungsprozess eine gänzlich ihren Bedürfnissen entsprechende Roadmap zu entwickeln. Daher arbeiten wir meist auch langfristig für unsere Kundinnen und Kunden. Schablone und Schema F führen zu nichts. Netzwerkaufbau erfordert Zeit und Plan, übers Knie brechen darf man an dieser Stelle nichts. Mit einem kleinen Team sitzen wir im Herzen des politischen Berlins und operieren deutschlandweit.

Christiane Wolff: Gibt es da ein oder zwei Erfolgsstorys, die Sie uns verraten möchten?

Jerrit Odewald: Der Wert eines Netzwerks lässt sich meist nicht unmittelbar bemessen, weil eben oft kein direkter Mehrwert erkennbar ist – dessen muss man sich bewusst sein. Netzwerkfokussierte (Kommunikations-)Maßnahmen zeigen meist keinen unmittelbaren Wert, man muss das langfristig sehen. Dennoch zwei kurze Storys, beide mit direktem Impact: Für eine namhafte Kanzlei haben wir ein Kommunikationsformat entwickelt, Kontext Business Development. Ein Ergebnis bereits der Erstveranstaltung war, dass unser Kunde dadurch einen Auftrag generierte, der Faktor 15 des Investments in das Format entsprach. Die zweite Story: Im Sommer 2020 haben wir ein sehr erfolgreiches Format zu einem politisch emotionalen wie auch brisanten Thema gestartet. Zielgruppe waren Teilnehmerinnen und Teilnehmer aus Wirtschaft und Politik, die in dieser Form bisweilen nie zu diesem Thema gesprochen haben. Ergebnis dieses ersten Gesprächs war, dass ein ganz bedeutsamer Themenkomplex, der jahrelang ungeklärt die Entwicklung behinderte, direkt im Nachgang zu diesem Austausch ausgeräumt werden konnte. Warum? Weil das von uns konzipierte Gespräch die wesentlichen Akteure an einen Tisch brachte, Verständnis schaffte und man auf entsprechender Ebene einen gemeinsamen Nenner erarbeitet hat.

Beide Beispiele zeigen, wie das richtige Netzwerk einen erheblichen Mehrwert leisten kann, weil Dinge eben vorangehen.

Christiane Wolff: Was sind die wichtigsten Netzwerkeigenschaften aus Ihrer persönlichen Sicht?

Jerrit Odewald: Hier muss man zwei Ebenen betrachten: Die Eigenschaften des Netzwerks einerseits, die des Netzwerkers anderseits. Das Netzwerk selbst muss relevant, wechselseitig, übergreifend und zeitlich perspektivisch ausgerichtet sein. Wechselseitig in die gleiche Richtung denken, lautet die Devise. Der Netzwerker muss persönlich und inhaltlich das grundsätzliche Verständnis für den Mehrwert eines Netzwerks haben. Er muss bereit sein, Aufwand zu leisten, sich persönlich einbringen und sich ganz besonders auch darin wohlfühlen. Was heißt das? Wir sehen immer wieder, allem voran bei Führungskräften auf oberster Ebene: Es scheitert oftmals an ganz menschlichen Themen (Kommunikationsfähigkeit, Offenheit, Authentizität, Ängste, Selbstbewusstsein, Parkettfestigkeit, Interesse bzw. Verständnis für [globale] Zusammenhänge etc.). Und schließlich ist die Inhaltsebene zu sehen. Das Bewusstsein für die inhaltliche Grundlage fehlt: Worum geht es, warum ist das wichtig, was wollen und sollten wir erreichen? Ergo: Der Netzwerker selbst ist die entscheidende Voraussetzung.

Christiane Wolff: Lieber Herr Odewald, vielen Dank für das Gespräch!

4 »Netzwerken als Kunst des Gebens«

Interview mit Emilio Galli Zugaro, Methodos SpA Milan

Emilio Galli Zugaro ist Mitgründer und Chairman der Orvieto Academy for Communicative Leadership, einem Kommunikationsinstitut, das sich der Sprache der Führung von morgen verschrieben hat. Darüber hinaus ist Zugaro Chairman der Methodos SpA Milan, ein führendes europäisches Change-Management-Unternehmen. Er arbeitet u. a. als Coach für Vorstände und Aufsichtsräte von DAX-40-Unternehmen. Von 1992 bis 2015 hat er die weltweite Unternehmenskommunikation des Allianz-Konzerns verantwortet.

Christiane Wolff: Was bedeutet Netzwerken für Sie, für Ihr berufliches Leben und Ihre Karriere?

Emilio Galli Zugaro: Das Netzwerken ist ein eher missverständlicher Ausdruck für den Aufbau und die Pflege belastbarer, langfristiger Beziehungen. Und die ziehen sich durch Privatleben wie Beruf, ohne große Unterscheidungen. Mentorinnen und Mentoren waren zum Beispiel sehr wichtig für mein sehr erfülltes berufliches Leben. Daraus ergibt sich automatisch eine (freudige) Verpflichtung, selber als Mentor tätig zu sein, um anderen Menschen, die man mag und deren Ziele man teilt, zu helfen. Weil Geben wichtiger ist als Nehmen. Die Amerikaner (und viele von ihnen lange vor Justin Timberlake) lassen die Hoffnung auf das »Nehmen« nicht fahren, belassen diese aber im Vagen, nicht wie das Lateinische »do ut des« (»Ich gebe, damit du gibst«). Sie sagen recht pragmatisch: »What goes around comes around.«

Christiane Wolff: Auf welchen Social-Media-Kanälen sind Sie unterwegs und wie Netzwerken Sie dort?

Emilio Galli Zugaro: Ich bin und war nie auf Facebook, TikTok, Instagram. Ich bin als Gründer der Orvieto Academy for Communicative Leadership auf LinkedIn und Xing und nutze diese Medien für den Wissensaustausch im beruflichen Umfeld. Es hilft, die eigene Sinnhaftigkeit den Kontakten zu erklären und deren Treiber zu verstehen. So lese ich Posts und so poste ich Texte oder drücke meine Likes aus. Über meine Aktivitäten erfahren die Mitglieder meiner Kontaktliste, wofür ich stehe ich, und ich erfahre, wofür sie stehen.

Christiane Wolff: Wie wichtig ist Ihnen der Austausch und die Mitgliedschaft in Berufsverbänden, Vereinen, Parteien oder Alumni-Organisationen etc.? Und in welchen sind Sie aktiv?

Emilio Galli Zugaro: Ich persönlich in keiner. Vorab: Das sind objektiv wichtige Organisationen für viele Menschen, weil man dort lernen, sich austauschen kann. Es empfiehlt sich auf jeden Fall, diese Beziehungen für das eigene, auch berufliche Netzwerk zu aktivieren, denn sie dürften den Vorlieben, Interessen der Mitglieder entsprechen, also auch den Ihren (sonst wären Sie ja nicht dabei). Eine Mitgliedschaft mit dem reinen Ziel des Netzwerkens empfinde ich als nicht zielführend. Wenn »gutes Netzwerken« der Aufbau belastbarer und langfristiger Beziehungen ist, dann kann das nur auf der Basis ernsthafter Interessen geschehen, nur durch eine Identifizierung mit den Zielen der jeweiligen Organisationen. Die Mitgliedschaft in solchen Organisationen entspricht in meinem Falle aber weder meinem kulturellen Background als individualistischer Italiener noch meiner Mentalität und meinem Charakter. Und wo man nicht authentisch sein kann, kann man keine belastbaren Beziehungen aufbauen. Also, jeder nach seiner Façon.

Christiane Wolff: Welche Netzwerke bzw. Plattformen empfehlen Sie gerne weiter?

Emilio Galli Zugaro: Ich empfehle den Menschen, sich eigene »Netzwerke« aufzubauen, die ihren eigenen Interessen und Vorlieben entsprechen.

Christiane Wolff: Wie pflegen Sie Ihre wichtigsten beruflichen Kontakte?

Emilio Galli Zugaro: Neugier ist meine Basisbedingung, sie steht am Anfang, genuine Neugier für andere Menschen. Das hält einen immer offen für neue Begegnungen. Durch das Kennenlernen von Menschen, deren Triebfedern und Interessen, pflege ich meine Kontakte. Das kann immer und überall sein. Ich höre den Geschichten von Menschen gerne zu, ich versuche, sie zu verstehen. Dabei frage ich mich, ob und wie ich diesen Menschen durch meine Kontakte so helfen kann, dass alle Beteiligten daraus eine Bereicherung erfahren. Wenn sich allerdings keine »Chemie« zu dieser Person entwickelt, sie kann noch so interessant sein, dann bleibt es bei diesem einen Kontakt. Ob diese Person von anderen kraft Status, Funktion oder anderer Eigenschaften als »wichtig« erachtet wird, spielt für mich keine Rolle, wenn persönlich kein Funke überspringt. Und in der Regel heißt das: Vielleicht habe ich etwas übersehen. Aber so ist das Leben, ich bin leider nicht vollkommen.

Christiane Wolff: Wie viel Zeit in der Woche nehmen die Netzwerkaktivitäten in Anspruch?

Emilio Galli Zugaro: Ich separiere Netzwerkaktivitäten nicht von anderen Tätigkeiten. Aber wenn man das »Netzwerken« als absichtsloses oder absichtsarmes Austauschen definiert, dann sind es 50 % (ja) meines Zeitaufwandes, in etwa.

Christiane Wolff: In Zeiten der zunehmenden Digitalisierung: Wie viel ist beim Netzwerken analog und wie viel digital? Und welche Tipps haben Sie für das weniger bekannte digitale Networking?

Emilio Galli Zugaro: Alles fängt mit dem Kennenlernen an und das sollte nach Möglichkeit persönlich und »physisch« sein. Je besser diese Grundlage, desto einfacher ist es, diese Beziehung auch durch Telefonate, E-Mails oder durch Videocalls zu pflegen. Das Entstehen neuer Kontakte nur über den digitalen Austausch ist möglich, das Vertiefen auch, aber es ist viel schwerer. Es erfordert mehr Zeit und Raum für Persönliches und sollte nicht in feste »Formate« (z. B. Ein-Stunden-Call) »gepresst« sein. Kennenlern-Slams digitaler Art habe ich schon erlebt, sie sind aber (noch) nicht an der Tagesordnung.

Christiane Wolff: Ihre drei persönlichen beruflichen Networking-Tipps!

Emilio Galli Zugaro: Kenne Deine Bekannten und höre zu. Wisse: Was sind ihre Triebfedern? Was motiviert sie? Wer sind sie? Was lieben sie? Was sind ihre Ziele? Höre die Exzellenz dieser Menschen heraus. Denn letzten Endes willst Du sie weiterempfehlen und dafür müssen sie (mindestens) eine herausragende Eigenschaft, Besonderheit oder Exzellenz haben, damit Du sie guten Gewissens weiterempfehlen kannst. Und dazu muss man sie kennen.

Investiere viel Zeit in den Beziehungsaufbau und die Pflege dieser Beziehungen. Gib Dir Zeit: Zeitdruck schafft die Augenhöhe zwischen den Beteiligten ab. Kontakte können Monate, Jahre für einen richtigen »Fit« brauchen.

Gebe, bevor Du wieder gibst, bevor Du dann wieder gibst. Erwarte keinerlei Gegenleistung. »Netzwerken als Kunst des Nehmens« ist keine Kunst, das ist nur lästig und nervend.

Christiane Wolff: Habe ich noch eine Frage zum Thema Netzwerken vergessen?

Emilio Galli Zugaro: Warum hat für viele Menschen (wie für mich, zum Beispiel) der Ausdruck »Netzwerken« einen negativen Beigeschmack? Wenn wir dem auf den Grund gehen, werden wir feststellen, was gutes von schlechtem Netzwerken unterscheidet.

Christiane Wolff: Lieber Herr Zugaro, vielen Dank für das Gespräch!

5 »Ich netzwerke unsystematisch, anlassbezogen und extrem nachhaltig«

Interview mit Dr. Ulrike Handel, Senior Executive, Aufsichtsrätin, Beirätin

Die deutsche Managerin und Aufsichtsrätin **Dr. Ulrike Handel** hat sich in den letzten 25 Jahren auf Digitalisierungs- und Turnaround-Szenarien spezialisiert, in Führungspositionen bei der Axel Springer SE, als CEO mit dem Turnaround der börsennotierten ad pepper Gruppe und zuletzt als CEO bei der Agenturholding Dentsu International, wo sie über 3.000 Mitarbeiterinnen und Mitarbeiter in sechs Ländern transformiert und digitalisiert hat.

Christiane Wolff: Was bedeutet Netzwerken für Sie, Ihr berufliches Leben und Ihre Karriere?

Dr. Ulrike Handel: Netzwerken heißt für mich: mit Menschen aktiv verbunden sein und bleiben, die ich in den verschiedenen Phasen meines Lebens und meines Berufs kennengelernt habe – von der Schule, über das Studium und die unterschiedlichsten beruflichen Stationen in verschiedenen Ländern und Städten. Rein beruflich hätte ich vermutlich keine meiner Aufgaben und Jobs ohne mein Netzwerk so schnell und meist auch recht erfolgreich absolvieren können – immer zu wissen, wen man fragen und mit wem man Ideen diskutieren kann und dann auch Antworten oder sogar Lösungen zu erhalten, sind dabei die Grundlage. Das Ganze beruht natürlich auf Gegenseitigkeit: Wenn jemand etwas braucht, bin ich immer zur Stelle.

Christiane Wolff: Auf welchen Social-Media-Kanälen sind Sie unterwegs und wie netzwerken Sie dort?

Dr. Ulrike Handel: Ich netzwerke nur über One-to-One-Kanäle (E-Mail, SMS, WhatsApp) oder über gezielte Botschaften über LinkedIn. Weniger Xing, kaum Instagram. Am allerliebsten aber persönlich.

Christiane Wolff: Wie wichtig ist Ihnen der Austausch und die Mitgliedschaft in Berufsverbänden, Vereinen, Parteien oder Alumni-Organisationen etc.?

Dr. Ulrike Handel: Mir sind einige Netzwerkorganisationen wichtig, weil ich damit Einblick in neue, andere Bereiche bekomme. Mein Alumni-Netzwerk hilft mir, mit lieben Kommilitoninnen und Kommilitonen weiterhin in Kontakt zu bleiben.

Christiane Wolff: Und in welchen sind Sie aktiv?

Dr. Ulrike Handel: Ich bin in einigen berufsbezogenen Netzwerken wie z. B. GenerationCEO aktiv, in politischen Netzwerken wie der Atlantikbrücke oder bei Dialog Global, einer Organisation aus dem Silicon Valley. Um nur einige meiner institutionellen Netzwerke zu nennen.

Christiane Wolff: Welche Netzwerke und Plattformen empfehlen Sie gerne weiter?

Dr. Ulrike Handel: Die Frage lässt sich nicht generell beantworten. Es kommt ganz darauf an, wofür.

Christiane Wolff: Wie pflegen Sie Ihre wichtigsten beruflichen Kontakte?

Dr. Ulrike Handel: Unsystematisch, häufig absichtslos, manchmal anlassbezogen und insgesamt extrem nachhaltig.

Christiane Wolff: Wie viel Zeit in der Woche nehmen Ihre Netzwerkaktivitäten in Anspruch?

Dr. Ulrike Handel: Das könnte ich nicht in Zeit messen. Netzwerk und Privatleben sowie Beruf überschneiden sich bei mir sehr. Selbst Familienmitglieder sind manchmal Teil meiner Netzwerkthemen.

Christiane Wolff: In Zeiten der zunehmenden Digitalisierung: Wie viel ist beim Netzwerken analog und wie viel digital?

Dr. Ulrike Handel: Also, vor Corona hätte ich 50/50 gesagt. Zurzeit im Homeoffice, ohne Reisen und Events eher 90 % digital und 10 % analog.

Christiane Wolff: Ihre drei persönlichen beruflichen Networking-Tipps!

Dr. Ulrike Handel:

1. Netzwerken kostet Zeit und Engagement. Wenn man das nicht gerne macht, sollte man es lassen.
2. Netzwerken beruht auf Gegenseitigkeit.
3. Ein institutionelles Netzwerk kann das eigene, persönliche Netzwerk nie ersetzen.

Christiane Wolff: Habe ich noch eine Frage zum Thema Netzwerken vergessen?

Dr. Ulrike Handel: Zwei Fragen: Warum netzwerkst Du? Weil ich es extrem bereichernd finde, mit den vielen faszinierenden Menschen meines Lebens in Kontakt zu bleiben, weil ich einfach den Austausch mit anderen schätze und weil ich Spaß daran habe, Menschen zu verbinden, um damit etwas Neues zu schaffen. Netzwerken Frauen besser als Männer? Nein. Aber die meisten Männer geben Netzwerken und dem Networking eine höhere Priorität in ihrem Leben – deshalb habe ich auch deutlich mehr Männer als Frauen in meinem privaten Netzwerk.

Christiane Wolff: Liebe Frau Dr. Handel, vielen Dank für das Gespräch!

6 »Netzwerken ist eine Schlüsselkompetenz im Führungsgeschäft«

Interview mit Dr. Michael Kerkloh, Aufsichtsratsmitglied der Deutschen Lufthansa AG, Präsident des Export-Club Bayern, ehemaliger Vorsitzender der Geschäftsführung der Flughafen München GmbH (2002-2019)

Dr. Michael Kerkloh war von 2002 bis 2019 Vorsitzender der Geschäftsführung und Arbeitsdirektor der Flughafen München GmbH. Von 1995 bis 2002 verantwortete er den kaufmännischen Bereich des Flughafens Hamburg einschließlich des Personalbereichs. Sein Luftfahrt-Rüstzeug erhielt er seit 1987 am Frankfurter Flughafen bei der damaligen Flughafen Frankfurt am Main AG. Er studierte Volkswirtschaftslehre an den Universitäten Göttingen und Frankfurt am Main sowie an der London School of Economics. Er promovierte über ein energiesparpolitisches Thema an der Johann Wolfgang Goethe-Universität Frankfurt am Main.

Christiane Wolff: Was bedeutet Netzwerken für Sie, Ihr berufliches Leben und Ihre Karriere?

Dr. Michael Kerkloh: Netzwerken, Kontakte zu Gruppen/Kohorten oder auch ganz volkstümlich Vereinsleben rund um gemeinsame Interessen hat mich mein ganzes Leben begleitet. Als Kind der »Pfiff-Club« (der Kinderclub der damaligen Bundesbahn), als Student die katholische Studentenverbindung, später als wissenschaftlicher Uniassistent in einer politischen Hochschulgruppe. Als Gründungspräsident habe ich die Frankfurter Wirtschaftswissenschaftliche Gesellschaft aus der Taufe gehoben (erster wirtschaftswissenschaftlicher Alumni-Verein in Deutschland seit 1988). Seit elf Jahren bin ich Präsident des Export-Clubs Bayern. Als Geschäftsführer am Hamburger Flughafen habe ich das Europäische Flughafennetzwerk mit sieben mittelgroßen Flughäfen gegründet sowie als CEO MUC ein weltweites Netzwerk mit sechs weltweiten TOP-Flughäfen Airports (unseren »Sister Airports«) aufgebaut.

Mit der internationalen Bedeutung des Airports ergeben sich zwangsläufig mehr internationale Kontakte. Mehr High Level Luftfahrt- und Industriekontakte sowie mehr Kontakte in die politische Ebene hinein. Dazu internationale Gremienarbeit in internationalen Verbänden (ca. 15 Jahre Mitglied im Governing Board des europäischen Flughafenverbands, davon zwei Jahre als Präsident, ebenso lange Mitglied im Board des Weltverbands). Netzwerken ist generell eine Schlüsselkompetenz im Führungsgeschäft von Airports angesichts der äußerst zahlreichen Stakeholder. Also kein Add-on, sondern eine erforderliche Kernkompetenz.

Christiane Wolff: Auf welchen Social-Media-Kanälen sind Sie unterwegs und wie netzwerken Sie dort?

Dr. Michael Kerkloh: Beruflich nutze ich selbst nur LinkedIn. Neben persönlichen Posts zu meinen eigenen Aktivitäten kommentiere ich gelegentlich oder nehme an Fachdiskussionen teil. Ich teile interessante Neuigkeiten der Branche (u. a. Personalia) und gebe meine Likes eher an Überraschendes oder Originelles. Meine Lernkurve mit dem Medium war beachtlich, denn ein guter Beitrag hat es in sich. Die Headline sollte als Trigger funktionieren, dann folgt kurz und präzise der Inhalt. Fotos und Clips sind fast das Wichtigste. Mir ist die herrschende Aufmerksamkeitskultur und Wahrnehmungseffizienz durchaus bewusst. Ein guter Post kostet aber Zeit. Und die kann und will ich mir nicht immer nehmen.

Im Unternehmen ist das Social-Media-Team auf allen gängigen Kanälen »offiziell« unterwegs (neben Facebook natürlich Twitter und Instagram). Da das Unternehmen im öffentlichen Raum sehr sichtbar ist und der Luftverkehr selbst eine hohe Aufmerksamkeit genießt, gibt es täglich Neuigkeiten, aber auch Informationsbedarf von Reisenden oder aus der Region. Das Social-Media-Team korrigiert auch falsche Behauptungen oder Spekulationen, die es regelmäßig gibt. Das Team muss schnell sein, denn grundsätzlich können auch weltweite Ereignisse (z. B. Pandemien, Naturkatastrophen, Unglücke) innerhalb von 24 Stunden Auswirkungen auf den Flughafenbetrieb haben. Eine tägliche Nachrichten- und Ereignis-Konferenzbesprechung hilft hier bei Bewertungs- und Einschätzungsfragen. Es ist immer was los.

Das Social-Media-Team kümmert sich auch um die Außendarstellung des Flughafens. Nicht nur mit Wohlfühlbildern vom faszinierenden Flughafenbetrieb, die übrigens besonders gut ankommen. Als einer der besten Flughäfen der Welt haben wir auch eine Vorbildfunktion bei der Behandlung von Zukunftsfragen und in der Rolle als Social Corporate Citizen, der sich um die Region und das öffentliche Wohl kümmert. Diese vorhandene DNA muss der Öffentlichkeit glaubwürdig vermittelt werden – natürlich in den unterschiedlich ausdifferenzierten verbalen und visuellen Sprachen der sozialen Medien.

Im Export-Club Bayern nutzen wir auch LinkedIn als Kommunikationsplattform für Clubmitglieder und Gäste. Wir kündigen unsere Veranstaltungen an und berichten über diese. Der Export-Club ist übrigens auch mit anderen gleichartigen Wirtschaftclubs in Deutschland (z. B. der Überseeclub in Hamburg, der Industrieclub in Düsseldorf oder dem »Kieler Kaufmann« in Kiel) vernetzt.

Christiane Wolff: Welche Netzwerke und Plattformen empfehlen Sie gerne weiter?

Dr. Michael Kerkloh: Ich empfehle LinkedIn und Xing, weil sich daraus auch Karrierechancen ergeben durch vielfältige Jobangebote, neuerdings sind – meist projektbezogen – Teams und Zoom dazugekommen. Privat ist Instagram attraktiv. Durch die Schaffung mehrerer Accounts kann man mit Spezialinteressen unterwegs sein und seine Follower aussuchen. Ich habe dort z. B. auch eine spezielle Musikplattform. Damit kann man viel Neues entdecken.

Christiane Wolff: Wie viel Zeit in der Woche nehmen die Netzwerkaktivitäten in Anspruch?

Dr. Michael Kerkloh: Circa zehn Stunden wöchentlich, das hängt aber auch von der Tagesform und gegebenenfalls auch von anderen Prioritäten ab. Generell gilt es, nicht zum Sklaven von Zeitdiktaten zu werden. Social-Media-Auszeiten sind wichtig. Das analoge Leben sollte nach wie vor Priorität haben.

Christiane Wolff: Wie pflegen Sie Ihre wichtigsten beruflichen Kontakte?

Dr. Michael Kerkloh: Die persönliche Entwicklung ist durch bewusste Entscheidungen, aber auch durch viele ungeplante Ereignisse und Momente geprägt. Diese muss man ermöglichen. Die menschliche Persönlichkeit ist vielschichtig und die Netzwerke sollten das abbilden. Manchmal erkennt man seine Ziele und Absichten nicht so genau. Ich bin daher gegen ein allzu utilitaristisches Netzwerkdenken. Deswegen pflege ich auch regelmäßig viele meiner ganz alten Kontakte – ohne konkrete Nutzenabsicht. Regelmäßiges Miteinandersprechen und sich vor allem begegnen, besondere, erinnerungswerte Ereignisse schaffen, das hilft dabei. Das aktuelle Tagesgeschäft eines CEOs ist grundsätzlich von Kommunikation und Netzwerkbildung geprägt, weil nur regelmäßige Kontakte Vertrauen schenken. Das ist das größte Kapital und nimmt viel Zeit in Anspruch. Beziehungsarbeit ist ebenso wichtig wie die Sachthemen, die man zu bewältigen hat. Als Menschen sind wir ganzheitliche Wesen mit Körper, Seele und Geist, mit Emotionen und spezifischen Talenten. Mit Netzwerken können wir in allem wachsen, Erfahrungen sammeln und im Übrigen auch gute Rückmeldungen bekommen.

Christiane Wolff: Ihre drei persönlichen beruflichen Networking-Tipps!

Dr. Michael Kerkloh: Regelmäßige Kontaktpflege auch über den unmittelbaren Nutzen hinaus. Es muss kein »Aus dem Auge, aus dem Sinn« geben. Persönlich, empathisch und offen im besten Sinne sein. Verlässlich sein. Menschen, so unterschiedlich sie sind, mögen (lernen).

Christiane Wolff: Lieber Herr Dr. Kerkloh, vielen Dank für das Gespräch!

Die Autorinnen und Autoren

Die erfahrene Medien-Managerin **Susanne Aigner** verantwortet heute als Geschäftsführerin von Discovery einen Großteil der europäischen Märkte und hat erfolgreich umfassende Integrations- und Transformationsprozesse initiiert. Und das grundsätzlich mit einem großen Optimismus und hochgekrempelten Ärmeln: Susanne Aigner will anpacken und Dinge dauerhaft verändern. Die Teamplayerin engagiert sich für Diversität und Empowerment aller Mitarbeiterinnen und Mitarbeiter. Weil Unternehmen von gelebter Vielfalt profitieren und so zukünftig wettbewerbsfähig bleiben.

Als Pionierin der Personality PR und »Bodyguard der Reputation« macht **Claudia Cornelsen** die Kompetenz ihrer Kundinnen und Kunden in der Öffentlichkeit sichtbar. Schon um die Jahrtausendwende avancierte ihre Mannheimer Agentur »Art d'Eco« mit namhaften Kunden zur größten PR-Agentur der Region. Als Einzelberaterin arbeitete sie intensiv mit prominenten Wirtschaftsgrößen zusammen – Heinrich von Pierer, Werner Seifert, Götz Werner und viele andere. Heute wenden sich besonders Frauen im Top-Management an Cornelsens Berliner Agentur-Parnass. Denn Frauen werden auf vielfältige Weise kritisch betrachtet und müssen darum einen besonders überzeugenden Kommunikationsstil entwickeln.

Rotraud Diwan ist Expertin für strategisches Employer Branding und markengetriebene Human Experiences. Als Geschäftsführerin von Hi! Employer Strategies entwickelt sie starke Arbeitgebermarken, die in HR-Kommunikation, Führung und Kulturwandel identitätsstiftend wirken. Als VP Creative & Consulting bei Radancy (ehemals TMP Worldwide) war Rotraud Diwan für nationale und internationale Employer-Branding-Projekte verantwortlich. Zuvor war sie mehr als zehn Jahre Chefin einer Agentur für Markenentwicklung und Unternehmenskommunikation. Sie lehrt als Gastdozentin im Fachbereich Wirtschaftspsychologie an der Hochschule Fresenius in Hamburg.

Klaus Eck berät viele Unternehmen beim Aufbau eines Corporate-Influencer-Programms und in der CEO-Kommunikation. Der Kommunikationsberater und Contentstratege begleitet seit mehr als 25 Jahren Marken bei der Digitalisierung ihrer Unternehmens-, Marketing- und Kommunikationsprozesse. Er hat vier Fachbücher und zahlreiche Publikationen in Zeitschriften über Content Marketing, Corporate Influencer und Reputation Management veröffentlicht. Als Jurymitglied ist er seit mehr als zehn Jahren aktiv für den BdKom Award. Außerdem ist er Lehrbeauftragter an der FH Joanneum in Graz (Content Strategy).

Selena Gabat arbeitet seit mehr als 20 Jahren als Brand Enthusiastin für B2B- und B2C-Marken. Als Marketingleiterin von LinkedIn für Europa, den Mittleren Osten und Afrika verantwortet Selena Gabat die Bereiche Brand Strategie, Digital Marketing & Social Media. Vor ihrer Zeit bei LinkedIn hat sie den Social-Media-Bereich für Sky Deutschland aufgebaut und wurde zusammen mit ihrem Team mit zahlreichen Preisen für innovative Markenführung ausgezeichnet.

Selena Gabat hat zwei Herzensthemen, die für sie eng miteinander verbunden sind. So setzt sie sich für die Gleichberechtigung am Arbeitsplatz ein und leitet die *Women@LinkedIn Mitarbeiter:innen-Initiative* für Deutschland. Außerdem schreibt sie bei LinkedIn über das Hochstaplergefühl und teilt unbefangen ihre eigenen Erfahrungen. Sie hält nichts davon, anderen vorzuspielen, sie hätte die perfekte Karriere und Familie. Im Gegenteil, je mehr wir unsere Erfahrungen »ohne Farbfilter« teilen, unsere Schwachstellen zeigen und uns auch mal trauen, um Unterstützung zu bitten, umso glücklicher und erfolgreicher empfindet sie ihre berufliche Entwicklung.

Tobias Grewe ist Experte für strategisches Employer Branding. Als zertifizierter systemischer Coach und narrativer Marken- und Organisationsberater interessiert sich Tobias Grewe für den »Menschen in der Organisation«. Er entwickelt ganzheitliche Markenkonzepte, die die Kultur in die Entwicklung von Arbeitgebermarken einbeziehen. So verbindet er Kommunikation und Mensch. Durch Storylistening-Methoden hilft er Organisationen, über das »Erzählen ihrer erlebten Geschichten« den authentischen Markenkern zu finden, sodass Organisationen nach innen und außen als Marke wirksam werden. Seine Managementerfahrungen hat er als Managing Partner von Serviceplan, der Agenturgruppe Liquid Campaign und u. a. bei BBDO Interone gesammelt.

Die deutsche Managerin und Aufsichtsrätin **Dr. Ulrike Handel** hat sich in den letzten 25 Jahren auf Digitalisierungs- und Turnaround-Szenarien spezialisiert, in Führungspositionen bei der Axel Springer SE, als CEO mit dem Turnaround der börsennotierten ad pepper Gruppe und zuletzt als CEO bei der Agenturholding Dentsu International, wo sie über 3.000 Mitarbeiterinnen und Mitarbeiter in sechs Ländern transformiert und digitalisiert hat.

Kiki Kausch liebt es, »Menschen mit Ideen zu begegnen. Daraus entwickeln sich oft noch viel mehr Ideen und es entsteht Neues«. Von Berlin aus startete die ehemalige ZDF- und ARD-News-Redakteurin eine rasante Karriere als Fotokünstlerin. Ein zufälliges Foto-Shooting von Karl Lagerfeld in New York führte direkt in die Kunst-Welt. Ein kalter Sprung. Kiki Kausch widmet sich oft spontan den Themen entlang ihrer eigenen Biografie. Zeitgenössisch mit einem Blick für Ästhetik, Kritik und Humor. Die Werke hängen in bedeutenden Sammlungen rund um den Erdball. Ihre Leidenschaft für schöne Hotels verbindet sie mit Ausstellungen. Erzählungen ohne Berührungsängste. Zu ihren Partnern zählt die Oetker Collection, Rocco Forte oder Four Seasons. Sie fotografierte unter anderem Kevin Costner, Matt Damon, Quentin Tarantino, Ridley Scott, Cameron Diaz, Matthew McConaughey, Angela Merkel, Nico Hofmann, Heike Makatsch und Sabin Tambrea.

Dr. Michael Kerkloh war von 2002 bis 2019 Vorsitzender der Geschäftsführung und Arbeitsdirektor der Flughafen München GmbH. Von 1995 bis 2002 verantwortete er den kaufmännischen Bereich des Flughafens Hamburg einschließlich des Personalbereichs. Sein Luftfahrt-Rüstzeug erhielt er seit 1987 am Frankfurter Flughafen bei der damaligen Flughafen Frankfurt am Main AG. Er studierte Volkswirtschaftslehre an den Universitäten Göttingen und Frankfurt am Main sowie an der London School of Economics. Er promovierte über ein energiesparpolitisches Thema an der Johann Wolfgang Goethe-Universität Frankfurt am Main.

Dr. Maleen Knaak ist Strategieberaterin bei Merkle – a dentsu company, einer datengetriebenen Digitalagentur für Customer Experience Management (CXM), die Teil von dentsu International ist. Als Manager Digital Vision & Transformation trägt Maleen Knaak die Verantwortung für strategische Kommunikationsentwicklung und Thought Leadership und leitet den Bereich der strategischen Management-Positionierung. Maleen Knaak erhielt einen Ph.D. in Management von der Universität St.Gallen und übernahm dort in der Führungskräfteweiterbildung die Seminarleitung verschiedener Executive Trainingsprogramme. Sie berät Kommunikationsabteilungen und individuelle Führungspersonen globaler Konzerne mit dem Ziel, eine datenbasierte und zukunftsgerichtete Kommunikation zu gestalten. Die strategische Management-Positionierung ist ein zentraler Bestandteil einer solchen Kommunikation und wird durch das Merkle-Leadership-Kommunikationsmodell ermöglicht.

Nicole Kremer ist seit über zehn Jahren begeisterte Matchmakerin für internationale Personalberatungen im Executive Search, wie Hofmann Consultants, Boyden International oder Odgers Berndtson. Heute, mit ihrem eigenen Unternehmen, der ZOOM-Consult, sieht sie das Thema Personalberatung ganzheitlich und kombiniert Executive Search, Career Consulting und Executive Sparring. Ihr Fokus liegt auf Besetzungen von C-Level-Positionen in Digital, Marketing, Sales, HR und Finance.

Nicole Kremer kommt aus der Praxis mit 20 Jahren Führungserfahrung im Konsumgüterumfeld. Sie war schon immer Pionierin: ob in der Entwicklung neuer Produkte, neuer Marken, neuer Unternehmen oder neuer Märkte, ob in Konzernen oder auch in Familienunternehmen. Über die Jahre, im Executive Search, hat sie eine Vielzahl von Interviewprozessen begleitet und decodiert, worauf es bei der Auswahl von CxOs ankommt. Sie ist eine erfahrene Sparringspartnerin in der Karriereberatung oder auch im Executive-Coaching und bereitet viele Top-Führungskräfte auf ihren nächsten Schritt vor – mit strategischem Blick, Feingespür für ihre Kandidatinnen und Kandidaten und einer Prise Kreativität und Enthusiasmus. Führungskräfte zukunftsfähig zu machen ist für Nicole Kremer eine wichtige Mission.

Nicole Kremer und Christiane Wolff hatten 2021 ihre erste gemeinsame Veröffentlichung im Verlag Werben & Verkaufen mit dem W&V Report »Marketeers in Transformation« zur erfolgreichen Positionierung von Marketeers.

Regina Mehler ist Unternehmerin, Investorin und Serial Founder der WOMEN SPEAKER FOUNDATION sowie der Strategieberatung 1ST ROW. Als Unternehmensberaterin sind ihre Themen Innovations- und Veränderungsmanagement mit Kernkompetenz in Marketingstrategie und Personal Branding. Sie verfügt über das Know-how aus mehr als 25 Jahren Berufserfahrung, überwiegend in Führungsrollen der IT-Branche: In Unternehmen wie Software AG und Adobe war sie federführend für innovatives Marketing und Change-Management verantwortlich. Sie sitzt im Aufsichtsrat eines Schweizer Think Tanks, im Beirat des Deutschen Gründerverbandes und ist sehr engagiert in der Tech-Start-up-Szene. Zudem ist sie seit Jahren Referentin in St.Gallen beim Studiengang Challengemanagement. Ihr auch auf Englisch erschienenes Buch »Der Phönix-Effekt« behandelt das Thema Innovationsmanagement und Marketing durch Neudenken.

Thomas Muderlak ist Agenturchef der Referentenagentur *5 Sterne Redner*. Bevor er seinen Weg in die spannende Welt des Keynote Speaking gefunden hat, war er Marketingleiter bei Erdinger Weißbräu und Leiter der BMW Welt in München. Seine Agentur betreut exklusiv Vortragsredner, die mit ihrem Expertenwissen nachhaltig zu begeistern wissen.

Eva Müller arbeitet seit mehr als 40 Jahren als Journalistin. Schon als Schülerin schrieb sie für ihre Heimatzeitung *Rheinpfalz*. Seit mehr als 20 Jahren schaut sie als Redakteurin beim *manager magazin* den Führungskräften der großen deutschen Unternehmen auf die Finger – und haut ihnen bei erwiesenem Fehlverhalten auch mal auf dieselben. Ihr besonderes Augenmerk gilt dabei den Hightech-Sektoren – von Biotechnologie bis Software.

M. Jon Nedelcu ist ausgewiesener Automotive-Experte: In seiner ersten Karriere arbeitete er in leitenden Positionen bei Ford of Europe und der BMW Group sowie als Vorstand Vertrieb und Marketing bei Porsche. Nach dem Wechsel in die Beratung führte der in Argentinien aufgewachsene Manager seine Karriere in der Geschäftsleitung bei Roland Berger & Partner und dann bei Spencer Stuart & Associates fort. 1993 machte er sich selbstständig: Nedelcu & Company Leadership Consultants gehört bis heute zu den etablierten Boutique-Beratungen in Deutschland. Um die C-Suite für morgen fit zu machen und Unternehmen bei der digitalen Transformation zu unterstützen, gründete er 2020 die Academy for Exponential Change.

Jerrit Odewald begeistert sich für Menschen und Kommunikation. »Der direkte, persönliche Austausch ist – besonders wegen der zunehmenden Digitalisierung – wichtiger denn je und liegt allen Netzwerken zugrunde. Nur in Netzwerken lässt sich heute, in einer komplexen Welt, erfolgreich agieren.« Nach Stationen unter anderem bei AOL in New York und Beiersdorf in Hamburg gründete er 2009 die ONC Odewald Networking Communication GmbH in Berlin-Mitte. Spezialisiert auf Stakeholder-Kommunikation entwickelt ONC Kommunikations- und Netzwerkformate mit den Schwerpunkten Wirtschaft, Politik, Wissenschaft und Gesellschaft. Das Unternehmen berät Unternehmen, Verbände, NGOs und NPOs auf Führungsebene strategisch und operativ, damit sie mit der richtigen Kommunikation ihre relevanten Zielgruppen zuverlässig erreichen.

Lisa Priller-Gebhardt hat die Deutsche Journalistenschule in München absolviert und arbeitet heute überwiegend als Ghostwriterin für Führungskräfte. Außerdem schreibt sie als Autorin für verschiedene Publikationen, unter anderem für das Fachmagazin *Werben & Verkaufen*, aber auch für die *Süddeutsche Zeitung* sowie den *Blog Plus* der Bayerischen Landeszentrale für neue Medien (BLM). Themenschwerpunkte sind unter anderem Medien, Marketing, Mittelstand sowie die Digitalwirtschaft.

Frederike Probert ist Unternehmerin und Expertin für Digitalwirtschaft sowie Profi-Netzwerkerin. Sie startete ihre Karriere im Medienbereich vor 15 Jahren bei namhaften amerikanischen Konzernen wie Yahoo, AOL und Microsoft. Frederike Probert entwickelte ausgeprägte Kompetenzen im Bereich Technologien für die Digitalwirtschaft und konnte sich so als eine von wenigen Frauen in der digitalen Start-up Welt-behaupten.

Anfang 2019 hat Frederike Probert *Mission Female* gegründet – ein Unternehmen, mit dem sie sich ausschließlich der Stärkung von Frauen in Wirtschaft, Medien, Kultur und Politik widmet. Frederike Probert lebt in Deutschland und den USA. Ihr erstes Buch zum Thema »Frauen. Macht. Karriere« ist im Sommer 2020 im F.A.Z. Buchverlag erschienen.

Marietta Pütz arbeitet seit 20 Jahren in der IT-Branche und verantwortet heute das Partnergeschäft von Salesforce in 25 europäischen Ländern. Im Laufe ihrer Karriere hat sie diverse Positionen in den unterschiedlichsten Unternehmen durchlaufen. Für ihr Engagement für mehr Weiblichkeit in der IT-Branche gewann sie 2020 und 2021 den ICT Channel Champion Award »Channel Managerin des Jahres« – eine neu geschaffene Kategorie, um die Leistung von Frauen in diesem Business auszuzeichnen.

Katja Schleicher ist fest davon überzeugt, dass Reden Gold ist und Schweigen der Anfang von allem Unglück. Und dass Reden mit Geschichten leichter gelingt. Sie sorgt dafür, dass das Herz dem Kopf die richtigen Worte in den Mund legt. 20 Jahre lang hat sie in Agenturen, im TV und in der internationalen Konzern-Kommunikation, heute als Kommunikations-Coach, Keynote-Speaker, zu Gender- und Leadership-Kommunikation sowie als Storytelling-Trainerin gearbeitet. Ihre internationalen Kundinnen und Kunden schätzen sie für Klarheit im Denken, Kompetenz im Didaktischen und Konsequenz in der Umsetzung.

Astrid Schulte hat zunächst einen klassischen Weg im Konzernumfeld beschritten und mit Payback das erste Mal die Unternehmerseite kennengelernt. Mit bellybutton wurde sie Unternehmerin und baut mit ihren Partnerinnen zum ersten Mal selbst ein Unternehmen auf, im Sinne von »I do it my way«. Heute ist sie Vorstandsvorsitzende und Gesellschafterin in einem Familienunternehmen, der Berendsohn AG, das sie durch die Transformation führt. Sie hat über die Jahre wichtige Insights gewonnen und herausgefunden, wie Karriere für sie funktioniert und wie sie dabei auch ein glücklicherer Mensch ist.

Dorette Segschneider ist Unternehmerin und CxO-Exzellenz Coach mit der Mission, gerade in aussichtslosen Situationen neue Perspektiven zu entdecken. Mit dieser Philosophie ist sie eine Vertraute in vielen Führungsetagen geworden. Sie entwickelt ihre Klientinnen und Klienten zu exzellenten Führungspersönlichkeiten. Das gelingt mithilfe ihrer speziell für Top-Leader entwickelten Exzellenz-Coaching-Methode und auf Basis der Vielfalt ihrer Erfahrungen: als Anchorwoman einer TV-Finanzsendung, die über 1.000 Interviews mit Leadern geführt hat, als ACE Coach (Acceleration Coach Excellence), als Autorin zahlreicher Sachbücher und TV-Wirtschaftsdokumentationen und als Dozentin an der Hochschule für Wirtschaftswissenschaften in Mainz. Außerdem ist sie Founderin der Plattform www.wirhelfeneuch.org und Botschafterin der Initiative www.wirtschaftvonmorgen.de.

Katharina Starlay ist ihren Lesern durch die Kolumne »Starlay Express« bei *manager magazin Online* und ihre Bücher bei *Frankfurter Allgemeine Buch* bekannt. Ihre jüngsten Publikationen befassen sich mit brandaktuellen Themen wie »Stilvoll älter werden – Erfolgreich über 50« oder »Die 12 Gebote für Frauen im Business«. Durch ihre Jahre als Führungskraft im Einzelhandel (Branchen Mode und Kosmetik) verfügt die studierte Modedesignerin über einen großen Schatz an gelebtem Praxiswissen. Sie hält Vorträge, gibt Seminare und coacht rund um Kleiderstil und Businessknigge – manchmal auch direkt vor dem Kleiderschrank ihrer Kundinnen und Kunden. Seit 2002 berät sie Menschen und Unternehmen für ihren Außenauftritt und entwickelt für diese Style Manuals sowie Firmenkleidung (Corporate Fashion). Denn Aussehen und Auftreten von Mitarbeiterinnen und Mitarbeitern sind ein Baustein jedes Vertriebskonzepts. Seit 2014 ist sie Mitglied im Deutschen Knigge-Rat.

Nicola Tiggeler ist ausgebildete Opernsängerin, Schauspielerin und zertifizierte Stimmtrainerin. Ihr ganzes Berufsleben lang steht sie auf der Bühne, vor Kamera und Mikrofon. Durch viele Fernsehrollen bekannt, vertrauen im wahren Leben Menschen aus den unterschiedlichsten Unternehmen und Bereichen auf ihre Expertise als Stimmtrainerin, um die eigene Stimme und Persönlichkeit weiterzuentwickeln. Ihre Ratschläge gibt es unter dem Titel »Mit Stimme zum Erfolg. Anklang finden, überzeugen und begeistern« bereits in der zweiten Auflage im C.H. Beck Verlag.

Silke Trösch ist ehemalige Journalistin. Das Thema Kommunikation beschäftigt sie also seit Beginn ihrer Karriere. Heute ist sie Expertin für Transformationsprozesse und Organisationsentwicklung. Sie begleitet seit mehr als 15 Jahren Unternehmen – ob Konzern oder Mittelstand – bei ihren komplexen Changeprozessen, Restrukturierungen und strategischen Neuausrichtungen.

Aufgrund ihrer langjährigen Zusammenarbeit mit namhaften und erfolgreichen Unternehmen wie Nestlé, Kraft Foods/ Mondelez, Burda oder Aldi Nord weiß sie, welche Führungs- und Kommunikationseigenschaften CxOs heute brauchen.

Christiane Wolff ist seit über 20 Jahren Kommunikationsexpertin und positioniert mit viel Fingerspitzengefühl CxOs in den richtigen Kanälen. So hat sie manchem Unternehmenslenker Visibilität verschafft. Sie war viele Jahre in leitenden Positionen in Agenturen tätig – zuletzt als CMO DACH bei dentsu und als globale Chief Corporate Communications Officer bei der Serviceplan Gruppe. 2018 hat sie ein eigenes Handwerker-Start-up mitgegründet, aufgebaut und dabei gelernt, wie es auch ein Start-up mit dem richtigen Storytelling in die Wirtschaftsmedien schafft.

So bespielt sie die komplette Klaviatur, von der strategischen Marken- und Unternehmenskommunikation für Start-ups bis zur CxO-Positionierung, und unterstützt Marken und Menschen auf ihrem Weg in die Öffentlichkeit – auf allen Kanälen und Plattformen. Aktuell ist sie Sprecherin für die Marke Clouberry, einer Handelsplattform für nachhaltige Corporate Gifts, und baut eine Boutique-Agentur für das Thema CxO-Positionierung unter dem Dach der PMMG Group auf.

Ihr weiteres Herzensthema ist das Thema Netzwerken. Mit viel Leidenschaft und persönlichem Engagement leitet sie seit 2001 das *Nettwerk*, ein Netzwerk mit über 800 Mitgliedern für Frauen aus der Kommunikationsbranche. Mit ihrem Gespür für Menschen und Themen und dafür, wer zu wem passt, vernetzt sie immer inspirierende Menschen mit den passenden Businessideen.

Christiane Wolff und Nicole Kremer hatten 2021 ihre erste gemeinsame Veröffentlichung im Verlag Werben & Verkaufen mit dem W&V Report »Marketeers in Transformation« zur erfolgreichen Positionierung von Marketeers.

Emilio Galli Zugaro ist Mitgründer und Chairman der Orvieto Academy for Communicative Leadership, einem Kommunikationsinstitut, das sich der Sprache der Führung von morgen verschrieben hat. Darüber hinaus ist Zugaro Chairman der Methodos SpA Milan, ein führendes europäisches Change-Management-Unternehmen. Er arbeitet u. a. als Coach für Vorstände und Aufsichtsräte von DAX-40-Unternehmen. Von 1992 bis 2015 hat er die weltweite Unternehmenskommunikation des Allianz-Konzerns verantwortet.

Danksagung

Die Idee zu diesem Buch ist beim ersten Gardasee-Wochenende von uns beiden nach dem ersten Lockdown entstanden. Denn die besten Ideen entstehen nicht am Schreibtisch, sondern in inspirierender Umgebung. Und die meisten Ideen können nur mit einem tollen Netzwerk und der Unterstützung von großartigen Menschen umgesetzt werden. So auch diese! Daher danken wir stellvertretend für so viele Begleiterinnen und Begleiter:

Von Christiane Wolff
Hajo von Gottberg, meinem ersten Mentor und Freund, der mich nicht nur bereits während meines Studiums der Theater-, Film- und Medienwissenschaften in die Medienbranche eingeführt hat, sondern auch gezeigt hat, wie wichtig es ist, sich ein persönliches und professionelles Netzwerk aufzubauen.

Christian Hoste, Freund und jetzt auch Geschäftspartner, mit dem ich gemeinsam mit seinem wundervollen Team eine Boutique-Agentur für CxO-Positionierung aufbaue.

Meinem Netzwerk, dem **Nettwerk**, das ich vor über 20 Jahren aufgebaut habe und das mich bis heute begleitet, inspiriert und unterstützt. Und das mit den Board-Mitgliedern mein ganz persönliches Sounding-Board geworden ist.

Von Nicole Kremer
Dieter Hofmann, Initiator und Mentor für meinen Weg in den Executive Search, der mich mit seiner exzellenten Spürnase als langjährig erfahrener Personalberater bei einem Lunch in Portofino »entdeckt« und »an Bord« genommen hat.

Amanda Le Roux, beste Chefin aller Zeiten, die mir als Führungskraft Freiräume zum Gestalten gegeben und mich bestärkt hat, meinen Führungsstil »Management by Caretaking« auch zu leben.

Der **PENG Gang** und allen engen Weggefährtinnen und Weggefährten, die mich als Team Leader maßgeblich beeindruckt und inspiriert haben. Als Freundinnen und Freunde haben sie mich auf allen Stationen begleitet, waren dabei immer kritische und offene Ratgeber und haben viel Lebensfreude versprüht.

Von uns beiden
Unserem Lektor **Peter Böke**, der uns so feinfühlig, akribisch und immer motivierend von der ersten bis zur letzten Seite zur Seite gestanden ist.

Dem Haufe Verlag und ganz besonders **Anne Rathgeber**. Eine professionellere und sympathischere Ansprechpartnerin in einem Verlag ist kaum vorstellbar.

Stichwortverzeichnis

Feedback